科学新经典文丛

THE QUANTUM MATRIX

Henry Bar's Perilous Struggle for Quantum Coherence

奇异的量子世界之旅

[以] 格申 · 库里茨基（Gershon Kurizki）[以] 戈伦 · 戈登（Goren Gordon）著

[以] 埃茨翁 · 戈埃尔（Etzion Goel）绘

涂泓 冯承天 译

人 民 邮 电 出 版 社

北 京

图书在版编目（CIP）数据

量子矩阵：奇异的量子世界之旅 /（以）格申·库里茨基，（以）戈伦·戈登著；（以）埃茨翁·戈埃尔绘；涂泓，冯承天译. -- 北京：人民邮电出版社，2023.2
（科学新经典文丛）
ISBN 978-7-115-59787-8

Ⅰ. ①量… Ⅱ. ①格… ②戈… ③埃… ④涂… ⑤冯… Ⅲ. ①量子论－普及读物 Ⅳ. ①O413-49

中国版本图书馆CIP数据核字(2022)第137783号

◆ 著　　[以]格申·库里茨基（Gershon Kurizki）
　　　　[以]戈伦·戈登（Goren Gordon）
绘　　[以]埃茨翁·戈埃尔（Etzion Goel）
译　　涂　泓　冯承天
责任编辑　刘　朋
责任印制　陈　犇

◆ 人民邮电出版社出版发行　　北京市丰台区成寿寺路 11 号
邮编　100164　　电子邮件　315@ptpress.com.cn
网址　https://www.ptpress.com.cn
三河市中晟雅豪印务有限公司印刷

◆ 开本：880×1230　1/32
印张：10.625　　2023 年 2 月第 1 版
字数：247 千字　　2023 年 2 月河北第 1 次印刷

著作权合同登记号　图字：01-2020-7386 号

定价：69.90 元

读者服务热线：(010)81055410　印装质量热线：(010)81055316
反盗版热线：(010)81055315
广告经营许可证：京东市监广登字 20170147 号

内容提要

对于大多数读者来说，量子物理学充满了神秘色彩，它从一个不同的角度描述了我们所生活的世界、宇宙及其本质。在这本有趣的图书中，作者塑造了一位名叫亨利·巴尔的量子超级英雄，以连环画的形式描写了他的一系列冒险经历，然后详细阐述了每一段故事背后的关键概念，进而介绍了与这些概念有关的背景知识，包括历史上的观点、最新的发展状况以及未来的发展趋势。最后，从更深层的意义上讨论了这些概念所具有的发人深省的哲学和文化意蕴。书中所涉及的关键概念有量子相干性、量子纠缠、量子不确定性、量子退相干控制，以及新兴的量子通信和计算技术等。

“量子矩阵”是量子物理学中的一个核心概念，也指我们的神秘世界，还指本书独具特色的结构设计。每章是这个矩阵的一行，描述量子世界的一个关键主题，具体包括一集连环画故事、三节内容和一个附录。大部分章节还包括一首“量子诗”，引导我们对提出的问题加以深思。你可以根据自身情况沿着矩阵的列（节）进行阅读，也可以沿着行（章）进行阅读。

本书适合对量子物理学感兴趣的读者阅读，愿你在这段奇异的量子世界之旅中不虚此行。

我们把这本书献给齐皮、米卡尔和亚利特。在他们的包容和支持下，我们才写出了这本书。

我们感谢戴维·佩特罗希安，他提供了宝贵的意见和建议。

引　言

“来见见亨利·巴尔，一位物理学家和……量子超级英雄。”“量子矩阵”（quantum matrix）这个标题指的是量子物理学中的一个核心概念，（在寓意上）也指我们的神秘世界[1]。在这本书中，物理学家、第一位量子超级英雄亨利·巴尔将引导读者探索奇异的量子世界。我们以连环画的形式生动地描绘了亨利为弄懂量子相干性所做的惊险斗争，并向读者做了详尽的解释。每一次冒险的背后都涉及量子物理学的一个关键概念。这些概念包括基本的量子相干性、通过隧穿效应产生的量子纠缠、近年来发现的量子退相干控制，以及新兴的量子通信和计算技术的原理。对这些概念的解释是通俗的，但仍然是严谨和详细的。我们随后介绍了这些概念更广泛的背景，包括历史上的观点、最新的发展状况以及未来的发展趋势。最后讨论的是这些概念所具有的发人深省的哲学和文化意蕴。每一章的附录都以直截了当的方式和大学入门课程的水平阐述了量子物理学的核心问题。

矩阵是量子力学中的一种基本工具。本书的每一章都是这个矩阵（见内容矩阵）中的一行，描述了量子世界的一个关键主题。每一章包含一集连环画故事，然后介绍了三节量子物理学知识和一个附录。这部

[1]　matrix 在英语中有发源地、基质、母体、子宫、人或社会发展的环境等意思，在数学中则指矩阵。——译注

连环画是为所有年龄段和知识背景的读者准备的，它讲述了量子物理学家亨利·巴尔惊心动魄的冒险经历。他完美地掌握了量子效应的运用方法，从而成为一位量子超级英雄。他历尽艰险，努力保护他的朋友爱丽丝和鲍勃，对抗他们的敌人伊芙。伊芙是一个强大的、时而无情的对手，她利用经典效应来捣乱或做恶作剧。随着这个悬疑故事在各章节中连贯地展开，读者将面临越来越复杂的量子力学问题。这个故事令人惊讶的结局引导人们从一个共同的视角来看待这些问题。

每章连环画后的第一节通俗地解释了亨利·巴尔的壮举背后的物理学原理；第二节简明地描述了那些重要概念的发展，并将它们与现实世界中人们所进行的实验和应用联系起来；第三节阐述了一个与所讨论的效应相关的哲学问题。每章（除第 12 章外）还包括一首“量子诗”，引导我们对提出的那些问题加以深思。

每章的附录以简单而直接的方式向读者介绍了本章所讨论的量子效应的基本数学描述。读者不需要任何先备知识，只要愿意钻研亨利的这些历险的复杂性即可。这些历险是由支配我们世界的量子物理学方程所描述的。每一个附录都能使你更深入地了解亨利的冒险故事及其背后的物理学原理。连续阅读各章的附录，对于量子物理学的初学者来说是一种很好的入门方式。你可以从最基本的概念开始学习，直至高等的主题。

这本书可以用两种截然不同的方式阅读，你既可以沿着矩阵的列（节）读，也可以沿着它的行（章）读。沿着列阅读可以满足不同读者的需要。

- 如果你还没有接触量子物理学这一奇妙世界，那么你可以先阅读每一章的连环画故事，通过亨利·巴尔的历险来了解相关概念，然后再阅读其他各节。

- 大众科学和科学史爱好者会发现，每一章的前两节从历史的角度和当代的角度对量子物理学进行了简洁的、翔实的、非数学的描述。
- 第三节值得推荐给所有读者阅读，尤其是那些喜欢把科学上的“大”问题与人类广泛的文化遗产联系起来并获得关于量子物理学的非正统观点的读者。
- 附录是为那些敢于初涉量子物理学基础数学知识的读者准备的。

另一种更为传统的方式是逐章阅读，从简单的概念开始，逐步接触比较高深的主题。对于那些已经知道一些量子物理学知识且有基础数学背景的人来说，这是推荐的阅读方式。

本书分为三部分，其中第 1 部分由第 1 ~ 6 章构成，涉及量子物理学的基本概念。

- 第 1 章考察了许多不同的量子现象，试图让读者深刻地认识到量子物理学在理解世界、当前的技术进步和“未来的道路”方面的重要性。在我们看来，量子原理在很大程度上支配着这些方面。
- 第 2、3 章介绍量子叠加和量子干涉的基本概念。
- 第 4 章描述测量在量子力学中的独特作用。
- 第 5、6 章探究不确定性原理，首先介绍位置 - 动量不确定性关系，然后介绍时间 - 能量不确定性关系。

在由第 7 ~ 12 章构成的第 2 部分中，我们把重点放在所谓的“开放系统效应”上，即关于量子系统与环境相互作用的那些效应。

- 第 7 章介绍量子纠缠这一关键概念，这个概念是多组分系统的基本要素。
- 第 8 章讨论纠缠和退相干之间的关系，以及退相干作为“路径”

信息及其“量子擦除”控制的概念。

- 第 9 章描述阻碍叠加和纠缠的环境效应，即退相干和衰减（弛豫）。
- 第 10 章介绍通过芝诺效应与反芝诺效应对演化进行动态控制。
- 第 11 章介绍加热和冷却及其控制的量子热力学。
- 第 12 章总结退相干的动态控制。

由第 13 ~ 15 章构成的第 3 部分深入探究复杂量子系统和新兴技术的应用领域。

- 第 13 章介绍量子隧穿及其信息含义。
- 第 14 章介绍量子通信、密码学和隐形传态的原理。
- 第 15 章是本书的结尾，简要介绍量子计算机和量子信息时代的曙光，通常称之为“第二次量子革命”。

愿你在本书所描绘的量子世界中展开一段愉快而又有益的旅程。

内容矩阵

章	故事（连环画）	故事重述	背景	哲学问题	附录
第1部分　基本概念					
第1章　什么是量子性	亨利首次以量子超级英雄的身份亮相	量子有多小	从原子论到量子力学	从经典世界观到量子世界观：现实是简单的还是复杂的	量子物理学中的常量与变量
第2章　什么是量子叠加	亨利的分身与复合	叠加中的超级英雄	叠加：从光波到波函数	科学范式为何改变	叠加、波函数、向量和矩阵
第3章　什么是量子干涉	亨利的相位	亨利发生干涉	量子力学中的干涉	量子叠加的深层含义	干涉和量子波
第4章　什么是量子测量	亨利的坍缩	亨利被测量	量子力学作为一种测量理论	平行演化（以及平行宇宙）	投影算符
第5章　什么是量子不确定性	亨利变得不确定	亨利的不确定位置	量子测量理论中的不确定性和互补性	不确定性是人类的吗	连续变量
第6章　什么是时间－能量不确定性	亨利的不确定跳跃	量子火箭与时间－能量不确定性	量子力学中的时间－能量不确定性关系	量子世界中的时间和能量	有限时间演化
第2部分　量子纠缠与开放量子系统					
第7章　什么是量子纠缠	一只名叫薛瑞德的猫	薛瑞德和亨利发生了纠缠	纠缠与量子性	纠缠的世界	纠缠算符
第8章　纠缠、退相干和路径信息	薛瑞德与亨利退纠缠	退相干：纠缠的黑暗面	退相干作为路径的可区分性以及与环境的纠缠	关于信息和自由意志：我们是否生活在量子矩阵中	可见度与可区分度之间的互补

续表

章	故事（连环画）	故事重述	背景	哲学问题	附录
第2部分　量子纠缠与开放量子系统（续）					
第9章　什么是量子系统的环境	亨利被环境退相干	相干振荡和环境退相干	环境（“浴”）中的退相干和衰变	不可逆性与时间之箭	相干（拉比）振荡和衰变
第10章　量子测量能阻止变化吗	亨利被中断的婚礼	从未举行过的婚礼	量子芝诺效应和反芝诺效应	时间（或改变）是一种幻觉吗	减缓演化
第11章　量子测量能控制温度吗	测量把亨利烧灼和冷冻	冷却一段火热的关系	量子芝诺加热和反芝诺冷却	摆弄时间之箭：反常热力学	中断加热过程
第12章　退相是可控的吗	亨利在半空中退相和复相	亨利控制他的退相降落	退相干及其控制	生与死的量子控制：变化是一种幻觉吗	bang-bang作为退相控制
第3部分　量子复杂系统与技术					
第13章　什么是量子隧穿	亨利穿墙而过	亨利挑战铜墙铁壁	量子隧穿和波包干涉	量子力学中的运动及其局限性	隧穿和薛定谔方程
第14章　什么是量子隐形传态	亨利和薛瑞德援救一位远方的朋友	隐形传态三重奏	量子隐形传态和密码学	量子隐形传态和嬗变	量子隐形传态协议
第15章　量子信息的曙光	量子反革命	量子计算机：前景与威胁	从量子计算到量子技术	量子革命万岁	尝一下指数式增速的味道

目　录

第 1 部分

基本概念

亨利首次以量子超级英雄的身份亮相

爱丽丝：

亨利，我们需要谈一谈！

有什么事吗？

别在电话里说，求你了……

麻烦恐怕要来了……

神圣的量子啊！我打赌是伊芙回来了！

爱丽丝、鲍勃，你们确定是她回来了？

我们交换了一下眼神，她的眼神中没有一丝友好。

10年前，在亨利的量子物理实验室里……
你真的认为人很快就会表现出量子物体那样的行为吗?
我相信我们即将有所突破，伊芙!

回到现在……
那么，大家一致认为量子物理学只适用于微小物体？
我不同意！
我发现了！
我精心制作了一套量子服，这证明量子物理学可以支配像我这样的大物体！
太不公平了！
在我们彼此疏远之前， 亨利一直与我分享他的想法。
我比他现在的朋友爱丽丝和鲍勃更有资格得到它！你们都会为此感到后悔！

第 1 章　什么是量子性

1.1　量子有多小

我们发现亨利·巴尔正处于人生的转折点，他即将成为第一位量子超级英雄，因为他发现了一个不可思议而又真实的原理，即无论大小，所有的事物都服从量子物理学定律。他发现，人类也有可能表现出“量子性”，尽管这是非常具有挑战性的。这一原理是亨利设计和制作他的那套神话般的量子服的基础，而这套量子服使他能够在奇异冒险中明显地表现出像量子物体那样的行为。

亨利做出如此引人注目的发现是他对一些深刻问题进行思考的结果，这些问题一定会让读者像他当初一样感到困扰。

- 什么是量子物理学？
- 它有哪些定律？
- 这些定律是如何融入物理学和科学的整体框架中的？

让我们再现亨利处理这些问题的过程，从一般性问题出发，逐步过渡到具体的问题。

亨利已逐渐认识到，物理学是最全面、最基本的自然科学，这是因为它用一套简明的数学规则来描述和解释所有已知物体的结构和动力学特性。当我们认为这些规则足够普适时，它们就达到了自然法则的地位。

学科多样性已经成为物理学的一部分，这种多样性是惊人的，而令亨利惊讶的是如今物理学定律不仅是理解长期以来由物理学各分支（如力学、电磁学和热学）所描述的所有现象的关键，而且是理解化学、生物过程、行星科学和宇宙学的关键。

他认识到，物理学不仅是浩瀚的，而且是鼓舞人心的，因为自从伽利略时代（17 世纪初）以来，物理学就沿着伊丽莎白时代的科学预言家弗朗西斯·培根所设定的那条艰苦卓绝而又安全的道路（至少事后看来是如此）前进：

观察（自然现象）→假设（关于它们的基本原理或机制）

→理论（最终以形成一条定律为顶峰）→ 对该理论的实验检验。

这条道路最终导致了当代物理学的诞生。亨利认识到了标志着物理学发展的激烈的科学斗争，但这并没有削弱他的信念。他坚信当今的物理学理论已经无可争议地得到了验证，验证手段不仅有在严格的精度要求下进行的实验，还有在数学和逻辑上严谨的一致性标准。

亨利和我们所有人一样，只对物体按照经典物理学规律发生的行为有亲身体验。当你推动一个物体时，它会加速并沿着由推力决定的轨迹运动。如果两个物体相距非常遥远，以至于它们之间没有任何作用力，那么它们的行为就是完全独立的。

但是量子物体的行为与上述所有观念背道而驰：一个物体可以弥漫在一个很大的空间区域中，它要么会变得更模糊（比较像波），要么会变得更局域化（比较像粒子），这取决于你如何推动它。两个相互接触后又退回到相距很远的地方的量子物体仍然相互“纠缠”，也就是说它们不是独立的。这只是与“量子性”有关的一系列奇怪概念中的一部分。

现在，我们在这里对要叙述的亨利的探索做一个如实的剧透：他得出了结论——*所有物理学在本质上都是量子的*。他的这一惊人发现有着坚实的基础。为了理解和领会这个结论有多大胆，我们必须提前介绍一下 20 世纪初量子物理学作为辐射、原子和亚原子粒子的革命性理论出现的历史。它挑战了当时至高无上的物理学理论：牛顿关于物质实体及其相互作用力的物理学，以及麦克斯韦关于电磁力和辐射的那些定律（从无线电波到光波，再到伽马射线）。我们的叙述揭示了大约 90 年前，为了解释原子和亚原子现象以及极小份光（称为光子或量子）的效应，量子物理学（或量子力学，这是它最初的名字）如何被认可为唯一可行的理论。从大分子到活细胞和尘埃粒子，再到人类、山脉和行星等，这些事物仍然由“经典”物理学（也就是牛顿物理学）来描述。

亨利已经意识到经典电磁现象与量子电磁现象之间的微妙区别。早在 19 世纪中期，人们就已经知道电磁力（场）和辐射（例如光）以波的形式在空间中传播。量子物理学中的光子也是如此，由单个光子（即单个“光粒子”）所携带的能量不能被分成更小的份，至少不能通过简单的操作实现这一点，因此光子是一种真正不可分割的能量量子携带者。

有一段时间，亨利对所谓的经典描述与量子描述之间的这一断裂深感不解。这是否意味着存在两种（或更多种）互不相关的物理学？如果是这样的话，难道不应该剥夺物理学作为一门普适的“万物科学”的地位吗？如果恰恰相反，物理学是一体的，那么经典物理学与量子物理学是如何关联在一起的呢？

亨利在他的研究过程中经常遇到“对应原理”：将量子物理学的规则应用于比原子重得多或大得多的物体时，会产生“经典”的结果。然而，这一原理在他看来并不具有吸引力。为什么基本规则会随着质量或尺寸的增大而改变？此外，亨利在更深入的阅读中遇到了一种被称为超流（superfluidity）的异常量子效应，即由宏观数量的氦-3原子组成的液体可以在非常低的温度下流动，就好像它是一个单量子物体！因此，亨利得意扬扬地得出结论：他的预感是正确的，即在区分一个量子物体和一个经典物体时，重要的不只是质量或尺寸。但是，如果是那样的话，应如何判断一个物体是不是量子物体呢？这样的判定是否总是明确无疑的呢？

在对量子物理学有了更深入的理解之后，亨利已经清楚地认识到，衡量量子性的关键量是“作用量”（action），即物体的能量变化乘以该变化持续的时间。自然界中的量子性，其本质在于这一作用量不能小于一个基本单位，即一个量子。这个作用量的量子有多小？正如本章附录所解释的，它是一个极小的数字，对于自然界中的所有过程都是通用的（一个普适常量）。它被称为普朗克常量，用符号 $\hbar$ 表示[1]。亨利·巴尔的名字就是这个符号的谐音，这个符号是我们的量子超级英雄的“徽记”。

为了领会 $\hbar$ 有多小，亨利分析了一个非常轻而致密的物体的作用量。假设有一个质量为十亿分之一克的微型钟摆，它连接在一根1微米长的细绳上。计算结果表明，轻弹一下，使这个钟摆摆起来的力也会是 $\hbar$ 的

[1] 一般而言，普朗克常量 $h=6.62607015\times10^{-34}$ J·s，而约化普朗克常量 $\hbar=\frac{h}{2\pi}$。$\hbar$ 上的横线读作“巴尔”，而 h 为 Henry（亨利）的首字母，因此亨利·巴尔的名字即约化普朗克常量 $\hbar$。——译注

10000000000000000000 倍。要观察单个作用量量子，我们需要一百亿亿分之一的精度！

这一分析令亨利大开眼界。他意识到，只要进行精度足够高的测量或控制，就能揭示任何物体的量子性，无论它有多重或多大！进一步的阅读使亨利增强了对这一结论的信念。他读到如今人们正在测量由数百万个超冷原子构成的云以及纳米机械悬臂和薄膜的量子效应，不过直到 20 世纪 90 年代，这样的超精密测量仍然被视为空想（见第 2 ~ 4 章）。可测量的以量子力学方式发生作用的物体，其大小、质量和复杂性每年都在增长。这就是为什么尽管像亨利所做的这种实验（即探测人类尺度的物体的量子性）现在还不可行，但并不能排除其在未来的可行性。

亨利由此得出结论：量子物体和经典物体之间的分界线在很大程度上是任意的。目前的实验已经能够揭示肉眼可见的物体的量子性。正如我们将要说明的那样，有些技术的萌芽已经存在，它们可以将这一分界线推到宏观物体也可以显示出其量子行为的程度。

尽管存在这些令人望而生畏的技术挑战，它们可能会阻止我们观察各种物体的量子性，但从前面的讨论中可以看出一个更为普遍的见解——量子描述的普遍性。量子性就潜伏在经典现象之下，物理学是一体的。只要我们愿意，它的量子面貌就由我们来揭示。随着亨利历险记的展开，关于量子物理效应的叙述也将展开，从最简单的到最先进的。

1.2　从原子论到量子力学

让我们追溯亨利的最初观点的种种起源，这个观点不仅得到了许多科学家的认同，也得到了普通大众的认同。粗略地说，它在量子描述与经典描述之间画出了一条分界线，前者在解释原子和亚原子现象方面是无可争辩的，而后者（牛顿的描述、爱因斯坦的描述或麦克斯韦的描述，视情况而定）则是对宏观世界的描述。这种观点是如何形成的？

这一观点的根源是古希腊的原子论，它经过了两千多年的时间才成为描述我们日常（宏观）经验领域中“真实”现实的一个普遍理论。关于原子论的演化以及量子物理学从这些根源上的出现，我们将概述如下。

1. 原子的出现

原子是物质的终极的、不可分割的和不可改变的组成部分，这个观点是由“大笑哲学家”德谟克利特（见图 1.1）在公元前 5 世纪提出的。在希腊和罗马世界，这一思想在伊壁鸠鲁和斯多葛哲学[1]的追随者之中引起了许多关注。吸引他们的是一种盲目的、无目的的原子论世界观：原子随机碰撞，彼此结合成一个物体，然后随机远离，使这个物体瓦解，然后重新结合，如此循环往复，直至永远。反对者厌恶这种世界观，不是出于宗教原因，就是因为它违背了他们的逻辑。对于科学的发展而言，不幸的是，公元前 4 世纪亚里士多德曾嘲笑原子论，因为原子论认为所有物体都在通过原子碰撞不断地变化、消失和重生，只有原子是不变的，这与他所认为的物体性质不变这一观点相矛盾。亚里士多德无可争辩的权威地位致使原子论遭遇被遗忘的厄运。不过，这种思想在 17 世纪后期重新浮现，并在 19 世纪赢得了声誉。

[1] 伊壁鸠鲁学派、斯多葛学派都是古希腊的主要哲学流派，前者的观点亦称为享乐主义，后者由芝诺创立。——译注

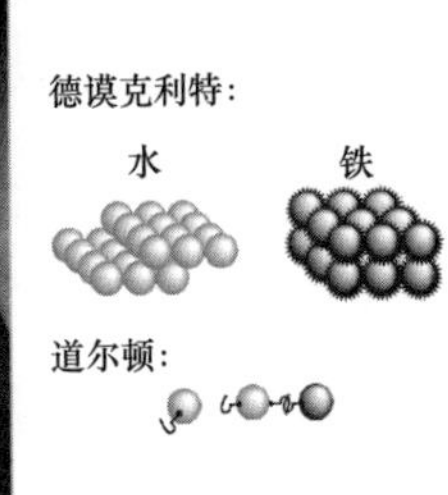

图 1.1　“原子论之父”德谟克利特（左）、道尔顿（中）及其物质组成模型（德谟克利特认为不同形状、大小和光滑度的原子结合起来形成不同的物质，道尔顿假设原子结合成分子）。

原子论在律师出身的法国化学家 A. 拉瓦锡得到他的革命性发现后的化学这门学科中找到了一片肥沃的土壤，他是在 1792 年被革命法庭砍头前不久得到这一发现的。他认为，在化学反应中，反应物质的质量（重量）比是固定的。英国科学家 J. 道尔顿（见图 1.1）在 1803 年推测，只要假设所有物质都是由一些具有固定比质量的原子组成的，就可以解释拉瓦锡的神秘发现了。意大利科学家 A. 阿伏伽德罗在 1811 年提出，如果我们假设原子以小球的形式紧密地填装在容器中，那么无论原子的质量如何，相同容积的容器都应该容纳相同数量的原子。100 年后，这个普适常量得到量化、测量并以阿伏伽德罗的名字命名。19 世纪原子论的最大成就也许要数俄国化学家 D. 门捷列夫将当时已发现的所有化学元素排列在了一张元素周期表中。他是根据一种神秘的序数（他把这种序数命名为“原子序数”）来排列元素的。直到 20 世纪原子的量子理论出现，人们才明白原子序数是由原子的内部结构决定的，这在门捷列夫生活的时代是完全未知的！尽管 19 世纪的这些巨大发现都依赖原子论，但是由于缺乏原子存在的直接证据，因此反对者仍然没有被说服，正如下面的故事将会表明的那样。

少数大胆的科学家在另一门学科中也借助了原子论，那就是气体物理学。1738 年，瑞士科学家 D. 伯努利对 17 世纪的玻意耳定律给出了原子论的解释。玻意耳定律表明，气体的压强与容器的容积成反比。根据伯努利的说法，压强是由于气体原子碰撞而施加在器壁上的力造成的，而牛顿力学意味着这个力会随着容器的容积变小而增大。不幸的是，牛顿本人反对原子论，从而阻碍了这种思想的发展。奇怪的是，牛顿相信光的粒子性，却不相信物质的粒子性。

苏格兰物理学家 J. C. 麦克斯韦（见图 1.2）在 19 世纪中期引入了气体中原子随机碰撞的概念。他认为许多相互碰撞的原子的平均速度决定了气体的温度，但单个原子也可以有速度，对此我们只能知道速度的统计概率。正是他的这一想法推动了原子论的发展。19 世纪晚期，奥地利物理学家 L. E. 玻尔兹曼（见图 1.2）和美国科学家 J. W. 吉布斯欣然接受并进一步发展了这种气体原子理论。然而，他们遭到了强烈的反对。来自布拉格的颇有影响力的物理学家、哲学家 E. 马赫以“实证主义”的理由反对原子论。他说，如果你看不到或探测不到一个原子，甚至不能确定它的速度或路径，那么这就是没有表现出“正面”数据的虚

图 1.2　麦克斯韦（左）和玻尔兹曼（右）。这两位 19 世纪最伟大的原子论者认为，热力学定律基于容器中许多原子之间的随机碰撞。

构。德国物理化学奠基人 F. W. 奥斯塔瓦尔德是另一个基于类似理由反对原子论的人，但主要是因为他自己有另一种物质理论。对原子论的大多数攻击都是针对玻尔兹曼的，他将原子的随机统计描述视为热交换理论（即热力学）的基础。这样的统计描述被许多人认为是对具有确定性的精确科学的一种可憎的行为，而包括热力学在内的物理学理应如此。面对如此多的反对意见，玻尔兹曼觉得自己毕生的工作被否认了。1906年，他在抑郁中自杀。

玻尔兹曼几乎不可能知道的是，在他去世数月之前，爱因斯坦提出了关于宏观粒子在液体中的随机运动（称为布朗运动）的理论[1]。这充分证明了液体事实上是由原子（或分子）组成的，并发展了一种根据宏观粒子在原子的随机碰撞下在液体中扩散的速率来推断原子的存在和数量（阿伏伽德罗数）的方法。几年后，当时举足轻重的法国物理学家 J. 佩兰在所有可用证据的基础上得出结论：原子不再是假设的粒子，而是科学事实。原子论终于大获全胜！古代的原子论者提出了将不可分割的实体之间存在的随机碰撞作为可观测现象的关键，现在这一概念得到了接受。他们要是知道的话，很可能会为此激动不已。马赫在去世前却一直坚持否认原子的存在。显然，科学家也会有他们的偏见。

2. 原子分裂

就在原子的地位从虚构上升到事实的时候，另一个概念上的变化也出现了。两个具有里程碑意义的实验令人信服地证明了原子的存在，还证明了原子的可分性，这就与原子这个名字和最初的概念矛盾了。英国

[1]　1905 年 5 月 1 日，德国的《物理年鉴》（*Annalen der Physik*）刊登了爱因斯坦的论文《热的分子运动论所要求的静液体中悬浮粒子的运动》（On the Movement of Small Particles Suspended in Stationary Liquids Required by the Molecular–Kinetic Theory of Heat），而玻尔兹曼于 1906 年 9 月 5 日在意大利杜伊诺去世。——译注

的 J. J. 汤姆孙测量了被电脉冲击碎的气体原子碎片。汤姆孙在对气体施加电压后，测量了这些碎片的运动轨迹的曲率，并由牛顿力学推导出了电荷与碎片的质量比，结果发现其中一个被称为“原子核”的碎片带正电荷，并且它比其他带负电荷的碎片（称为电子）重数千倍。随后，E. 卢瑟福（新西兰 / 英国，见图 1.3）用类似的方法测量了因放射性衰变而解体的原子核的电荷量和质量。于是，原子后来被认为是真实存在的、可分的。

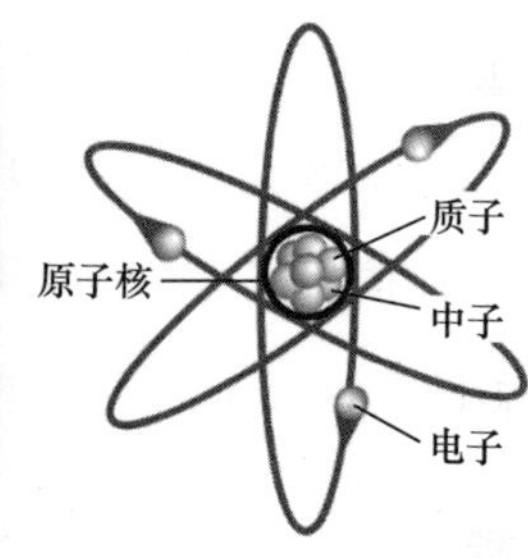

图 1.3　卢瑟福（原子分裂的发现者）和他的原子行星模型。

卢瑟福把原子想象为一个微型行星系统：有一个重原子核，而比它轻得多的电子环绕着它沿轨道运行。然而，当时人们尚不清楚什么因素能仅仅使某些电子轨道保持稳定，而其他轨道则不稳定。关于原子辐射和吸收的数据表明，原子中的电子以一种奇特的、无法解释的方式改变它们的轨道运动。当时迫切需要一种新的理论。

3. 辐射具有量子行为

1900 年，德国物理学家 M. 普朗克（见图 1.4）对于几乎封闭的炉（腔）的辐射特性提出了令人震惊的理论。普朗克的理论旨在解释实验观测到的辐射频率与炉（腔）壁温度之间的关系。普朗克得出了一个重要的结论：除非我们假设辐射只能以微小的、离散的固定量（量子）吸收或释放能量，否则炉（腔）壁对辐射的吸收和发射就不可能达到平衡。在当时的物理学中，不存在任何与普朗克的理论类似的基本结论。因为在热力学和麦克斯韦的电磁辐射理论中，某一给定频率的辐射能量可以具有任意值，而不是只有一些离散的值。普朗克指出，如果没有离散性（量子）假设，已有的理论就会导致荒谬的结论，即总辐射强度是无限的，因而就意味着辐射不能与炉（腔）壁处于平衡状态，而这与实验证据矛盾！然而，普朗克并不愿意把量子视为真实的对象。他花费了多年的时间试图使这一概念与麦克斯韦的电磁学和热力学调和，但都徒劳无功。于是他不得不承认，他无意中开辟了物理学的一个新纪元。量子物理学在1900年诞生了！

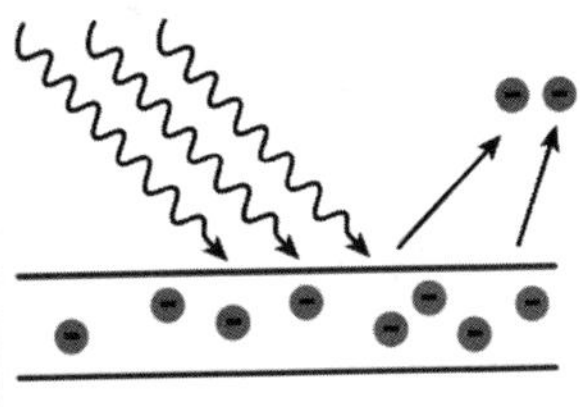

图1.4 “辐射量子之父”普朗克（左）、爱因斯坦（中）以及光量子从金属中撞击出电子的光电效应（右）。

4. 量子成为现实

5年后的1905年，A. 爱因斯坦（见图1.4）在为解释P. 莱纳德的光电效应（即电子在光的照射下从金属表面逸出）而提出的理论中，认真地采用了光量子的概念。爱因斯坦断言，光量子对于理解逸出电子的速度不受光强影响这一令人不安的实验发现至关重要。这一发现与麦克斯韦的理论相矛盾，后者认为光强对应于使电子加速的力，从而决定了电子的速度。爱因斯坦对这个矛盾的解释是，麦克斯韦的理论用在这里确实不能解决问题。作为替代，我们应该考虑到光量子必须具有足够的能量，才能将电子从金属中电荷形成的“陷阱”里释放出来（“功函数”），而这个能量与它的频率成正比。因此，量子的能量或频率有一个清晰的阈值，超过这个阈值，电子就会逸出。不过，在频率高于此阈值的情况下，光强的增大只会增加光量子的数量，从而增加逸出的电子的数量，但不会增大它们的速度。这就与实验结果取得一致了。爱因斯坦对光电效应的这种“另类”解释使许多物理学家认为量子的真实性似乎是可信的，他后来因此被授予诺贝尔奖。爱因斯坦的观点是，光量子（称为光子）代表“电磁场在时空中的颗粒性”。这种颗粒性让人想起了牛顿的光的粒子理论，它曾在 19 世纪被波光学和麦克斯韦的电磁波理论挫败（见第 2.2 节）。然而，光子更令人费解，它们似乎既是粒子又是波！这种奇怪的二元性尚需进一步解释。

5. 原子具有量子行为

1913 年，丹麦的 N. 玻尔（见图 1.5）提出了原子的量子模型。与卢瑟福早期的原子行星模型不同，该模型解释了观测到的原子吸收和发射辐射的频率（或波长）。受爱因斯坦和普朗克的启发，玻尔在这个模型中用“量子”一词来表示这些频率具有离散值（“谱线”）。玻尔的量子模型的伟大之处在于它能够解释太阳光谱令人费解的离散性，即与太阳中氢发射出的光有关的谱线的各种频率。

玻尔的模型中隐含（后来由德国的 A. 索末菲加以阐明）的观点是：束缚在原子核周围的电子的行为表现为波，只有在形成驻波的情况下，

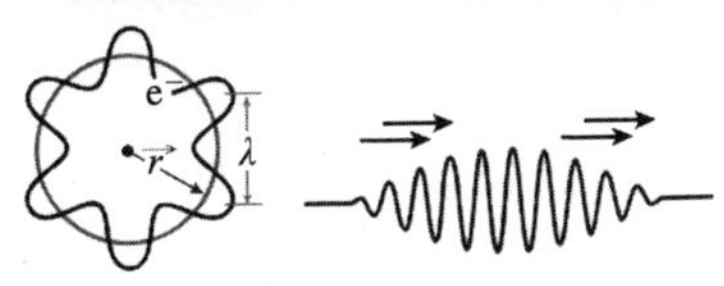

图 1.5　德布罗意和他的物质波（左），以及玻尔和他的量子化电子（驻波）在原子中的轨道运动（右）。

它才会在轨道上围绕原子核旋转（见第 1.3 节）。所以，它的能量是离散的（量子化的），因为依次增大的“轨道”是由一些驻波实现的，这些驻波依次对应于最低轨道能量的倍数，即“能级”。于是，量子波的概念就被引入了理论物理学。

物质的量子波的概念（我们将在第 2 章中详细阐述这一概念）很快成为一种描述微观对象的、新的、普遍的基石，而且这种描述得到了一个称号——“量子力学”。它的普适性基于普朗克、爱因斯坦、玻尔和德布罗意（见图 1.5）共同得出的惊人结论：所有的能量量子，无论它们是在光、原子中还是在自由电子中，都等于同一个极小数字的倍数，这个极小数字就是普朗克常量，用符号 $\hbar$ 表示（见本章附录）。这个常量之微小似乎勾勒出了由量子力学所描述的各种微观尺度与由经典力学和电磁学所支配的各种宏观尺度之间的分界线（见图 1.6）。然而，在 1926 年之后，经典现象和量子现象之间出现了一个更为清晰的区别（见第 2 ~ 4 章）。

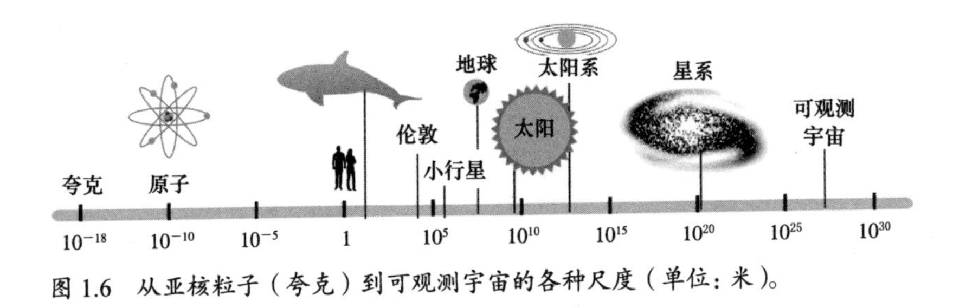

图 1.6　从亚核粒子（夸克）到可观测宇宙的各种尺度（单位：米）。

1.3 从经典世界观到量子世界观：现实是简单的还是复杂的

在对自然哲学中一个关键问题的解答的长期探索中，量子物理学或量子力学的诞生是一个里程碑。这个问题就是虽然现实表现为无数种看似复杂的现象，但是否可以把它规约为几种简单的组分？

古希腊哲学家泰利斯有一句箴言——万物皆为水，他以一种极为尖锐的方式表达了人类对简单性的追求。尽管这句箴言也许看似粗糙，但它表达了人类为构建一种“万有理论”所做的第一次已知的尝试。

德谟克利特提出的原子论思想（见第 1.2 节）更为精细，但仍然简单。他这样总结道：“根据感官，有颜色、味道、气味；但根据理性，就只有原子和虚空。”著名量子物理学家费曼是这样表达他对原子论思想的钦佩的：“如果……所有的科学知识都将被毁灭，而且只有一句话能传给下一代生物……那就是……万物都是由原子构成的。”

在 19 世纪的化学和气体理论中，原子论体现了这种将复杂现实还原为简单成分的观点。尽管汤姆孙和卢瑟福的实验揭示了原子具有结构，但其他科学家还是坚持用还原主义的简单性来看待原子。这在卢瑟福的原子行星模型中很明显。

普朗克、爱因斯坦、玻尔和德布罗意的早期量子理论通过引入能量的基本单位（量子）进一步推动了这种还原主义，从而强化了原子及其组成部分的普遍简单性这一观点。

不过，量子力学的后续发展导致了对这一观点的修正，并对现实最终形成了一个更为精细的方案：需要用许多属性来对原子、亚原子或亚核粒子的基本属性进行分类，因为这些粒子现在已经成为高度复杂的实体。不仅如此，一般来说，原子及其组成部分也不再是一成不变的或完全稳定的。原子可能发生嬗变，它们的电子以一种精细的方式改变它们的能量。亚原子粒子会发生更加剧烈的变化，而且除了极少数例外（比如质子和电子），它们不会永远存在。

这些现代概念不仅危及了最初的原子论的信条，而且提出了一个严峻的挑战：我们真的可以通过这些遵循量子力学的、不太简单的物质“积木”来描述在各宏观尺度上发生的诸多现象（包括材料特性）吗？即使概念上是这样，也很难进行实际测试，因为任何利用量子力学工具来计算或预测宏观现象的尝试都注定会失败，即使我们能想象到的最大的计算资源也无法应付用量子力学方法计算大量相互作用的原子的演化所带来的复杂性。因此，由数十个原子组成的分子就不能用量子力学来做出精确分析，更不用说由数百个原子组成的分子了。替代的方法是，2013 年获得诺贝尔化学奖的 M. 莱维特（美国）、A. 瓦谢尔（以色列，后移居美国）和 M. 卡普拉斯（美国）将量子力学和经典方法结合起来计算这种多原子分子的结构和动力学特性。

目前，要描述由多个原子组成的系统的复杂细节，唯一的办法是采用适合被考虑系统的复杂程度的近似方法。这意味着我们实际上是为不同的复杂程度引入不同的物理规则：这就是现代化学、凝聚态物理学及其他形式的多体物理学的精髓。更极端的是构成统计物理学和热力学基础的近似计算，它们是预测大量原子平均演化的有力工具，但实际上没有告诉我们关于单个原子的任何信息。

这里的寓意是，要从关于一个高度复杂的系统的基本组成部分的描述出发，构建出关于这个系统的描述，这很可能实际上甚至在原则上是不允许的。为了强调这一点，人们创造了“涌现性质”（emergent property）一词，它表示复杂系统的那些不能从其组成部分的特征中直接推断出来的特征。现实也许在概念上是简单的，但只有当我们将一些原子、光子或亚原子粒子与世界的其他部分隔离开时，这种简单性才会显现出来。S. 阿罗什（法国）和 D. 瓦恩兰（美国）因从事这一研究而获得 2012 年诺贝尔物理学奖，该方法揭示了量子力学的最大辉煌。21 世纪科学面临的一个重大挑战是将计算的和实验的量子力学工具扩展到宏观系统，从而将“自下而上”（从简单现象到复杂现象）的方法与“自上而下”（相反的进程）的方法融合起来洞悉现实。

然而，还有一个更深层次的未解问题：将量子力学作为解释现实的概念框架，我们在这方面能推进多远，特别是量子力学究竟与生物过程相关吗？目前，一门被称为量子生物学的学科拥有许多支持者，但在活生物体的运作中，是否存在真正的量子效应？这方面的证据仍然微不足道，我们无法对其可信性做出判断。更牵强的是，最近有人提出将量子力学概念应用于人类意识、心理学和社会结构这些领域。参与这些研究的人并不是试图将物理学与人类科学统一到一个共同的框架中（这可能只是徒劳，也可能不是），而只是借用量子工具来构建模型，并且无论出于什么原因，都将这些模型与量子力学进行类比。量子力学正是一个强有力的工具，因此不容错过！

一个模糊的世界

当你思考我们的世界时，

你应该看清它的主旨，

并得出一个奇怪而清楚的结论：

它的粗糙仅是一种错觉。

它的填充物只不过是一片模糊的云，

飘忽不定，脆弱易碎而舒展分散。

但是当察觉到它时，我们可能会问：

它的波动性能被揭开吗?

附录：量子物理学中的常量与变量

本附录介绍基本的数学概念和符号，这些概念和符号还会在其他章的附录中出现，用于描述量子物理学的各种特征和现象。

物理学的数学方法一般使用的是常量和变量。常量是用于量化那些不变的物理关系的数。通常，常量会用指定的字母或符号来表示，以避免每次都要重复整个数字。常量在物理学中起着如此重要的作用，以至于它们构成了被称为计量学的一个中心研究领域的主题。这个领域中的许多物理学家进行精细的实验，尽力确定这些常量的确切值。

让我们来考虑几个基本常量。光速就是这样的一个常量，它的符号是 c，其值是 299792458 米 / 秒。这意味着光在 1 秒内传播大约 30 万千米。举例来说，太阳发出的光需要大约 8 分钟才能到达地球。

量子物理学的基本常量（也是亨利 · 巴尔的超级英雄标志）是 $\hbar$，被称为约化普朗克常量。单用字母 h 表示（不带横杠）的普朗克常量与 $\hbar$ 之间的关系为 $\hbar=\dfrac{h}{2\pi}$。为什么普朗克常量如此重要，以至于我们用它来为我们的量子超级英雄命名？你需要把这本书好好地读下去，才能得到完整的答案。这里只要说明 h 将光量子的频率与它的能量联系在一起就够了。$E = hf$，其中 E 是光量子的能量，f 是它的频率。这意味着 h 是光量子频率（其单位为赫兹，用 Hz 表示）的变化所导致的能量（其单位为焦耳，用 J 表示）的变化。换言之，如果一个光量子的频率增加 1 赫兹，那么它的能量就增加 h 焦耳。

约化普朗克常量的值是 $\hbar = 1.054 \times 10^{-34}$ 焦・秒。10^{-34} 的意思是 1 除以 10000000000000000000000000000000000。这是一个极小的数字。“量子性只对微小的事物才会表现出来”这一普遍观念就源于普朗克常量，尽管它如此之小，却几乎出现在量子物理学的任何公式中。不过，在本书中，我们会遇到一些违背这一观念的现象，亨利也会遇到这些现象。

我们还会遇到数学对象的一种更常见的类型，那就是表示变化量的字母和符号。也就是说，它们具有可变的值。举一个例子，一个物体的位置通常用字母 x 表示。当这个物体移动时，x 可以获得不同的值。在上面对 $\hbar$ 的解释中，E 和 f 分别是表示能量和频率的两个变量，它们可以因动态过程而发生变化。

物理学中无处不在的一种数学符号是角标，通常表示为上标或下标。例如，可以用 x_1 表示一个物体的位置，用 x_2 表示另一个物体的位置。假设我们有 100 个物体，如果将它们表示为 x_1，x_2，x_3，…，x_{100}，则会非常麻烦。我们应该采用以下表示方法：x_i（$i = 1$，…，100），这意味着用 x_i 表示这 100 个物体的位置。

让我们再介绍另一个极为重要的变量——时间，用字母 t 表示。在物理学中，时间常以秒为单位，它在描述变化时起关键作用。速率是某时间间隔内发生的位置变化，$v = (x_2 - x_1)/(t_2 - t_1)$，其中 x_1 和 x_2 分别表示同一物体在两个时刻 t_1 和 t_2 的位置。在接下来的章节中，我们将介绍表示变化的一种更复杂的方法，即导数。

另一种常见的符号是求和符号。假设我们有 100 个不同质量的物体，其质量以克（g）为单位。用符号 $M = m_1 + m_2 + \cdots + m_{100}$ 表示它们的质量之和太麻烦了，取而代之的方法是引入求和符号 Σ，于是我们就可以将上式写成 $M=\sum_{i=1}^{100} m_i$。求和符号下方的 $i=1$ 表示求和指标的第一个值，求和符号上方的 100 表示求和指标的最后一个值。求和符号后面是带有下标的变量 m_i，它是求和的对象，表示第 i 个物体的质量。

举一个更复杂的例子，我们考虑一束由 1000 个光量子（光子）构成的光，每个光量子都有自己的频率。我们用 f_i（$i=1$，…，10^3）表示任一光量子的频率。如上文所解释的，它们的总能量为 $E_{总}=\sum_{i=1}^{1000} E_i = \sum_{i=1}^{1000} hf_i = h\sum_{i=1}^{1000} f_i$。等式的第一部分表示对所有光量子的能量求和；第二部分表示对于每个光量子都有上述能量与频率之间的关系；最后一部分基于普朗克常量对于所有光量子都相同这样一个事实，从而将这个总和改写为普朗克常量乘以光量子频率之和。

我们想讨论的最后一种符号是向量，即描述一个特定实体的各变量的集合。举一个例子，我们考虑一个物体在三维空间中的位置，即它相对于相互垂直的 x 轴、y 轴、z 轴的位置。具体来说，让我们取 x 轴的延伸方向为从后向前，y 轴为从左向右，z 轴为从下向上（见图 1.7）。我们不是用变量 x、y、z 来表明一个物体的位置，而是用向量 $\vec{x}=(x, y, z)$ 来表示。

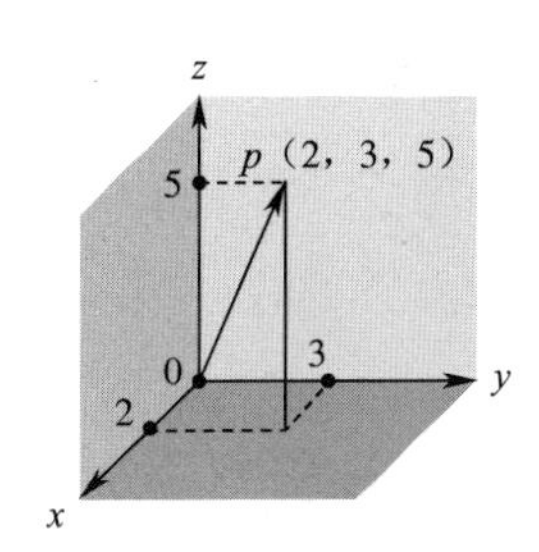

图 1.7　用一个三维向量表示给定物体的位置。

我们可以对向量进行简单的运算。例如，$\vec{x}_3 = \vec{x}_1 + \vec{x}_2$ 表示一个形式为 $\vec{x}_3 = (x_1 + x_2, y_1 + y_2, z_1 + z_2)$ 的向量，其中每个维度的值都是独立求和

的。同样的道理也适用于减法。向量的乘法用点积表示，如$\vec{x}_3 = \vec{x}_1 \cdot \vec{x}_2$，遵循的法则为$\vec{x}_3 = (x_1x_2，y_1y_2，z_1z_2)$。

在本附录中，我们介绍了常量的概念，详细讨论了光速和普朗克常量。另外，还介绍了变量的概念。变量可以加角标以说明多个对象或组成部分，并且可以被“组合”成向量。我们分别定义了求和符号和向量运算，例如求和与点积（向量乘法）。在接下来的各章中，我们将使用这些符号来描述亨利·巴尔所遇到的一些量子物理现象。

亨利的分身与复合
一周后……
我等不及要测试我的这套量子服了！
首先，试一试我的分身按钮。它能让我同时处在两个地方吗？
太棒了！当时我处于一个叠加态，同时通过了两扇门！
复合按钮让我重新复合了。
让我们在我的摩托车上试试吧！

我是如何分身并同时通过两扇门的?
这证明我像波那样向外散播!
让我们来看看作为一列波，
我还能做些什么。

我想把它发挥到极致。
我能分身成我的
更多量子形式吗?
我分身得越多，
就变得越像波，
也就更为稀释。
重获完整真好。

第 2 章　什么是量子叠加

2.1　叠加中的超级英雄

亨利刚刚成为第一位量子超级英雄，他一路上克服了种种巨大的技术障碍，制成了他的量子服。在上一集中，他成功地测试了这套量子服的第一个功能——分身。贺信纷至沓来，因为他揭示了我们的潜在量子特征，从而将自己和人类从世俗的“经典”存在的束缚中解放了出来。

分身所揭示的特征是，量子物体能够同时出现在几个地方。更准确地说，这是一种同时沿不同路径传播的能力。亨利同时通过了旋转门和推拉门，从而体验到了这种能力。如此离奇的现象是怎么发生的？

这当然与牛顿的“经典”物理学所支配的物质对象的行为相矛盾。即使这个对象极小，比如一个典型的分子，它也理应始终保持它的聚合性。这样，当它沿着作用于它的力所决定的（唯一）轨迹移动时，才不会模糊或扩散。在每一个瞬间，这个对象的位置都由一组数字（即它的坐标）来指定。与此相反，亨利的分身按钮将他的瞬时位置变换为两个位置，每个位置都由不同的坐标指定，这就是所谓的一个“叠加”

（superposition）。

如果我们把亨利看作一个类波物体，那么这种行为就显得不那么怪异了。想想池塘里的水波。它没有一个单一的位置，而是在每个瞬间都“晕开”在池塘的许多位置上。因此，它是由一大组坐标同时描述的。当它在池塘里传播时，它就会越来越向外扩散。

在从牛顿力学演化而来的一些“经典”物理学分支，如声学（关于气体中的声波的物理学）、流体力学（关于液体中的波的物理学）以及由麦克斯韦的电磁理论所支配的经典光学之中，这种类波特性早已为人们所熟知。

然而，亨利不仅仅是一列波。他意识到自己是一个单一的实体——即使他分身了，他还是一个亨利。他变成了两个极相似者（两种形式）的一个叠加，但他们不是他的克隆或复本，因为他们分享亨利原来的质量（质量守恒在这种情况下是毋庸置疑的）。更奇怪的是，我们将在第4章中详细说明任何局域化（锁定）其中一个相似者的尝试都会再次创造出整个亨利，而不是他的一部分。这两个相似者只告诉我们当亨利局域化时在哪里能找到他，而不能告诉我们他实际上在哪里。他在局域化之前可以在任何地方。

这种奇怪的性质将量子波与前面提到的经典波区别开来。正如第1章所讨论的，量子物理学起源于光量子这一概念。它们以波的形式传播，但保持着能量的不可分性（单个光子不能通过分裂操作被分成两个可能出现在不同时空点的半光子），因为我们能找到的要么是一个光子，要么是零个光子。电子和其他亚原子粒子也是如此，如第2.2节所述。半粒子是找不到的，只有整个粒子或者根本没有粒子。尽管这些性质似乎违反直觉，但在过去的一个世纪里，它们已经被大量实验所证实。

量子波的这种独特性质被称为“波函数”的数学描述抓住了。这个函数为某给定时刻的每个位置（空间中的一个点）给定一组数，这些数称为波在该点的“概率幅”（probability amplitude）。在亨利的例子中，他的两个相似者表示在旋转门和推拉门那里找到他的概率幅相等，因此他出现在这里或那里的可能性（概率）都是50%。然而在他局域化（物质化）之前，我们无法分辨他在哪里。

上面描述的这种分裂现象并不局限于两个量子波（或概率幅）的叠加，实际上适用于任意数量的这种波的叠加。亨利在骑着摩托车穿过这座城市的时候多次按下分身按钮，每次都变得越来越分散，直到街道上充斥着亨利的许多相似者。于是，每个相似者的概率幅都很小，而在任何一条给定街道上找到他的概率（即概率幅的平方）还要小得多。

为什么亨利的分身如此古怪，以至于只能用一个未来主义的奇妙装置来揭示呢？让我们记住，这样的分身要求物体成为类波成分（概率幅）的一个叠加，这些成分在空间上是可区分的，但又部分重叠，以确保它们彼此是相干的。也就是说，它们都来源于一个波。例如，亨利的类波相似者骑摩托车沿着不同的街道行驶，或者通过不同的门，但仍然保持他们的相干性（“一体性”）。对于一个能量和质量都很大的物体来说，这两个要求都是极其苛刻的，原因在于量子物体的类波“模糊”或“晕开”会随着其质量和能量的增大而变小，因此能够揭示这一特性的实验变得愈加困难。

让我们对此进行一些定量的讨论。如第 2.2 节提到的，一个通过 100 伏特电压获得能量的电子首先被证明是一种波。它被晶体中间距为 0.4 纳米的原子散射，由此产生了散射电子波（彼此间隔大约一个这样的波的宽度）的一个叠加。如果晶体中原子之间的距离大得多，那么散射的电子波就不会表现出相干性，也就是说它们不会像第 3 章所解释的那样在探测器处“叠加”（干涉）。重得多的物体（如原子和分子）必须具有小得多的运动能量（动能），我们才能观察到它们相干地分裂成类波成分。

亨利的质量如此之大，以至于我们必须给他一个非常小的动能，才能使他在连环画所描绘的尺度上相干地分身。释放或接收如此微小的能量在目前还是一个不可想象的挑战，但这并不违反已知的物理学定律。

亨利的量子服不仅具有分身功能，而且具有其反向功能——复合，可以使亨利的相似者重新合并成他原来的自身。这样的功能不是我们想象中的虚构，实际上很容易在实验中实现。例如，考虑一个束缚在原子核周围的电子（见图 2.1）。一开始，该电子的波函数有一个明确的能量值（“能级”），因为它（粗略地说）占据了一个环绕原子核的轨道。现在，我们用一个激光脉冲照射该原子。如果我们选择合适的脉冲强度、频率和持续时间，那么它就将导致这个电子的波函数分裂为两个波函数的一个相等叠加，这两个波函数对应于不同的能级或轨道。后续的另一个相同的激光脉冲将使该叠加发生复合，从而使该电子的波函数恢复其原来的形式。我们将在第 3 章中重温这个例子，它表明了我们能够实现和撤销分裂量子操作，就像亨利对他自己所做的那样。

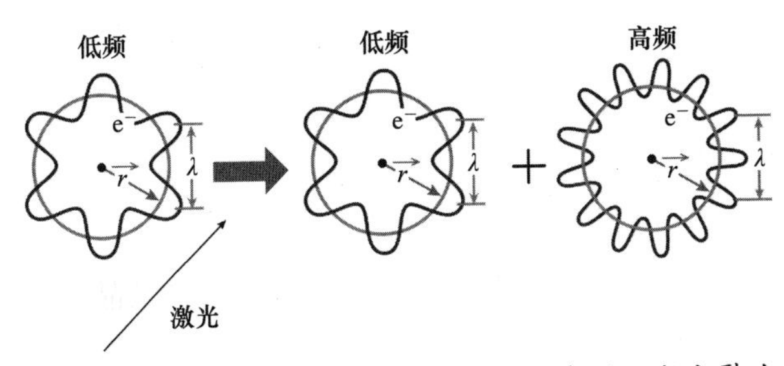

图 2.1　激光诱导电子的低能量（或低频）波函数分裂为两个轨道分别对应于低频和高频或低能量和高能量的能级的一个叠加。

原子的电子轨道的叠加是叠加的内部自由度的一个例子，即原子可以作为单个物体在空间中传播，而其内部状态则由两个或多个具有不同能量的波函数的叠加来描述。

随着我们的故事展开，亨利逐渐发现了他的量子潜力，并通过为他的量子服添加更多功能以及利用其他类波特性来发挥这些潜力。他现在可以修改“红花侠”[1]的战歌了。

难以捉摸的亨利·巴尔

她在这里寻找他，在那里寻找他——

他的敌人到处寻找他。

他是在推拉门那里还是在旋转门那里？

他同时在两个地方！丰富的量子波就是这样！

2.2　叠加：从光波到波函数

为了深入理解亨利·巴尔的量子类波行为，让我们回顾一下相关概念的出现及其随后的发展，量子物理学正是由此形成的。引人注目的是，

[1] 《红花侠》（*The Scarlet Pimpernel*）是英国女作家埃穆什考·奥切女男爵在 1905 年发表的小说，曾多次被改编成电影。这里的歌词修改自 1982 年上映的英国同名电影。歌词原文是：

They seek him here, they seek him there ——

Those Frenchies seek him everywhere.

Is he in heaven or is he in hell?

That demned elusive Pimpernel!

意思是：

他们在这里寻找他，他们在那里寻找他——

那些法国人到处寻找他。

他是在天堂还是在地狱？

那该死的难以捉摸的红花侠！——译注

这一统治物理学至今的革命性理论形成的决定性阶段只发生在短短几年里（1923—1927），那是量子物理学真正的全盛时期。然而，这场革命经历了一个多世纪的时间才取得成果。

1. 光波的出现

荷兰科学家 C. 惠更斯在 17 世纪中叶提出了一种令人信服的观点，他认为光以波的形式传播，而牛顿则认为光是由粒子（微粒）组成的。牛顿的微粒 / 粒子是沿着直线传播的，而根据惠更斯的说法，光波则会像膨胀的球面那样从障碍物处散开或者由光源发出。惠更斯没有直接的证据来证明他的光理论，因此这一理论遭到了摒弃，沉寂了大约 150 年。1805 年，英国物理学家 T. 杨在伦敦进行的一项实验展示了光能够以一种被称为“干涉”的相关（相干）方式穿过两条狭缝（见第 3 章）。A. J. 菲涅耳在法国进行的实验（约 1830 年）展示了光像波一样穿过小孔（这种效应被称为“衍射”），并揭示了在哪些条件下，光会像从点源发出的同心球面波那样传播，而不像直的射线。菲涅耳的所有结论都可以由苏格兰物理学家 J. C. 麦克斯韦的综合理论（创立于 19 世纪 60 年代）推断出来。该理论将光视为电磁波，即在时空中交替分布的电场和磁场的传播。麦克斯韦的电磁学理论很快就被公认为我们理解所有形式的电磁辐射的基本方式，并且至今仍被广泛使用。当时，它却引发了一场激烈的争论：电磁波是在空的空间中传播，还是在一种被称为“以太”的假象介质中传播？以太理论被美国物理学家 A. A. 迈克耳孙的一个实验所推翻（尽管如此，他自己却仍然相信以太理论）。这个实验证实了爱因斯坦（1905 年）提出的狭义相对论，其中光波的速度是恒定的，即与光源的运动无关。如果光在以太中传播，那么这种运动就会对光速产生影响，这取决于（固定在地球表面的）光源的运动是接近以太还是远离以太。

2. 量子的出现

下一次革命是普朗克和爱因斯坦提出了光量子概念（在第 1 章中已做了综述）。值得注意的是，早在 1909 年，英国的 G. J. 泰勒就对单个光子的传播特性进行了实验测试，并得出了与爱因斯坦相同的结论——光子以波的形式传播。他的独创性实验是让极其微弱的光（大约一个光子）通过一个小孔，然后拍摄了这样形成的由同心环组成的空间图样，就像菲涅耳的图样一样。为了能够记录如此微量的光在照相底板上产生的效应，泰勒在摄影暗室里放置了一支缓慢燃烧的蜡烛，再将这个装置密封，并在它的上面放了一个“请勿触摸”的标志。然后，他以当时绅士科学家的风范坐游艇航行了三个多月，这是拍摄单个光子所需的曝光时间。记录下的图样（见图 2.2）表明单个光子确实以波的形式传播！

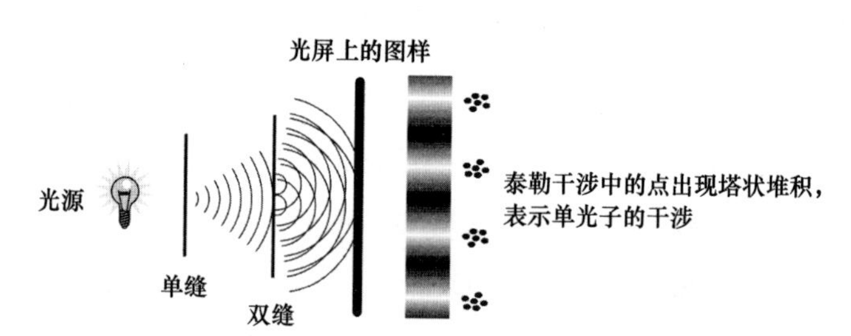

图 2.2　菲涅耳的小孔衍射（光通过一条狭缝）、杨氏双缝干涉（屏幕上的周期性明暗条纹）和泰勒的单量子干涉（屏幕上的周期性点状图样，每个点代表撞击屏幕的一个量子或光子）。

3. 从量子波到波动力学

1923 年，巴黎的一位博士生路易·德布罗意发表了他的革命性推测：一个像电子这样的物质对象会以一包具有不同能量的波（叠加）的形式运动，这一包波也称为一个波包（wavepacket，见图 2.3）。这意味着物质波与光波非常相似，它们是非定域性的——展开在整个空间中，因此它们可以同时出现在不同的位置。

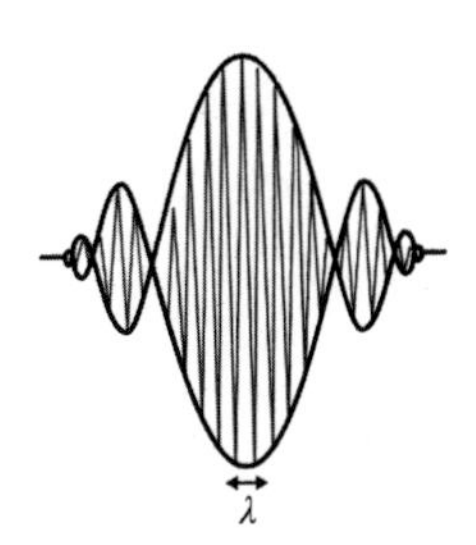

图 2.3　波包描述了由薛定谔方程支配的量子粒子的运动。形成波包的干涉或叠加量子波以德布罗意波长 λ 的尺度在空间中振荡。轮廓线在更大尺度上表示了空间中的振幅在波峰和波谷之间的变化，这条轮廓线表示粒子的位置被其量子性“晕开”的程度。

从本质上讲，德布罗意遵循玻尔的原子理论的暗示，将普朗克和爱因斯坦引入电磁理论的量子概念扩展到了物质波，即推广到了有质量的物体。在玻尔的原子理论中，原子中的电子在围绕原子核的任何允许轨道上形成驻波（见第 1 章）。然而，德布罗意的量子波具有一种前所未有的性质：尽管它可以被分到两条狭缝中，但它仍然保持着“一体性”。也就是说，在每条狭缝中都找不到半个量子（或半个电子），这与经典的麦克斯韦波是相反的。

德布罗意波和经典电磁波的另一个主要区别是，物质粒子的类波特性（波长）的尺度会随着其质量的增大而减小。因此，对于宏观物体而言，其德布罗意波长极其微小（见第 1 章）。

4. 波动力学的诞生

德布罗意的量子物质波与经典光波之间的一些本质区别促使奥地利物理学家 E. 薛定谔于 1926 年提出了后来成为量子力学的基石的波动方程（物质波的运动方程）。波动方程的强大之处在于它的普适性：它适用于任何物质对象，无论是自由传播的粒子（比如被原子散射的电子）还是被势约束的粒子（比如被束缚在原子核周围的电子）。

把物质粒子描述为波的理论在当时称为“波动力学”。一年后（1927 年），C. 戴维孙和 L. 革末在美国、G. 汤姆孙在英国分别通过实验证实了能够将物质粒子描述为波（见图 2.4）。他们观察到一个电子被晶体中的几个原子同时散射时，就像量子波的行为那样，同时保持“一体性”（相干性）。于是，薛定谔的波动方程有了关键证据。

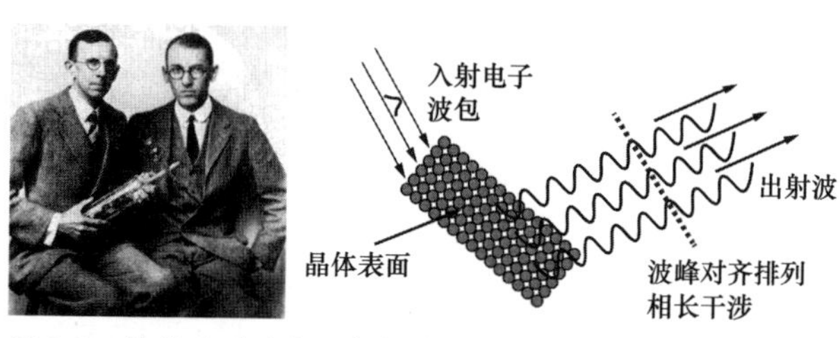

图 2.4　戴维孙（左）、革末（右）及其利用由间隔规则的原子组成的晶体所做的电子干涉演示。

不出几年，薛定谔的波动方程就被公认为是普适的和基本的，即适用于任何物理系统和任何可观测量。这一断言的全部意义将在本书中逐步阐明。这个方程实际上会告诉我们什么呢？

5. 薛定谔的波函数

薛定谔（见图 2.5）的波动方程用波函数来描述任何物体（“系统”）。波函数是一种抽象的数学结构，它包含了关于该物体在所有位置（空间位置）上的过去、现在和未来的所有可获得的知识。波函数将类波的模糊性归因于任何物体的位置，并告诉我们其空间轮廓和范围（波包）如何随时间变化和传播。波函数可以描述衍射：当物体遇到障碍物时，物体的空间轮廓分裂成两个或多个几乎不重叠的部分（就像亨利在那两扇门那里所经历的

图 2.5　薛定谔。

那样），这些部分随后会复合。

波函数应该描述物体彼此独立演化的所有内部和外部成分，这些成分被称为自由度。对于一个由许多原子组成的物体，这些自由度的数量是惊人的——与原子的数量成正比。不过，如果这些原子因相互作用而相互关联，那么相关的自由度可能就要少得多。这不同于自由原子的自由度，被称为物体的内部简正模式（normal mode）。因此，当宏观数量的原子在晶体中振动时，它们以被称为声子（phonon）的集团量子化波的形式振动，只有几个用振动频率和方向来描述的自由度或简正模式（见图 2.6）。

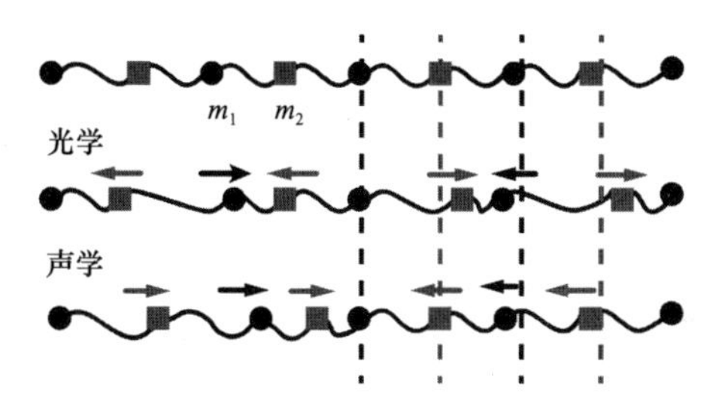

图 2.6　晶体中的量子化声子波。该晶体由周期性排列的原子对链组成。例如，带正电荷的钠原子（圆点）与带负电荷的氯原子（方块）相邻。原子之间的静电推力和拉力及其质量比（m_1/m_2）决定了原子间距伸缩的速率和频率，这一物理过程可以看作声波的传播。这种波可以携带被称为声子的能量量子。

然而，在亨利·巴尔的冒险中，受控分裂只影响决定物体（即他自己）空间轮廓的外部自由度，因为这些自由度与微观内部自由度完全解耦（即独立于微观内部自由度）。

事实上，最近 M. 阿恩特和 A. 蔡林格在维也纳所做的实验中已经

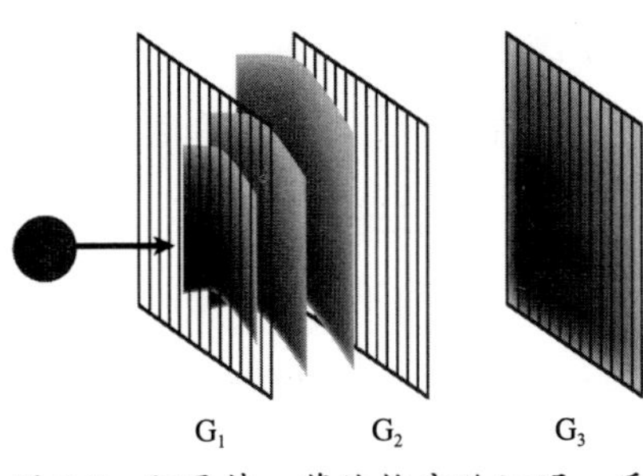

图 2.7　阿恩特－蔡林格实验证明，质量在数百个到近 2000 个原子质量单位之间的大分子可以作为量子波分裂和复合（前提是它们的平移运动与内部模式的平移运动解耦，如图 2.2 中的衍射实验所示）。分子用阵列 G_1 准直，然后用光栅 G_2 衍射，最后在屏 G_3 处记录。

出现了这种情况，他们实现了大分子的分裂，但是还没有人那么大（见图 2.7）。量子力学预言的类波模糊程度随着物体质量的增大而减小，因此这种模糊对一个人而言会非常小。此外，环境也会消除这种量子力学效应，并且物体越大，消除的效果就越明显（见第 8 章）。在分析这些微妙的问题之前，我们要问一下，分裂背后的原理是什么？答案是叠加原理。

6. 玻恩的叠加原理的诞生

1927 年，M. 玻恩提出了量子力学的基本准则，即叠加原理。根据这一原理，任何波函数都可以分解为一些所谓的“自己的函数”，或者叫本征函数（eigenfunction，这个由德语和英语混合而成的单词是量子力学用语）。

每一个这样的本征函数（即一个本征态）表征一个物理可观测量的一个可测量值（即特征值）。在亨利·巴尔的前一次冒险中，本征值对应于他通过的那扇门，而在电子被几个原子散射的情况下，则对应于它被散射的那个原子。如果物体处于本征态，那么随时间推移，可测量值保持不变。

叠加原理告诉我们，这些本征态的任何组合（其中每个本征态都有任意允许的系数或概率幅）都是可以实现的合理量子态（波函数），至少原则上是这样的。量子力学中允许的概率幅是这样的：它们的“权重”（绝对值的平方）之和必须等于1。这一要求称为归一化，反映了量子态的“一体性”。在经典波动（电磁波和声波）理论中，不存在与归一化量子叠加这个奇怪的概念相对应的概念。经典波动理论也允许波的叠加，但不要求归一化。

这个归一化量子叠加的概念已经被无数实验所证实，其中一些我们在前面已经提到过。泰勒的开创性实验表明，单个光量子（一个光子）仍然可以发生量子叠加；戴维孙和革末的实验首次表明了一个电子以关联的方式被晶体中的几个原子散射出去，其中每个原子都会产生一个概率幅减小的波，这符合电子的“一体性”。

在现代的实验（如麻省理工学院的W. 克特勒和维也纳的M. 阿恩特的实验）中，一个由数百个或数千个原子组成的更大更重的类波物体通过一种由光形成的晶体模拟物（空间周期性光栅）分裂和复合。我们将在第3章中更详细地讨论这些效应。

7. 矩阵力学的诞生

在薛定谔的波动方程得到系统阐明的前一年，N. 玻尔以前的博士生、德国的W. 海森堡（见图2.8）于1925年发起了一场革命，创建了量子算符理论。这一理论源于他对于一个原子中的一个电子因吸收或发射光量子而在两个能态（轨道）间发生的跃迁的计算。海森堡得出结论：在这样的一次跃迁中，电子的位置和动量的改

图2.8　海森堡（图片来源：Bundesarchiv, Bild 183-R57262/Unknown/CC-BY-SA 3.0）。

变必须用“算符”（一种新的数学结构）来描述（见第 5 章）。这种理论产生的引人注目的结果是，位置和动量算符作用在电子的量子态上的顺序可能造成极大的不同，这不同于与之对应的那些经典理论。算符的这种被称为“非对易性”（non-commutativity）的性质将在第 5 章中加以解释。

以上所介绍的进展主要发生在 1923 年和 1927 年之间，构成了物理学上的一场真正的变革或范式的转变，即量子力学革命。我们在本书中致力于揭示其含义。

2.3 科学范式为何改变

上文所概述的关于量子力学的惊人崛起几乎无声无息地在 1900 年从一个模糊的推测开始了。这个推测与需要量化一个空腔中的辐射（以解决黑体辐射之谜）有关，其高潮出现在 1927 年，当时量子力学的普适性得到了公认。由于一个奇异而又无法解释的巧合，在这场科学革命发生的同时，还发生了另一场革命——相对论的诞生。1905 年爱因斯坦发表了他的狭义相对论，1919 年爱丁顿通过对水星近日点的观测证实了广义相对论的正确性。

这两次科学革命的量级相当。广义相对论彻底改变了我们关于空间和时间的概念，量子力学则彻底改变了我们的世界观。从以前的“经典”形式到现在的“量子”形式，已经有上百年时间了，但还看不到其尽头。不过，从经典观到量子观的转变或许更为根本，因为它超越了物理学，并重塑了我们的基本逻辑，即现实或“存在”的意义（本体论）及其感知（认识论）。我们将在随后的章节中表明这一点。

值得注意的是，尽管在过去的几十年里，物理学家一直坚持不懈地致力于研究黑洞中的量子效应，但他们仍然无法统一广义相对论和量子力学的世界观，或者在它们之间建立一座桥梁。如果这样的“大统一”发生的话，那么本书中讨论的各个基本量子力学概念就需要进行根本的修改。

在我们的思想中发生如此重大的变化的可能性令人费解。物理学难道不应该（至少从伽利略和牛顿时代起）是一门严格遵循实验事实并用数学解释的、严格的、自我批判的学科吗？如果是这样的话，这座精心建造的大厦（基于牛顿力学和麦克斯韦的电磁场理论）怎么会因为出现了一些无法用主导性理论解释的事实而崩塌呢？关于我们通过物理学感知世界真相的机会，这种剧变的可能性会告诉我们些什么？也许另一场概念上的剧变即将来临。

为了解决这些令人不安的问题，我们需要重新审视关于物理学本质及其可信性的观点和事实。物理学是建立在相互交织的数学理论和实验方法的基础之上的。当理论和实验取得一致时，自然规律就确立了。物理学的非凡成功由其对大量实验事实给出解释甚至预言的能力来予以恰当的衡量，但这一成功是否证明了物理定律和物理概念拥有无可争议的、独一无二的真实性？

这样的结论并没有得到物理学从其起源开始的发展历史的支持。物理学起源于神秘的、神话的或象征性的世界观。柏拉图的《蒂迈欧篇》（*Timaeus*）指出，第一个数学上的“万有理论”隐匿在由创造之神用5个完美的几何体创造出来的世界的奥秘之中。柏拉图理论的抽象和美吸引了海森堡等现代物理学家，但这在理性上令人信服吗？这是另一个关于创造的神话吗？在柏拉图之前，毕达哥拉斯学派的神秘主义的基础是音乐和数学的和谐支配着天体的运动。这种神秘主义在古代的影响如此之大，以至于最后一位罗马哲学家波伊提乌在等待处决时，在“天堂的音乐”中找到了安慰。1000年后，持毕达哥拉斯主义的开普勒和持卡巴拉主义[1]的牛顿在对宇宙中神圣智慧的数学表现形式的追求中，提出了他们的那些定律。奇怪的是，量子力学的一些创始人精通神秘主义，尤其是自称新柏拉图主义者的薛定谔。这一概况表明，物理学的数学语言除了逻辑上的必要性之外，可能还有其他根源。我们只能说这一文化传统由于其无可否认的成功而得到了证明。然而，人们对其普遍正确的信念如此强烈，以至于科学家在寻找地外智慧生命时也采用了数学的形式来沟通。这样的智慧生命必定知道数学及其在解释世界中的作用吗？

话虽如此，但人们无法否认物理学的真理远非永恒，物理学总是通过范式的转变取得进步。根据T. 库恩的说法，每一次这样的转变都反映了科学界内部现存的共识由于社会上的原因而崩塌。K. 波普尔却持相反的观点，他认为这种范式转换是这一学科的内在逻辑发展的必然结果。无论是哪种情况，范式的转变都会破坏物理学制定不可改变的“超级原理”的亘古努力。我们可以不带偏见地得出结论：迄今为止，所有的超级原理都是可以质疑的。

虽然物理学必须对所有已知的事实做出一致的解释，但这绝不是要将其局限于一个独一无二的理论。下面举一个例子来说明这一情况。对于当前量子力学无法解决的那些场景（如量子物体具有巨大的质量，或者它们位于引力有突变的那些空间区域之中），假定我们会有一些修改

[1] 毕达哥拉斯主义是公元前600年至前500年古希腊哲学家毕达哥拉斯及其信徒组成的学派所持有的哲学学说。卡巴拉主义是在基督教产生以前犹太教内部发展起来的一套神秘主义学说。——译注

后的理论，而且这些理论与迄今为止存在的实验观测结果都取得了一致，那么我们又该如何在几种可能相互冲突的可选理论中做出选择呢？对于物理学家来说，具有吸引力的选择标准是美、优雅和简单，这也许是因为他们受到了一种可以追溯到毕达哥拉斯和柏拉图的传统的熏陶。具体说来，量子力学到目前为止胜过了其他的一些竞争理论，这是因为那些理论都缺乏这些美学上的特征。在接下来的章节中，我们将回顾这些不同的理论，并指出它们在美学上的缺陷。

从前面的回顾中，我们可以得出这样的结论：对于一场革命的发生（如量子力学的出现），并不能给出一个直接的解释。下一场革命何时发生，或者是否会发生，我们仍一无所知。多年来，超对称理论意图将物理学中所有可能的力统一在一个基于它们的对称性的共同框架中，而它在物理学里的“下一个大事件”这个赌局中几乎一直立于不败之地，正是因为它具有美学上的吸引力。然而，最近它失去了吸引力，因为在寻找量子力学和广义相对论的共同描述这一诱人的目标方面，它既无法提供实验预言，也无法做出贡献。

量子力学革命仍在继续，主要发生在目前它正在引发的新技术领域中（见第 3 部分）。这些技术不仅给我们带来了哲学上的争论，还使我们面对与量子力学相关的深层次概念问题，对此我们会详细讨论。我们如何用量子力学的方法处理多体复杂系统？我们能否像一些研究者所主张的那样，把量子力学扩展到生物学领域？

可以想象，通过仔细研究我们已经提到的那些问题，我们将对现实产生一种全新的理解。同样可能的是：20 世纪前几十年的科学文化、领导人的博学和才能，以及他们所面临的问题本质上的可处理性，都是当时所独有的，可能不会很快再一次出现。

附录：叠加、波函数、向量和矩阵

在第 1 章的附录中，我们介绍了常量、变量、角标和求和这些概念。这些使我们能够从数学上描述亨利的叠加壮举。

构成量子力学基础的叠加原理可以用数学方式表述如下：如果 ψ_1 和 ψ_2 是波函数（态），它们描述了一个量子系统的单个性质的两个可能值（例如两个位置），那么由 $\psi = a_1\psi_1 + a_2\psi_2$ 给出的波函数就描述了这些值的叠加。这里的 a_1 和 a_2 是两个可变数（复数），它们描述了这两个叠加态对整体状态或波函数的相对贡献。为了满足只有单独一个对象这一约束条件（即它不能被克隆和复制，也不能分裂和减少），就需要对这些数字进行归一化处理。也就是说，这些被称为概率幅的数字只要满足以下归一化条件，就可以获得任何值：

$$|a_1|^2+|a_2|^2=1$$

玻恩和约尔旦基于海森堡的算符理论（前文讨论过），用一种截然不同而又等效的语言重新表述了这一原理。他们用作用于向量的矩阵（算符）的语言来描述量子性。从此以后，我们将采用这种语言，它已成为量子力学的主要形式体系，并预示着量子矩阵的美好前景。

向量可用于描述可观察量的态。向量是一种数学结构，它将几个离散的变量集合在一起。例如，一个有 3 个元的向量表示为 $\boldsymbol{v}=(a \quad b \quad c)$，其中 $\boldsymbol{v}$ 是向量，a、b、c 是复数。向量与列表不同：数字的顺序在列表中无关紧要，而每个元在向量中的位置很重要。因此，$\boldsymbol{v}=(a \quad b \quad c)$ 不等于 $\boldsymbol{u}=(b \quad a \quad c)$。此外，向量既可以水平地写成一个单行，如 $\boldsymbol{v}=$

$(a \quad b \quad c)$；也可以竖直地写为一个单列，如 $\boldsymbol{v}=\begin{pmatrix}a\\b\\c\end{pmatrix}$。

向量可以有任意多个元，从一个（也就是说向量只是一个数字）到无穷多个。以下是向量的一些例子：$\boldsymbol{v}=(1 \quad 0)$ 是一个含有两个元的向量，其中第一个元的值为 1，第二个元的值为 0；$\boldsymbol{v}=(a_1 \quad a_2 \quad \cdots \quad a_n)$ 是一个含有 n 个元的向量，其中第一个元的值为 a_1，第 n 个元的值为 a_n。

如果向量代表真实物理系统的状态，那么它们就必须能够描述这些系统的变化。状态本身可以改变，但新状态仍然用一个向量表示（所有状态都是如此）。如何才能描述这种从一个向量到另一个向量的变化呢？实现这一点的数学结构是**矩阵**，它表示一种物理运算，即一个算符。向量是单行或单列，而矩阵是由多列或多行组成的。例如 $\boldsymbol{M}=\begin{pmatrix}a & b\\c & d\end{pmatrix}$ 是一个 2×2 矩阵，即它有两列两行，第一列由 $\begin{pmatrix}a\\c\end{pmatrix}$ 构成，而第二列由 $\begin{pmatrix}b\\d\end{pmatrix}$ 构成。在本书中，我们主要使用作用于二元向量的 2×2 矩阵。

为了将一个向量转换成另一个向量，我们引入矩阵 – 向量乘法。对于 $\boldsymbol{M}=\begin{pmatrix}a & b\\c & d\end{pmatrix}$ 和 $\boldsymbol{v}=\begin{pmatrix}x\\y\end{pmatrix}$，乘法过程是遍历矩阵的各行，对矩阵元和向量元的乘积求和，因此：

$$\boldsymbol{M}\times\boldsymbol{v}=\begin{pmatrix}a & b\\c & d\end{pmatrix}\times\begin{pmatrix}x\\y\end{pmatrix}=\begin{pmatrix}a\times x+b\times y\\c\times x+d\times y\end{pmatrix}$$

我们可以看出，得到的结果确实是一个新的向量：

$$\boldsymbol{u}=\begin{pmatrix}a\times x+b\times y\\c\times x+d\times y\end{pmatrix}$$

提出一些注意事项是理所应当的。首先，向量 $\boldsymbol{v}$ 中元素的个数必须等于矩阵的列数，否则就有一些乘法运算无法进行。其次，新向量中元的个数等于矩阵的行数。因此，如果我们想把一个向量变换成另一个同样大小的向量（具有相同数量的元），那么执行这种运算的矩阵就必须是正方形，其列数等于行数。最后，这里使用了向量的竖直表示方式，也可以使用向量在左边的向量–矩阵乘法，例如：

$$\boldsymbol{v}\times\boldsymbol{M}=\begin{pmatrix}x & y\end{pmatrix}\times\begin{pmatrix}a & b\\ c & d\end{pmatrix}=\begin{pmatrix}x\times a+y\times c & x\times b+y\times d\end{pmatrix}$$

如果我们有两个矩阵 $\boldsymbol{A}$ 和 $\boldsymbol{B}$，那么它们相乘得到 $\boldsymbol{C}=\boldsymbol{A}\times\boldsymbol{B}$。这也是一个矩阵，它的行数等于 $\boldsymbol{A}$ 的行数，它的列数等于 $\boldsymbol{B}$ 的列数，元素的值是 $\boldsymbol{A}$ 中相应的行与 $\boldsymbol{B}$ 中相应的列的乘积。例如：

$$\begin{pmatrix}a & b\\ c & d\end{pmatrix}\times\begin{pmatrix}x & y\\ z & w\end{pmatrix}=\begin{pmatrix}ax+bz & ay+bw\\ cx+dz & cy+dw\end{pmatrix}$$

我们现在可以把前面介绍的形式体系应用于亨利的分身中叠加原理的表现。让我们首先考虑他以量子力学方式通过旋转门和推拉门。这两种状态中的每一种都可以用一个向量 $\boldsymbol{d}=(r \quad s)$ 来表示，其中 $\boldsymbol{d}$ 代表门，r（旋转）和 s（推拉）是表示概率幅的数字，它们告诉我们“亨利的多少通过了每扇门”。它们的绝对值的平方表示遵循玻恩法则的概率，因此 $|r|^2+|s|^2$ 必定等于 1（因为只有一个亨利）。由于亨利同时通过两扇门，因此他的状态可以用 $\boldsymbol{d}=\begin{pmatrix}1/\sqrt{2} & 1/\sqrt{2}\end{pmatrix}$ 来描述。也就是说，他通过每扇门的概率各为 $\left(1/\sqrt{2}\right)^2$，但他是同时通过这两扇门的，而不像一个经典物体所做的那样。

若用 P. M. 狄拉克引入的一种更简洁的表示方法，同一个向量就

可以写成$|d\rangle=\frac{1}{\sqrt{2}}|r\rangle+\frac{1}{\sqrt{2}}|s\rangle$，其中$|\ \rangle$称为右矢（ket）[1]。右矢$|r\rangle$表示通过旋转门的状态，前面的数字是其概率幅。类似地，推拉门的状态是$|s\rangle$。

现在我们希望用数学术语描述亨利从他的办公楼里出来的整个量子过程。

我们用向量$\boldsymbol{h}=\begin{pmatrix}1\\0\end{pmatrix}$来描述亨利在按下分身按钮之前的状态，当时他仍然是经典的，还没有处于叠加态。也就是说，亨利当时处于一个单一的本征态。

当他按下分身按钮时，他的量子态的变化受到2×2矩阵$\boldsymbol{S}=\begin{pmatrix}1/\sqrt{2} & -1/\sqrt{2}\\1/\sqrt{2} & 1/\sqrt{2}\end{pmatrix}=\frac{1}{\sqrt{2}}\begin{pmatrix}1 & -1\\1 & 1\end{pmatrix}$的作用。$\boldsymbol{S}$中的所有元素都等于$1/\sqrt{2}$，只有一个元素等于$-1/\sqrt{2}$。假设亨利的状态$\boldsymbol{h}$被乘以（被作用于）这个矩阵：

$$\boldsymbol{S}\times\boldsymbol{h}=\frac{1}{\sqrt{2}}\begin{pmatrix}1 & -1\\1 & 1\end{pmatrix}\times\begin{pmatrix}1\\0\end{pmatrix}=\begin{pmatrix}1/\sqrt{2}\\1/\sqrt{2}\end{pmatrix}=\boldsymbol{d}$$

此时，亨利的状态就从一个单一态变成了旋转门本征态和推拉门本征态的量子叠加，此时他同时处于两个态，二者的概率幅相等。

当他按下复合按钮时，他的量子态变化受到矩阵$\boldsymbol{R}=\frac{1}{\sqrt{2}}\begin{pmatrix}1 & 1\\-1 & 1\end{pmatrix}$的作用，其中负号的位置与矩阵$\boldsymbol{S}$中负号的位置不同。当这个矩阵乘以状

[1] $|\ \rangle$称为右矢，在第4章的附录中将引入$\langle\ |$，称之为左矢（bra）。而$\langle\ |\ \rangle$即bra-ket，源自英语中的brackets一词（意为括号）。——译注

态 $\boldsymbol{d}$ 时，可以得到：

$$\boldsymbol{R}\times\boldsymbol{d}=\frac{1}{\sqrt{2}}\begin{pmatrix}1 & 1\\ -1 & 1\end{pmatrix}\times\begin{pmatrix}1/\sqrt{2}\\ 1/\sqrt{2}\end{pmatrix}=\begin{pmatrix}\frac{1}{\sqrt{2}}\times\frac{1}{\sqrt{2}}+\frac{1}{\sqrt{2}}\times\frac{1}{\sqrt{2}}\\ -\frac{1}{\sqrt{2}}\times\frac{1}{\sqrt{2}}+\frac{1}{\sqrt{2}}\times\frac{1}{\sqrt{2}}\end{pmatrix}=\begin{pmatrix}1\\ 0\end{pmatrix}=\boldsymbol{h}$$

从而使亨利恢复到原来的状态，即回到经典的自身。

有趣的是 $\boldsymbol{R}$ 与 $\boldsymbol{S}$ 之间的关系：

$$\boldsymbol{S}\times\boldsymbol{R}=\begin{pmatrix}1 & -1\\ 1 & 1\end{pmatrix}\times\begin{pmatrix}1 & 1\\ -1 & 1\end{pmatrix}=\begin{pmatrix}1 & 0\\ 0 & 1\end{pmatrix}=\boldsymbol{I}$$

这里的 $\boldsymbol{I}$ 是单位矩阵，这意味着当它作用在一个状态上时，不会发生任何变化。这意味着“分身”和“复合”这两个按钮 / 算符的作用是相反的，如果一个操作接着另一个操作，它们就会相互抵消。

我们将在第 3 章中更详细地描述亨利通过这座城市的旅行。

亨利的相位
叮铃……
我的智能手机到底在哪里？我要是分身到更多的地方，就会更快地找到它。
叮铃铃……
但我只想出现在手机所在的地方。这是一个测试我的相位调节盘的完美机会。
我的分身之一获得了一个负相位？

为了发生干涉……
我必须再次分身。
叮铃铃……
两个我反相……
两个我同相。
丁零……
我的反相分身相互抵消了！
同相分身结合起来……
找到了电话。
我们的工作毫无进展。亨利，
我们迫切需要为酶建模的
方程！你得帮帮我们！
我会去找强尼帮忙。虽然
他也许很古怪，但仍然是我
们周围最聪明的家伙……

当以类波形式存在时，我会发生干涉。
当波峰遇到波谷时，发生相消干涉；
当波峰遇到波峰时，发生相长干涉。
分身
分身
我会通过干涉
避开伊芙。
难以置信！亨利就在我的面
前凭空消失了，然后出现
在环岛的另一边！
他是不是在设法避开我？

我需要听听你的意见，强尼。
我们正在设法解爱丽丝研发的抗癌药物的量子化学方程。我卡住了，它们太复杂了。
试着考虑一下干涉吧，亨利，因为到最后，我们都会成为量子。

第 3 章　什么是量子干涉

3.1　亨利发生干涉

在第 2 章结束时，亨利正在寻找躲避伊芙的方法，而伊芙一直在跟踪他并试图监视他的一举一动。他的量子服的分身功能使他可以同时出现在几个地方，也就是说让他处于非定域的量子叠加态，从而使他能够执行出色的规避策略，但这还不够。亨利希望能更好地控制他的实际位置，这样他就可以利用他的量子能力选择一条伊芙看不见他的路线。于是，他在量子服上加装了相位调节盘。这个装置能够“模拟”控制一个重要的量子变量，即叠加态的相位。

为了理解这个相位有多么重要和多么有用，我们必须回忆起亨利将自己视为一列波。在上一次冒险中，亨利的叠加态被比作一列波。我们无法精确地指出一列波的位置，因为它是“展开的”，但它是一个单一的实体，就像处于叠加态的亨利。正如水塘中的波在波峰和波谷之间变化一样，亨利的非定域态也是如此。波的高度就是它的振幅，这个振幅的变化就是相位。熟悉正弦波的读者知道它的零振幅（“节点”）对应于零相位，波峰（最大正振幅）对应于 90° 的相位，波谷（最大负振幅）对应于 270° 的相位。通常将 90° 的相位记为正，270° 的相位记为负，因为它们相差 180°（整个周期为 360°）。

相位和振幅确定了本征态的概率幅，从而提供了量子叠加的完整描述。例如，在一个各相位都为正的叠加中的量子亨利与一个几乎相同、只是其中一个叠加态具有负相位的亨利相比，他们的量子态是不同的。要将被叠加的态中的一个转变成另一个，亨利就必须转动相位调节盘。为了直观地表述这种差异，我们把具有负相位的亨利描述为与具有正相位的亨利对应的“负”像。

相位符号的意义是什么？也就是说，不论是在波峰还是在波谷，它的意义是什么？当两列波相遇并相互干涉时，相位符号的影响就变得明显了。正如在亨利历险中所描绘的那样，而且在任何池塘和浴缸中也很容易看到，如果两列波的波峰或波谷重合，那么由于它们的相位符号相同，因此它们就会相互加强，从而产生一个最大振幅等于两列波振幅之和的波。这种效应称为“相长干涉”，因为这两列波叠加起来形成了一列更大的波。当一列波的一个波峰遇到另一列波的波谷时，由于它们的相位符号相反，结果就得到一个平坦而“安静”的水面，好像来自波峰的水填满了波谷。这称为“相消干涉”，因为这两列波互相抵消了。

让我们把这个波的类比应用于亨利的量子叠加。当他的各个叠加态在同一个地方组合时，由于它们的相位不同，就会产生不同的结果。在第 3 章中，我们只描述了相长干涉效应，其中亨利的两个态（一个通过推拉门的态和一个通过旋转门的态）具有相同的（正）相位符号。因此，当不同的量子亨利结合在一起时，他们“加起来”成为一个到达他的摩托车时完整的经典亨利。现在，更完整的画面展开了。当亨利按下复合按钮时，两个亨利各自沿着一条路径移动，其中一条路径通向摩托车。在这条路径上，两个亨利的相位相同，因此发生相长干涉，于是形成了一个完整的经典亨利。在另一条路径上，两个亨利具有相反的相位符号，因此发生相消干涉，于是他们彼此抵消了。这两个过程产生的结果是，在一个位置上的是完整的经典亨利，而在另一个位置上的是因“抵消”而不存在的亨利。

在亨利最近的几次历险中，他的状态发生了变化，叠加态中的一个的相位符号由正变成了负。也就是说，亨利把相位调节盘旋转了 180°，使波峰变成了波谷。这个调节盘使亨利能够决定哪一个经典亨利会出现——是左边的那个还是右边的那个。通过这个 180° 的相位变化，亨利使右边的那一个发生了相长干涉，于是出现了一个经典亨利，而左边的那一个得到了一个没有振幅的亨利——一个零亨利或不存在的亨利，他的波被抵消了。

这种效应相当奇特，因为亨利的两个态突然消失了——无影无踪。这种单粒子的各量子态的干涉是量子物理学的戏剧性效应之一。对于其他（经典）类型的波（如水波、声波和电磁波），尽管人们在几个世纪以前就已经知道了它们的干涉，但它们的干涉至少涉及两列互不相同的波。在量子物理学中，单个系统会与自身发生干涉。亨利不是与另一个人发生干涉，而是与他自己的其他量子态发生干涉。这两列波是同一系统的两个量子替代。这只会由于叠加原理而发生，单个量子系统可以同时处于几个不同的态。

我们在第 2 章中讨论过的波粒二象性现在完全显现出来了，亨利是一个类似于一个粒子的单一系统，他的行为就像一列波，而波的主要特征就是干涉。传统声波发生干涉，是由于构成传播声波的介质的许多粒子（如水或空气的分子）的密度在特定位置增大或减小，而量子波可以描述单个粒子，但它们以相同的方式发生干涉，即它们遵循相同的数学描述（见本章附录）。

还有两个谜团仍未解开，其中一个是与相对相位对应的绝对相位的含义是什么。当两列波相遇时，它们的相对相位决定了它们之间发生的是相长干涉还是相消干涉。如果两列波以相同的方式改变它们的相位，也就是说它们的绝对相位改变了，但它们的相对相位没有改变，那么这种变化会带来什么？显然，绝对相位并不重要。也就是说，它不影响量子系统的任何可观测性质，因此它可以任意设定。

另一个谜团是在我们对干涉的描述中，与“态”对应的“路径”的含义是什么。它的含义必定与波的动力学和非定域性有关。相遇的两列波并不停止，而是在通过彼此后继续传播。关于它们的干涉（无论是相长干涉还是相消干涉），若考虑的是行波，则是一种动态变化；若考虑的是驻波，则发生在空间中的一些特定位置。当观察池塘中的两列波时，我们会发现在一些特定位置发生了相消干涉，因此水面静止，而在其他一些位置发生了相长干涉。波不会因为干涉而改变其整体能量，它们只是在时空中重新分配能量。

量子波也是如此。如前所述，亨利是一个单一的实体，不能由于量子干涉而复制自己，也不能由此而完全消失。因此，当亨利的替代量子分身的某些部分经历相消干涉时，其他部分就必须对其进行补偿，以保持整个亨利完好无损。因此，亨利的相消干涉在时空中是定域的：亨利在一个地方“消失”，而在另一个地方完整地出现。这就解释了在他意图避开伊芙的各种策略中，两个替代的量子亨利因发生相消干涉而消失了，结果在另一条路径上发生相长干涉，因此亨利以其经典形式完整地出现在那条路径上。

3.2　量子力学中的干涉

1. 玻恩的叠加原理与量子干涉

根据 M. 玻恩于 1927 年提出的叠加原理，如果在双缝实验中，用两个波函数分别描述一个电子从左缝和右缝射出，那么这两个波函数的和（相长干涉）和差（相消干涉）就描述了可能发生的物理情况。事实上，它们代表了刻有两条狭缝的板后方的屏幕上的移位图样：两列波的振幅之和与亮点（概率为最大值）一致，两列波的振幅之差与暗点（概率为零）一致，反之亦然（见图 2.2）。

干涉解释了能级的量子化（见第 1 章）。如果一列代表量子物体（一个电子或一个其他粒子）的行波被发射到一个限制势（如一个盒子）中，那么这列波会被它的壁（更一般的说法是它周围的势垒）反射回来。如果这列波的能量具有恰当的值，即它与由该限制势所决定的能级（特征值）之一相符，那么反射波和入射波就会相互干涉，从而形成驻波。因此，这些驻波在薛定谔的量子力学中具有离散的“量子化”能量。它们类似于（但不完全等同于）作为玻尔的“旧”量子理论核心的驻波，例如氢原子能级的驻波（见第 1 章）。因此，干涉在量子力学中确实处于中心地位。

不过，关于量子干涉的主要问题是它的意义是什么。一个波函数在一个统计系综中发生了干涉，这意味着什么？如果这种干涉意味着一个电子出现在探测屏上的一些特定位置的概率为零，即对应于图样的节点，那么我们就可以确定无疑地预言没有电子会击中屏上的这些点。然而，所有其他的点都对应于一些非零概率，因此也就对应于不可预测的事件：一个给定的电子可能会击中这些点，也可能不会击中这些点。不过，至关重要的是，如果我们将量子－经典对应原理应用于从每条狭缝射出的那些电子构成的子系综，那么我们就会期望它们与通过该狭缝的经典轨迹的统计分布一致，但是干涉量子子系综之间的相位没有经典的对应概念。事实上，E. 温格（匈牙利人，后移居美国，见图 3.1）在 20 世纪 20 年代末表明，如果试图将这种干扰系综作为经典轨迹的统计分布来处理，就必须考虑到用负概率这一奇怪的概念作为其量子化的标志（见图 3.1）。总的来说，量子－经典不相容之谜至今仍未解开（见第 5 章）。

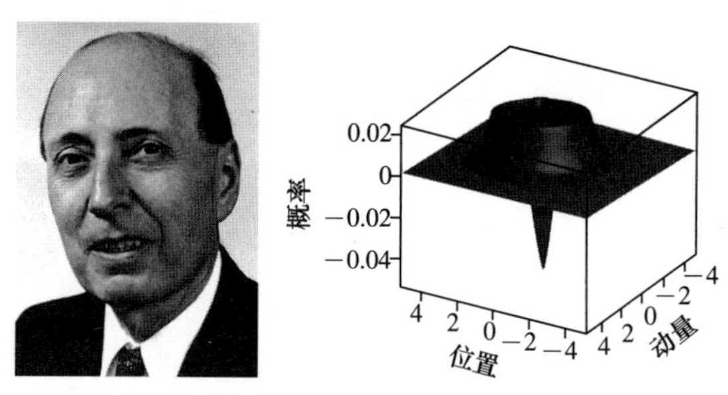

图 3.1　E. 温格（左）及其关于位置和动量的统计分布函数的量子力学模拟结果（右，可能出现负的部分，这与度量它们的、必然为正的概率的经典统计分布完全不同）。

2. 埃伦费斯特的对应原理：从量子性到经典性

作为量子力学基础的另一条准则是奥地利裔荷兰物理学家 P. 埃伦费斯特根据 M. 玻恩的工作提出的对应原理。这是一种如何由量子（薛定谔波函数或海森堡算符）描述获得经典（牛顿）行为的方法。这里，统计系综的概念也提供了一种相当明显的方法：任何可观测量的经典行为（例如位置、动量和能量）都与其在该系综上的平均值相对应。这意味着我们是根据某一特定值出现的概率并将所有这样的值取平均来衡量该量子可观测量的值的。根据玻恩的法则，量子力学中的概率是表征波函数的概率幅的平方，因此这种方法意味着波函数在空间中扩散或展开得越广，其位置具有某个确定值的概率就越小。因此，均匀分布在空间中的波的平均位置是不明确的。相反，对于局域化在某个位置附近的波，这个位置就是其平均位置。当考虑比电子质量大得多的粒子时，量子波的（德布罗意）波长就变得非常小，因此这类波在它们的平均位置附近强烈局域化，从而使经典极限高度精确。

3. 关于量子干涉的争论

当薛定谔的波函数和海森堡的算符方程在 20 世纪 20 年代末被认为等价且普遍适用时，一场关于“新”量子力学含义（当时是这样命名的）的激烈争论就立即爆发了。20 世纪 20 年代中期至 30 年代初，在比利时索尔维举行的一系列大会上，现实主义者（主要是爱因斯坦和德布罗意）和哥本哈根诠释的拥护者之间爆发了一场关于量子干涉的含义的争论。

现实主义者坚持认为，一个恰当的理论必须能够描述我们所考察的对象“真正”发生了什么。例如，当一个电子撞击一块带有两条相距较远的狭缝的板时，理论必须能够分辨出电子通过的是哪条狭缝。薛定谔的波函数不能确定是哪条狭缝，除非在狭缝处放置一台探测器，对此他们不接受。不过，根据量子力学理论，此时电子不再由相同的波函数描述，我们将在第 4 章中说明这一点。

德布罗意甚至大胆地建议修改量子力学，使之符合他的“现实主义”。在他的理论中，不带能量的“导波”引导电子穿过它实际通过的那条狭缝，而薛定谔的波函数决定了该电子的能量和物质（或决定了该电子可能施加的任何其他物理影响）在时空中的分布。这种“隐蔽的”导波理论是 D. 博姆（美国人，后移居以色列和英国）在 20 世纪 40 年代和 50 年代建立起来的“隐变量”理论的前身。这些理论反映了这样一种观点：量子力学不足以对世界给出一个完整的描述，必须由更深层次的描述来对其加以补充，而这些描述是用一些难以探测的神秘变量来表示的。这一观点已被实验反复驳斥，而且无法与量子力学的一般框架协调。

由 N. 玻尔建立起来并得到 W. 海森堡和 M. 玻恩大力发展的哥本哈根诠释很快就成了量子力学的“官方”解释，其追随者不是将波函数视为对一个事件（比如单个电子穿过有两条狭缝的板）的描述，而是将其视为对许多事件（一个统计系综）的一个统计描述。因此，知道波函数并不足以回答特定电子穿过哪条狭缝这一问题。玻尔坚持认为这个问题是不能问的，因为它属于量子力学中的“不可知事物”。由于他坚持不准问关于量子力学中的“不可知事物”的问题，因此就引出了温格的幽默回应。温格说：“如果我问了，那么我会发生什么？”

可知与未知之间的区别将量子力学解释的重点转移到了我们所拥有的知识的局限性上。我们逐渐明白，一方面，波函数不能完全具体地确定所有可能的观测量，例如每个电子相对于狭缝的位置以及它的传播方向（见第 5 章）；另一方面，仅从单个事件，比如一个电子穿过有两条狭缝的板并在板后的屏幕上留下记录，也不能完全知道波函数。

1929 年，J. 冯 · 诺依曼（匈牙利人，后移居德国，再到美国）将量子力学的波函数描述与信息的概念联系了起来。信息的概念在 19 世纪经典（牛顿）粒子的统计理论（即统计力学）中已经存在了。在19世纪的统计力学中，美国的吉布斯和奥地利的玻尔兹曼把系综中大量微观粒子的位置和速度信息的缺乏（或不知道）与系综状态的熵关联起来。出于同样的原因，冯·诺依曼把量子力学中的熵与物体量子态信息的缺乏联系了起来。如果状态已知，那么我们的熵就为零。然而，一个已知的状态只在量子力学意义上意味着信息完整，仍然不允许我们回答在玻尔的意义上的不可知问题，例如在双缝实验中单个电子的完整路径。

4. 自旋作为一个相互干涉的双态系统

20世纪20年代末和30年代初关于量子力学解释的争论表明我们需要非常简单的物体，它们的量子特性可以被充分和清晰地加以分析。在量子力学发展的最初几年中，讨论几乎完全围绕着连续波函数（即概率幅在空间中平滑变化的波函数）展开，因此波函数中的每个空间点都必须被明确指定，这样才能充分理解它们的各种干涉性质。无论是从实验的角度还是从分析的角度来说，与无限自由度相对应的大量信息总是很难处理的。因此，人们在那些年里发现的一种非常简单的量子系统对于人们理解量子力学的基本原理就非常有用了。这种量子系统只有两个自由度或两个本征态——自旋，即量子粒子的内部旋转。荷兰的G. E. 于伦贝克和S. A. 古德斯密特首先以经典形式预言了自旋，瑞士的W. 泡利随后以量子力学形式系统地阐述了自旋。

德国的O. 斯特恩和W. 格拉赫对一个电子用实验证实了自旋的存在（见图3.2）。在斯特恩–格拉赫实验中，一束银原子在磁场中传播，该磁场在垂直于银原子束传播路径的方向上增强（有梯度）。该磁场对原子的自旋施加了一个力，使自旋向上和向下的原子朝相反的方向偏离。

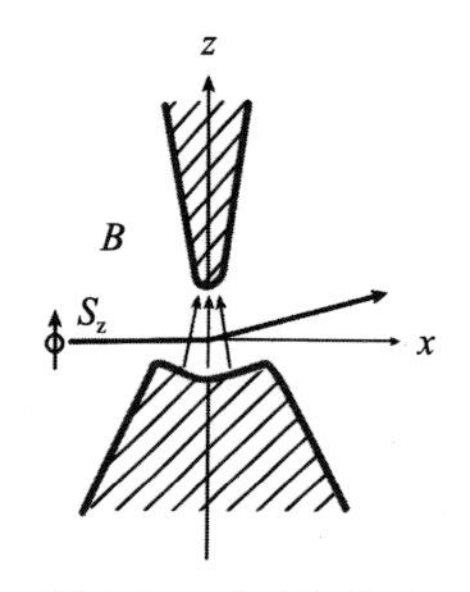

图 3.2 在银原子束中探测自旋的斯特恩–格拉赫装置。磁场 B 的变化（有梯度）使原子的自旋分量与 z 轴同向，并导致其动量从 x 轴向 z 轴偏转。

由这个偏离就能推导出自旋的大小。

自旋的特殊量子力学性质是，当粒子被置于磁场中时，自旋会使其变成一个微小的磁体。不过，与经典的转子不同，它只有两个能量值（本征值）或能级。其中，较高的能级是指向上（沿着磁场）的自旋，而较低的能级是指向下的自旋，这样就形成了一个双本征态系统。一个电子对于自旋而言只有两个能量本征态的原因仍然是以 h 为单位的作用量的量子化，在“向上”和“向下”之间不可能存在任何中间取向，因为这样的一些取向在改变自旋方向时，所需的作用量会有小于 h 的差值。

原子核也有自旋，美国的 I. 拉比在 20 世纪 40 年代发现的一种被称为核磁共振的效应很好地证明了这一点。他利用电磁脉冲使自旋绕静磁场的轴以固定的角度旋转（进动）。只有当电磁脉冲的频率与沿着磁场轴上下指向的两个自旋态的能量分裂相匹配（共振）时，才会发生进动。每一个脉冲在垂直于静磁场的方向上施加一个冲击力，从而对自旋产生一个扭矩，就好像对一个旋转着的陀螺施加了一个推力。

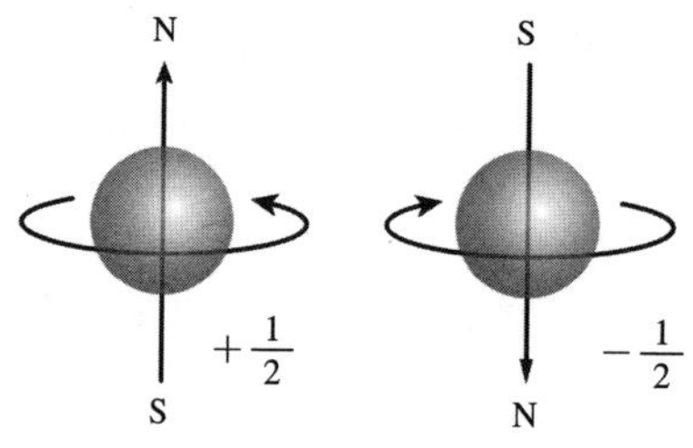

图 3.3 电子自旋，形象化为一个旋转着的陀螺，它产生一个磁场，其值为 +1/2（自旋向上）或 –1/2（自旋向下）。

这种进动的自旋在量子力学中由向上和向下的两个自旋本征态与一个带着它们的时变（振荡）概率幅的叠加态来描述（见图 3.3 和本章附录）。玻恩的法则暗示，这个进动对应于发现自旋向上或向下（因此具有较高或较低的能量本征值）

的概率的一个振荡。F. 布洛赫和 I. 拉比测量了宏观自旋系综的能量振荡（见图 3.4）。

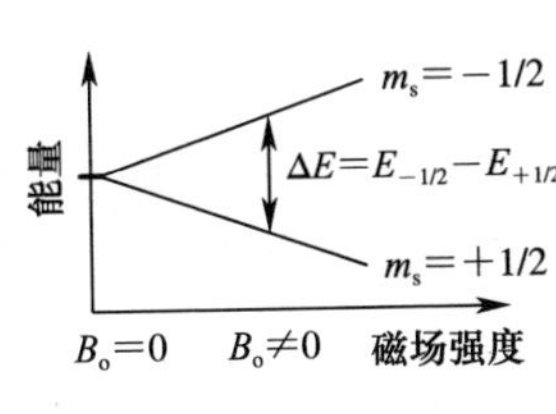

图 3.4　F. 布洛赫（左，自旋进动的发现者）、I. 拉比（中，核磁共振效应的发现者），以及磁场中核自旋能级的能量分裂——核磁共振效应的来源（右）。

由于能量分裂对被测自旋附近的磁场很敏感，因此核磁共振已成为研究原子或分子（其原子核携带自旋）周围极小范围内的材料组成的一种非常宝贵的工具。由于自旋是研究材料性质的高灵敏度探测器，因此这一工具在化学、物理学和医学中有着广泛的应用。

20 世纪 50 年代，随着微波频率的强辐射源（即所谓的“微波激射器”）的出现，操纵具有适当能量的氨分子的两个旋转态的各种叠加成为可能。自 20 世纪 60 年代以来，光学激光器已经使我们能够对原子进行类似的操作，其电子能级对之间的能量间隔是所使用的激光频率的 $\hbar$ 倍。

这种对双旋系统的操作以及在原子、分子和光子系统中的类似操作已经成为量子力学研究的中心工具（将会在后面的章节中讨论），特别是这样的操作有助于我们澄清系统的两个态之间的量子干涉的概念（见本章附录）。

图 3.5　冯·诺依曼，量子信息论之父。

5. 从物质波到量子信息

薛定谔的波动力学强调了量子波的运动效应。冯·诺依曼（见图 3.5）在 1929 年至 1932 年间进行的令人震惊的深入研究使人们认识到，这种描述是普适的，而且波函数携带的是信息而不是物理作用。

这项研究为目前称为量子信息论的理论奠定了基础。量子信息论利用了量子叠加态编码的信息可能比它的经典对应形式更多这样一个事实。这一理论的基石是一个只能占据两个（正交的）本征态的量子系统，就像前面描述的自旋或类似的事物，例如一个具有两个不同能量的内部状态的原子，或者一个具有两个正交偏振态的光量子（光子）。（在亨利的故事中，这两个状态就是他通过旋转门和推拉门的两个分身。）如果我们把这两个状态分别标记为 0 和 1，那么这样一个系统就会让人想起计算机中的一个逻辑信息位。它的量子对应形式被称为“量子位”（quantum bit 或 qubit）。与经典的位相反，一个量子位可以同时处于 0 和 1 两个态。在接下来的章节中，我们将讨论用这样一个怪异的信息携带系统能做些什么。

6. 量子干涉法

叠加原理适用于有两条狭缝的干涉装置，其中量子波可以沿着两条不可区分的可选路径传播，每条路径对应于一个路径局域化的本征态，这两个本征态相互正交。它们的相位差（相对相位）是量子干涉的关键。为了集中讨论这个问题，让我们考虑双缝干涉，其中对应于通过左、右两条狭缝的两个叠加本征态的概率幅的大小（振幅）相等，但它们可能具有不同的相位。

叠加态可以形象化地表示为向量（见第 2.3 节）。它们的相对相位 θ 由可选传播路径 1 和 2 之间的差确定（见第 1.3 节）。使双态干涉为相消干涉和相长干涉的相对相位分别对应于 π（180°）的奇数倍和偶倍数。当 $\theta = 0°$ 时，这两种状态发生相长干涉，因此它们的概率幅相加，而当 $\theta = 180°$ 时，它们发生相消干涉，因此它们的概率幅相减。

通过改变 θ，很容易在这两种情况之间插入其他值。多年来，研究人员一直在致力于制造一种叫作干涉仪的装置。这种装置能够精确测量以德布罗意波长 λ_{dB} 为周期变化的相对相位，尽管对于质量比电子大得多的物体来说，这一波长极其微小。不过，最近的一些巧妙设计使我们能够测量质量超过 1000 个原子的分子（维也纳的 M. 阿恩特，见图 2.7）和质量相似的超冷原子云（麻省理工学院的 W. 克特勒）在双缝干涉中的相位。

双缝干涉的另一种观测效应可以发生在时间中，而不是在空间中。以色列特拉维夫市的库里茨基和 A. 本・鲁文在 1985 年预言了这种效应的存在，法国巴黎的 P. 格朗吉尔、A. 阿斯佩和 J. 维格在 1985 年对两个全同的原子进行了实验验证。这两个原子形成了一个分子，而在这个分子吸收光子后，它们就分离了。当两个原子彼此远离时，光子被这两个不可区分的原子之一重新发射出来，类似于双缝干涉，而这两个原子的作用就相当于两条狭缝。由于这两条“狭缝”之间的距离随着两个原子的彼此远离而逐渐增大，因此此时的相对相位从 0° 演变到 180°，导致干涉从相长干涉变化到相消干涉。

3.3 量子叠加的深层含义

1. 量子哈姆雷特主义：存在与不存在

量子叠加原理允许一个物体在给定的地点和（或）时间以“存在”和“不存在”两种状态共存。这种可能性在较老的“经典”物理学中是没有先例或类比的。

这种共存是一个物体在双缝装置中的量子类波传播（衍射或干涉）的本质。在这种情况下，我们不能断言这个物体通过了（“存在于”）任何一条特定的狭缝。

在时间域中，这种共存已经导致了被假定为在某些时候“死亡”（即不存在）的一些量子叠加态“重生”的这一壮观景象，后面的章节将会予以描述。

这些现象正被推向研究大型复杂物体的领域，如超导电路、纳米机械弹簧和原子“云”。不久之后，我们可能会在活的物体（比如病毒和细菌）上观察到这些现象。那么，同时存在与不存在就会有一个特别引人注目的内涵。

“是”态和“否”态的空间域与时间域中的叠加是革命性的量子逻辑的核心，而量子逻辑是量子计算机和信息传送器工作的基础，后面的章节将对此进行解释。

这样的“存在”与“虚无”共存，不仅对于我们的日常经验而言显得怪诞，而且在哲学领域中也是如此，因为它与西方哲学中这两个概念之间的基本二分法矛盾。早在2500年前，希腊哲学家巴门尼德就视这种二分法为当然。他说：“存在者存在，不存在者不存在。”因此，存在不可能变成虚无（更不用说共存了）。

然而，这种共存似乎是佛教思想家龙树（公元 2 世纪）的教诲的回响。对他来说，存在与虚无，如同它们的否定或任何其他组合一样，都是毫无意义的。我们认为，龙树和他的佛教信徒对普通逻辑和经验的蔑视确实符合量子叠加原理的精神！

如果存在与虚无确实共存于一个量子态中，那么这是否就意味着虚无是真实的？虚无的真实性根源于柏拉图哲学学派，它促成了从公元前 2 世纪到中世纪所有一神教的神秘主义。柏拉图主义者断言无限是不存在的，然而与之矛盾的是它又是存在的源泉。值得注意的是，在公元前 2 世纪，中国思想家、道教的创始人老子在关于道（即宇宙的本质）的论述中也表达了类似的观点。

这种关于虚无真实性的思想一直延续到现代，例如海德格的哲学。刘易斯·卡罗尔[1]在他的《爱丽丝镜中奇遇》一书中巧妙地影射了这些思想。爱丽丝告诉白国王："我在路上看到没有人。"对此，白国王回答说："我只希望我也有这样的双眼，能够看见没有人！"

对这些问题的哲学思考可能与量子物理学无关。与其沉迷于这样的遐想，我们还不如将自己局限于那些具有操作意义的问题（将在第 4 章中讨论）。在一个给定的设置中，量子力学允许什么样的测量结果？然而，即使我们回避哲学上的讨论，基于"是"和"否"叠加的量子逻辑仍然存在，出现在量子信息时代里，因此我们可能会面临它对我们生活的影响。因此，量子时代的哈姆雷特可能会这样摆脱他的那个著名的困境。

[1]　刘易斯·卡罗尔是英国作家、数学家、逻辑学家、摄影家和儿童文学作家查尔斯·勒特威奇·道奇森（1832—1898）的笔名，他最著名的儿童文学作品是《爱丽丝梦游仙境》及其续集《爱丽丝镜中奇遇》。——译注

量子哈姆雷特[1]

存在与不存在，这就是答案：

忍受着残暴命运的抛掷，

但又拿起武器对抗排山倒海而来的麻烦……

同一时间，既死又生，既睡又醒——这就是我们的量子命运。

2. 知道与不知道

量子态和波函数这些奇怪的概念可能遭到摒弃，也可能得到认真对待，这取决于我们对一个问题的回答。一个物体（电子、原子等）真的有一个波函数吗？我们可以回答：很可能没有，因为波函数不是一种性质。从物体“可知的”方面来解释，就将焦点从物体转移到了这种知识或信息的潜在收集者——观察者。正如我们将在第4章中看到的，根据大多数解释，观察者在量子力学中起着核心作用。观察者这一角色是否

[1] 在莎士比亚的《哈姆雷特》中，这段话的原文是：

To be, or not to be, that is the question:
Whether 'tis nobler in the mind to suffer
The slings and arrows of outrageous fortune,
Or to take Arms against a Sea of troubles,
And by opposing end them: to die, to sleep;
No more; and by a sleep, to say we end
The heart–ache, and the thousand natural shocks
That Flesh is heir to? 'Tis a consummation

朱生豪的译文是：

生存还是毁灭，这是一个值得考虑的问题；
默然忍受命运暴虐的毒箭，
或是挺身反抗人世无涯的苦难，通过斗争把它们扫个干净，
这两种行为，哪一种更加高尚？
死了；睡着了；什么都完了；
要是在这一种睡眠之中，我们心头的创痛，
以及其他无数血肉之躯所不能避免的打击，都可以从此消失。——译注

使量子力学比其他理论更贴近人本主义（以人为中心）？不一定。统计力学和热力学产生了熵的概念，而这一概念表达了无知。物理概念是抽象的，而不是直接与我们的经验相联系，尽管 E. 马赫和其他实证主义者对此持保留意见。美国物理学家布里奇曼在 20 世纪 40 年代提倡操作主义，但其中包括将“笔纸操作”（意思是理论概念）作为物理学研究的一个重要组成部分，尽管这些概念可能无法直接操作。

如果我们采用量子力学的哥本哈根诠释，那么我们就将面对玻尔的观点，即人类对已知的和可想的事物的理解（认识论上的）存在固有的限制。例如，双缝装置中的粒子在被探测到之前在哪里？显然，我们不必认可这样的一些限制的存在。然而，我们不能摆脱量子力学概念上的一些局限，它确实不能回答这个问题，除非完全破坏其框架。那么，关于克服玻尔对量子力学提出的限制的可能性，我们是否陷入了一个逻辑上的僵局？不一定！在第 5.3 节中，我们将探讨一条可能的出路。

附录：干涉和量子波

在本附录中，我们继续对量子态进行公式化的表述，并更详细地描述叠加、态振幅、相位和干涉的概念。亨利在他的公寓里的状态可以用两种互不相同的经典状态的叠加来描述，即坐态（S）和斜靠态（L）。

$$\psi = a_S\psi_S + a_L\psi_L$$

可通过归一化$|a_S|^2 + |a_L|^2 = 1$来保持一个完整的（单一的）亨利。在第 2 章中，概率幅只获得相等的值，但在一般量子态下，只要保持归一化，它们就可以有任何值。请注意，归一化涉及振幅的绝对值的平方，

而不是振幅的值。由于振幅的绝对值的平方和必须等于 1，因此振幅本身可以是负的。相比之下，对于概率，有意义的是它们的值（必须是零或正的），并且这些概率值的总和必须等于 1。概率幅和概率之间的这一简单区别是量子物理学的基石之一，也是许多反直觉效应的起源。这些效应将在本书中详细讨论。

根据亨利对这些现象的理解，让我们考虑（例如）数学形式为正弦和余弦的那些波的振幅（见图 3.6）。

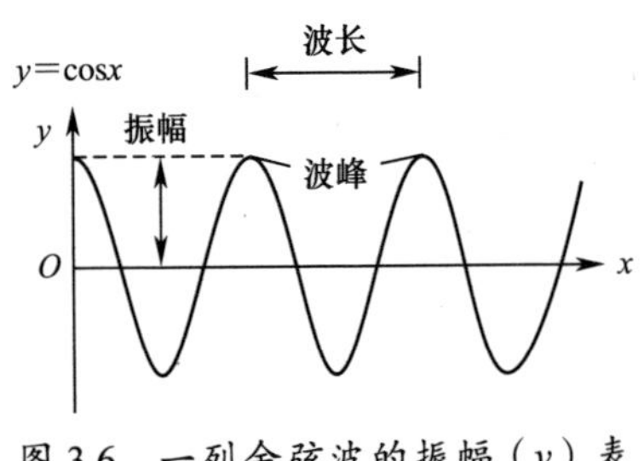

图 3.6 一列余弦波的振幅（y）表示为 x 的函数。

波有三个主要特征：振幅（高度）、相位（波峰和节点在 x 轴上的位置）和波长（两个波峰之间的距离）。一列波可以用数学形式表示为：

$$a = A \times \cos(\varphi + x/\lambda)$$

其中，A 为振幅，φ 为相位，λ 为波长。

有几个数学（三角）关系对我们来说很重要。首先是余弦和正弦，它们之间的唯一区别是相位，$\cos x = \sin(x-90°)$。其次是 $\sin^2 x+\cos^2 x= 1$，最后是 $\cos(x-180°) = -\cos x$。

利用这些数学关系，我们就能描述量子干涉。正如本章已详细讨论过的，两列波相遇时就会发生干涉。让我们考虑两列单位振幅波（振幅为 1），它们具有相同的波长 λ，只是相位不同。

$$a(x, \varphi_1) = \cos(\varphi_1+ x/\lambda)$$

$$a(x, \varphi_2) = \cos(\varphi_2+ x/\lambda)$$

当它们相遇时会发生什么？如果它们具有相同的相位，即 $\varphi_1=\varphi_2=$

φ，则会发生相长干涉：$a(x, \varphi_1) + a(x, \varphi_2) = 2 \times a(x, \varphi) = 2 \times \cos(\varphi + x/\lambda)$。求和所得的波具有完全相同的形式，只是振幅加倍。它的波峰高度是相遇前各列波的两倍，波谷深度也是相遇前各列波的两倍。

如果这两列波的相位相反（当亨利把相位调节盘调节到 180° 时就会发生这种情况），那么 $\varphi_1=\varphi_2-180°$，于是这两列波就会发生相消干涉：

$$a(x, \varphi_1) + a(x, \varphi_1-180°) = a(x, \varphi_1) - a(x, \varphi_1) = 0$$

我们在这里采用了 $\cos(x-180°) = -\cos x$ 这个事实，这意味着相位变化 180° 就相当于振幅的符号改变。当两列波相遇时，每个波峰都会遇到与它相反的波谷（反之亦然），它们互相抵消。这种相消干涉只能发生在整个态的一部分，它必须由另一部分的相长干涉加以补偿，以保持对象的“一体性”。

我们通过这个简单的例子就可以理解，为什么亨利把他的量子服上的这个新装置命名为相位调节盘。相位控制着发生何种类型的叠加：相长干涉、相消干涉或两者之间的任意情况。

现在让我们来描述一下亨利在他的公寓里（也是为了躲避伊芙）的完整状态，以及导致干涉 / 消失行为的完整动态。为了简单起见，我们忽略所有概率幅对 x 的依赖关系（它们在后面的章节中将起到关键作用）。因此，亨利的初始状态可以描述为：

$$\psi_S = \begin{pmatrix} 1 \\ 0 \end{pmatrix},\ \psi_L = \begin{pmatrix} 0 \\ 1 \end{pmatrix}$$

$$a_S = a_L = \frac{1}{\sqrt{2}}$$

$$\psi = a_S\psi_S + a_L\psi_L = \frac{1}{\sqrt{2}}\begin{pmatrix} 1 \\ 1 \end{pmatrix}$$

将相位调节盘调节到 180°，就得到了亨利的斜靠量子分身。如我们已看到的，这仅导致斜靠态振幅的符号变化。这个作用可以由量子算符表示如下：

$$P(\varphi_L = 180°) = \begin{pmatrix} -1 & 0 \\ 0 & 1 \end{pmatrix}$$

将这个算符应用于亨利的状态，结果得到：

$$P(\varphi_L = 180°)\psi = \frac{1}{\sqrt{2}}\begin{pmatrix} -1 \\ 1 \end{pmatrix}$$

这里，亨利斜靠的量子态与坐的量子态的符号相反。

接下来，亨利的两个量子分身向彼此移动，然后发生复合。在第 2 章中，复合算符用 ***R*** 表示。让我们仔细地看一下亨利的状态复合时会发生什么。

$$\boldsymbol{R} \times P(\varphi_L = 180°)\psi = \boldsymbol{R} \times \frac{1}{\sqrt{2}}\begin{pmatrix} -1 \\ 1 \end{pmatrix} = \frac{1}{\sqrt{2}}\begin{pmatrix} 1 & 1 \\ -1 & 1 \end{pmatrix} \cdot \frac{1}{\sqrt{2}}\begin{pmatrix} -1 \\ 1 \end{pmatrix}$$

$$= \frac{1}{2}\begin{pmatrix} 1\times(-1)+1\times1 \\ (-1)\times(-1)+1\times1 \end{pmatrix} = \frac{1}{2}\begin{pmatrix} 0 \\ 2 \end{pmatrix} = \begin{pmatrix} 0 \\ 1 \end{pmatrix}$$

因此，上面的一行表示相消干涉（$-1+1=0$），而下面的一行表示相长干涉（$1+1=2$），与第 2 章中计算结果得到的状态 $\begin{pmatrix} 1 \\ 0 \end{pmatrix}$ 相反。这两种场景之间的唯一区别是在叠加态中有了符号的变化。这个例子明示了相位变化如何通过将相消干涉转换为相长干涉彻底改变状态，反之亦然。

亨利的坍缩
一周后，亨利在强尼的帮助下解出了那些方程。
我不能把写在黑板上的解存入任何计算机。我敢肯定伊芙能入侵它们!
伊芙入侵了车站的监视系统。
车站的摄像头开着。
Beauty
我会通过分身来躲过伊芙的追踪。
Beauty
他在哪里?
发生了什么?
我的一个分身消失了，但我很高兴我还是完整的。

电视摄像头和手机使我
的叠加态发生了坍缩。
但是，为什么呢？
每次自拍时，我的叠加态
都会坍缩成另一个分身，
无法预测是哪一个！
是因为引力吗？
是不是涉及
多重宇宙？
是因为我的思维吗？

我继续不停地分身，
以躲避伊芙的监视。
伊芙的电视摄像头使我坍
缩成楼下的分身。
我在楼上的分身不见了！
这个分身会上车，另一个
会留在站台上，让我们看看
哪一个能幸存下来……
我真幸运！夏娃的摄像头
消灭了我在站台上的那个分身，
我在车上的分身得救了！
鲍勃,我刚刚勉强摆脱
了伊芙！这里是为酶
建模的方程式！

第 4 章　什么是量子测量

4.1　亨利被测量

本章介绍量子力学中最大的奥秘之一：量子测量的概念。在前几章中，亨利将自己分成了几个量子分身，这些量子分身在复合时发生干涉。然而，在我们的日常生活中，甚至在最精密的物理实验室里，我们也从未测量到任何同时位于两个地方或同时具有两个不同状态的事物。当我们观察和测量任何物理可观测量时，会得到这个或那个结果，但不会同时得到两个结果。这个结果可能是一个特定的位置、一个特定的动量或一个特定的能级。我们从未测量到一个量子系统的任何可观测值的叠加。叠加光子的快照在探测屏幕上的记录总是一个点，而不是两个点，也不是半个点。如果是这样的话，叠加真的存在吗？即使我们无法测量它们，也是如此吗？

为了回答这个问题，我们需要重新审视我们迄今为止对亨利·巴尔的那套量子服及其工作原理的了解。当亨利处于一个叠加态时，他在物理上处于几个地方。但是就像任何其他量子系统一样，当伊芙通过安置摄像头来测量亨利的位置时，她（作为一个经典的观察者）必定会得到一个单一的结果：她要么看到亨利，要么看不到他。由于伊芙（还）不是一个量子系统，因此她不可能处于同时既探测到亨利又没有探测到他的叠加态。因此，由一个经典观察者进行的一次测量会产生一个单一的结果。此外，一旦伊芙在摄像头中发现亨利在某个特定的位置，那么他就必定在那里。我们的物理现实是由这些测量组成的。如果某个事物被测量到在某处，那么它就存在于那个位置，它不可能存在于其他任何地方。因此，伊芙对亨利的测量迫使亨利的位置是经典的。

什么是测量呢？仅仅看一个物体就被认为是观察到它吗？观察者是谁或者是什么？摄像头是观察者，还是必须有人观看视频？如果是这样的话，当伊芙不看视频时，亨利会坍缩吗？这些问题仍在争论之中，我们将在第 4.2 节和第 4.3 节中讨论当前人们在这些问题上的立场。那么，关于测量，我们确实知道些什么？

我们知道它们对叠加的作用。在测量之前，亨利的量子态被描述成一个非定域的波函数，它可以与自身发生干涉。然而，一旦伊芙发现亨利处于一个特定的位置，他就不再像波了。相反，他分散的位置坍缩成了一个经典的、像粒子那样的定域位置。于是，测量一个叠加量子态的这种效果被称为“波函数的坍缩”。

然而，在伊芙第一次试图探测亨利之后，发生了一些更奇怪的事情。亨利的一个量子分身（极其相似的版本）从伊芙的摄像头前经过，而另一个则没有。伊芙没有在这个摄像头中探测到亨利，然而亨利的状态还是坍缩成了一个没有在镜头前经过的量子分身。既然伊芙没有发现亨利，他为什么会坍缩？答案是，一个否定的结果仍然是一个结果。由于伊芙没有在镜头前发现亨利的分身，因此她使亨利的状态坍缩成没有出现在镜头前；否则，伊芙对现实的感知就会与亨利的状态矛盾了。所以，她通过探测到亨利不出现，使他坍缩成一个不在那里的分身，并使他变回经典形式。

波函数坍缩到哪个态？是谁或者什么决定了是这个态还是那个态？这些问题困扰着我们这个时代的一些伟大的智者。关于这个难题，有一条明确的证据：关于波函数坍缩到哪个态的“决定”完完全全是随机的。事实上，一些物理学家声称这种随机性是这个世界上唯一的随机性。没有任何办法去影响或预测某一特定坍缩事件的结果。如果你去测量一个叠加态，那么最终会发生什么也不确定。亨利在他未预测到的坍缩发生之后得出了这个结论：当时他通过自拍来测量叠加的自己，并观察到每次都会有他的一个不同分身消失。不管他多么努力地分析和预测坍缩的模式，结果都发现根本不存在这种模式。

尽管不确定，但仍有预测的机会，因为每个特定的态都有一个与之相关的数字，即第 3 章中讨论过的概率幅。这个数字的绝对值的平方决定了该波函数坍缩到那个特定的态的概率。因此，如果亨利被分成两个等概率幅的量子分身，那么每个分身就有 50% 的概率在测量后出现。相比之下，如果亨利分成两个概率幅不等的量子分身，比如说一个量子分身的概率幅的平方为 20%，另一个量子分身的概率幅的平方为 80%，那么前者在坍缩后出现的概率就比后者低，它们的概率之比为 1∶4。这里，概率意味着如果亨利重复执行相同的操作（比如说分身操作，然后进行测量），那么经过多次重复操作后，出现的结果的分布将是前一个分身出现的概率是 20%，后一个分身出现的概率是 80%。因此，一个叠加态不仅由叠加成它的那些态来描述，而且由它们对应的概率幅来充分描述。我们提醒读者，第 2 章和第 3 章讨论的概率幅的相位对于这种描述也是必不可少的。

在本章中，亨利被他的首要敌人伊芙打败了。他的量子服对伊芙的测量并没有提供任何抵御。这就提出了一个关于观察者在量子物理学中所起作用的重大哲学问题：显然，观察者从来不是被动的。一位观察者的出现给测量所带来的可能性就会改变被观察物体的状态。伊芙仅仅试图观察到亨利，她甚至并没有发现他，就成功地将他的状态从量子态（这里是指类波的、展开的）变成了经典的、局域化的。除了第 4.2 节讨论的一些显著的例外，在其余情况下测量都会改变量子态。亨利能在对他的量子力量的这种残忍的攻击下取胜吗？接下去的章节会告诉你。

4.2　量子力学作为一种测量理论

M. 玻恩在 1927 年解释说，量子力学是概率性的，因为它在本质上是一种测量理论，其中一个量子态属于大量全同的物体或副本（例如电子、原子、光子等）的集合（系综）。因此，单个物体（副本）的行为在这种理论中是不可预测的。玻尔在对量子力学的哥本哈根诠释中采用了这种观点。按照这种观点，一旦观察者决定要测量哪个可观测量，该量子态就仅仅是可能出现的测量结果的一个目录。如果被测量的观测态是本征态的一个叠加，那么每次测量的结果都是随机的、不可预测的。我们事先猜对结果的机会是由在叠加态中找到相应的本征态的概率来决定的。随着斯特恩 - 格拉赫装置作为量子测量平台的出现，不可预测性 / 随机性的概念就成为了焦点。因此，如果装置中银原子的自旋与 z 轴同向，那么它就处于与 x 轴正方向和负方向同向的自旋的相等叠加中（见第 3 章），所以沿着 x 轴正方向的探测只有 50% 的概率成功，即在一半的实验中获得成功，没有任何线索表明哪次实验会成功或不成功。

然而，这个解释仍然缺少一个关键要素：如何描述量子力学中的测量行为。答案是由 J. 冯・诺依曼在 1932 年给出的，这是他在量子力学和信息理论之间建立的关联的一部分。他的第一步是将波函数的概念扩展到一个量子系综的统计函数，他称之为密度矩阵。苏联物理学家 L. D. 朗道也同时提出了这一概念。根据密度矩阵，我们可以推断出该系综中存储的熵或信息。这度量了它有多么接近一个“纯”叠加态（对应于零熵，即最大信息），又有多么不同于一个对应于较高熵（较少信息）的本征态构成的统计“混合”态，其中每个本征态仅由其概率（统计权重）表征。这样的一个“混合”态不依赖相位，而在纯叠加态中，相位是至关重要的（见第 3 章）。

冯・诺依曼的关键步骤是要为由测量装置引起的从纯态到构成该叠加态的本征态之一的锐变确定一个量度，然后读取与该本征态对应的可观测值（见图 4.1）。他假设测量仪器每次都记录一个单一的结果（可观测值），即使是随机的，那么也必然会发生这样一个跃变（他称之为波函数坍缩）。不过，他强调，我们不能从量子力学的一些规则（薛定谔方程）中推导出这种坍缩，据此以一个纯叠加态开始的波函数将保持在由此坍缩所描述的状态。根据信息论的说法，坍缩是从关于叠加态中的

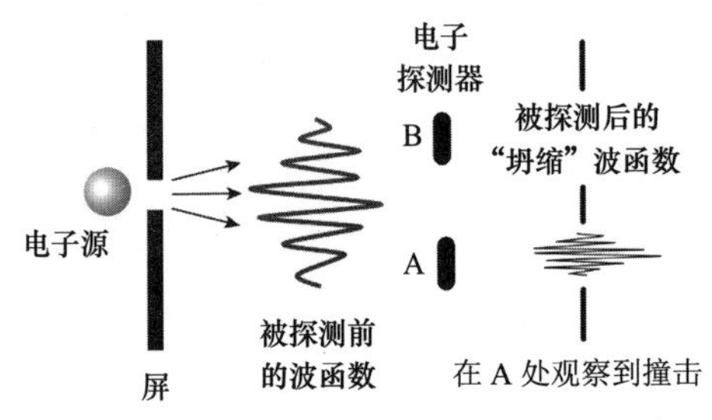

图 4.1　冯・诺依曼的波函数坍缩示意图（测量假设）。

每个本征态存在的部分信息突然跳跃到关于单个本征态的全部信息。用哥本哈根学派的行话来说，此坍缩实现了系统的潜能之一，并将其变成现实。

冯·诺依曼的测量假设（并不能据此从薛定谔方程推导出坍缩）是量子力学概念发展中的一个里程碑，不过量子力学所造成的困惑至今仍然困扰着我们。尽管多年来对测量过程进行了广泛的阐述，但我们仍然没有完全将坍缩的概念与量子力学的规则协调起来，对此我们将在本章后面和第 5 章中进行讨论。主要的未解问题是：波函数在何时何地坍缩？冯·诺依曼毫不含糊地回答说：*在观察者的思维中*——在读出测量结果的那个人的思维中。他的激进立场受到了许多（但不是所有）研究者的强烈反对，他们认为他的这种看法是非物理的，甚至是非科学的。我们将在第 5 章中回顾这场争论，但问题是关于坍缩，有没有其他的解决方案？

冯·诺依曼规划了那些一直在试图从量子力学中“驱逐观察者”的人所遵循的途径。这条途径在于对测量装置的量子力学描述，即在它与被测系统发生相互作用之后，就立即变得与被测系统相关。根据冯·诺依曼的说法，系统和装置的状态因此是*不可分割的*。1935 年，薛定谔将它们的这些状态命名为*纠缠态*（见第 7 章）。为了确定这两个相互关联或纠缠的实体中的每一个接下去的状态，我们必须决定如何处理另一个。我们是否在忽略仪器的情况下指定该系统的状态（这就相当于对仪器的所有可能状态取平均，这个过程称为一个未读测量）？或者，我们是否选择装置的一个状态，并由此挑选出与之相关联的系统的对应状态（结果产生一个投影态和一个真实测量值）？那么由谁来决定实现这两个可选过程中的哪一个？

多年来，有数位研究者提出了一个解决这个难题的方案。美国的 W. 茹雷克在 20 世纪 90 年代提出，不需要任何决策或人为干预，因为测量过程是由自然因素决定的，他称之为量子达尔文主义。根据这种解决方式，测量装置和被测系统最终会处于它们所能达到的最强健的态，其指导原则是适者生存。

这种处理方式的一个很好的例子是，初始处于激发（高）能态的二能级原子会自发发射光子。探测到发射的光子就标志着原子跃迁到其较低的能态，这是两种状态中强健的（稳定的）状态。不过，即使光子探测器没有发出“嘀嗒”声，更不用说被观察者读出，一旦光子发射出来，测量也就发生了。有一点需要预先提一下：发射过程不是瞬间完成的，光子与原子的关联也不会立刻消失。这个过程持续的时间通常非常短，除了光子和原子被限制在高反射镜之间，即被限制在一个腔内的情况。于是发射出的光子在反射镜之间来回反弹，反复穿过原子，从而恢复了它们的关联。在这种情况下，一位观察者 / 控制者可以通过对这个原子的作用来干预这个过程，从而导致过程的逆转，即测量的“撤销”。因此，最终处于“最适当”状态的一个“自然”测量并不是不可避免的，因为观察者可以在其发生过程中选择中止它。这是否意味着不可能将观察者从量子力学中驱逐出去？

对于量子力学中的测量问题，一种受到人们广泛注意的处理方式是美国的 H. 埃弗里特在 1957 年提出的多世界或平行宇宙诠释，我们将在第 4.3 节中描述。在这种处理方式中，对一个叠加态的测量会分裂我们的宇宙，从而在每一个“新”宇宙中都只有被叠加的态中的一个，因此只有一个结果。

20 世纪 90 年代，英国的 R. 彭罗斯提出了另一种处理方式，他认为引力可能对分布在空间中的一个量子叠加态的每个分量（分支）产生不同的作用。在某种意义上，引力是此类量子物体的某种观察者或测量仪器。最近，美国的J. 马尔达塞纳的研究大大推进了这一处理方式的发展。然而，我们似乎可以安全地假设，引力在地球上的各实验室中所引起的、对一个典型量子叠加态的不同分支的作用的差异可以忽略不计，因此必须在其他地方寻求解决测量问题的方法。

最后，还有一些质疑量子力学有效性的处理方式，特别是那些基于隐藏变量的处理方式（见第 3 章）。对这些处理方式进行的检验之一是这些方式对根据量子力学得出的测量结果具有完全随机性这一点提出的挑战：任何偏离这种随机性的情况都将意味着坍缩或投影假设的崩溃，并显示出与仪器的潜在关联。到目前为止，还没有发现这种偏离。相反，这种随机性已经以惊人的精确性得到了证实。因此，如果爱因斯坦看到了量子力学目前所得到的不可动摇的证实，他很可能就会感到不快。对此，我们可以有把握地说，上帝确实掷骰子了。

4.3　平行演化（以及平行宇宙）

量子力学中的玻恩叠加原理似乎不仅与我们的日常生活经验和感官直觉相互冲突，而且与控制良好的物理实验结果矛盾。在我们的经验范围内，从未直接观察到两个或多个本征态的叠加，而是一次观察到一个本征态。量子叠加态存在的证据总是统计性的，而且以从许多测量中提取的数据为基础，如第 4.2 节所述。

冯 · 诺依曼的投影假设和玻恩的叠加原理之间壁垒分明，这带来了另一个困难。怎么会有两种不同的现实——一种是在测量之前的量子力学现实，另一种是在测量之后随机选择的经典现实？

冯·诺依曼和他的密友温格将现实中的这种突然变化归因于发生在观察者思维中的投影（或波函数坍缩）。他们的观点带有主观性的意味，类似于伯克利主教对客观现象的否认。套用伯克利主教的话来说，他们的观点暗示，如果一位观察者不看测量仪器的记录，那么这次测量就没有发生。在我们的这个自动化的世界里，人们是不可能接受这种观点的，因为所有的测量都是在没有人为干预的情况下进行数字记录和处理的。

这里，我们用另一种方法来解决这个基本问题：普林斯顿的 H. 埃弗里特在 1957 年提出的多世界或平行宇宙诠释。这种最近变得很流行的诠释假设一个叠加态中的每个本征态都存在于另一个宇宙中，因此在一个给定的宇宙中，尽管任何测量的结果不可预测，但它们都是独一无二的。也就是说，每次只记录一个本征态。一个量子系统的典型演化是大量连续发生的基本相互作用和测量事件，例如量子系统与光子或撞击它的宇宙射线粒子之间的碰撞。这些粒子可能与系统相关或发生纠缠，从而使得其中的每个粒子都能有效地测量这个系统。因此，在任何时间间隔内都有着数量惊人的（未读）测量结果，也就存在着大量的平行宇宙（与环境的相互作用以令人难以置信的速度不断分裂该宇宙）。H. 埃弗里特的观点相当于假设有着同样多的各种可选历史，每一个历史都是由一系列不同的基本事件产生的。加州理工学院的 P. 普雷斯基尔至今仍在提倡这种观点。

显然，这种古怪的观点并没有遵循奥卡姆剃刀原理[1]：它与关于世界的极简主义描述大相径庭。但是它提出了另一个关于观察者的作用的问

[1] 奥卡姆剃刀原理是由英格兰逻辑学家、圣方济各会修士奥卡姆的威廉（约 1285—1349）提出的，也称为简单有效原理，即需要假设最少的解释往往最接近真相。——译注

题。如果一位观察者对一个叠加态进行了测量，那么在各个不同宇宙中得到的不同结果就对应于这位观察者的不同分身，也就是说观察者通过分裂宇宙也分裂了自己。此外，如果有许多人观察同一事件，那么他们中的每个人就会以自己的方式分裂其他观察者。因此，以下问题没有一个清晰的答案：在多世界观中，是否存在一个客观的（独立于观察者的）现实？

H. 埃弗里特并不是第一个表达这种古怪观点的人。引人注意的是，著名的阿根廷作家和思想家 J. L. 博尔赫斯从未积极参与过科学研究，他很可能完全凭直觉得出了一些类似的结论。他在惊悚小说《小径分岔的花园》（*The Garden of Bifurcating Paths*，1941）[1] 中写道："小径分岔的花园是宇宙的一个不完整但绝非虚假的形象。一张分岔的、交叉的或相互回避的时间织成的网……涵盖了所有的可能性。在大部分时间里，我们都不存在；在某些时间，你存在，但我不存在；在另一些时间，只有我而没有你；还有一些时间，你我都存在。"

值得注意的是，当代宇宙学家思索着在多元宇宙中的可选历史之间存在着交叉点这种同样古怪的可能性，所谓的多元宇宙就是所有可能世界的集合。目前人们提出的这种交叉机制是推测性的，但足以假设各种可选历史能够以某种方式相互影响。如果我们有朝一日能够验证这一假设，那么我们对时间流动的感知就可能会被完全重塑，但到目前为止，我们的经历始终满足因果关系。原因总是先于结果，并触发结果，但根据上述假设，我们可以按照任何选择的顺序来经历童年、青春期和成年期，也可以不受因果关系约束，通过在这些历史之间跳跃，随意地消失

---

[1]　此书中文版由浙江文艺出版社和上海译文出版社分别于 2002 年和 2015 年出版，王永年译。——译注

和重生。这样的超人类存在将取代我们迄今所知的人类存在和思维的所有模式。事后看来，这种想象中对服从因果关系的、按时间顺序排列的思维和存在的彻底背离，其各种根源很可能被认识到是从玻恩的叠加原理开始的。

主动的观察者

当你观察量子世界时，
你就带来了它的灭亡。
但是，再一次，看，另一个世界又出现了！

观察家，不要以为你会
漫不经心地觉察到万物如何流逝。
世界不断地重新形成，
因为它被你我注视着。

附录：投影算符

在本附录中，我们将进一步阐明概率幅的概念，引入新的算符符号，并介绍投影算符。

在前面几章的附录中，我们介绍了一个叠加态概率幅的一种未加解释的归一化准则。具体来说，亨利的坐态和斜靠态的叠加可表示为：

$$\psi = a_S\psi_S + a_L\psi_L$$

其中，归一化条件为 $|a_S|^2 + |a_L|^2 = 1$。我们现在可以解释这种归一化的来源了。$|a_S|^2 = p(S)$ 度量了亨利处于坐态的概率，而 $|a_L|^2 = p(L)$ 度量了亨利处于斜靠态的概率。它们的和必须等于1，因为只有一个亨

利。于是，当有人测量他的状态时，他就必须出现在某个地方。单个物体（亨利）的存在由这种归一化得到了保证。

为了从数学上描述一种度量方式，我们提出一种新的算符形式。到目前为止，算符（如亨利使用的分身和复合算符）都是用矩阵表示的。表示运算的另一种方法是使用狄拉克符号。让我们用这种方式描述一下亨利的状态：

$$\psi = a_S\left|S\right\rangle + a_L\left|L\right\rangle$$

这里的状态用右矢$\left|S\right\rangle$、$\left|L\right\rangle$描述，它们分别代表坐态和斜靠态。每一个右矢状态都有一个与之共轭的左矢，用$\left\langle S\right|$、$\left\langle L\right|$表示。在矩阵形式中有：

$$\left|S\right\rangle = \begin{pmatrix}1\\0\end{pmatrix}$$

$$\left\langle S\right| = \left|S\right\rangle^{\dagger} = \begin{pmatrix}1\\0\end{pmatrix}^{\dagger} = \begin{pmatrix}1\\0\end{pmatrix}^{\mathrm{T}*} = \begin{pmatrix}1 & 0\end{pmatrix}^{*} = \begin{pmatrix}1 & 0\end{pmatrix}$$

我们在这里引入“匕首”符号来表示一个矩阵的共轭转置。转置意味着将列向量变为行向量，反之亦然。因此，一个状态的左矢是它的行向量表示，而一个状态的右矢就是同一状态的列向量表示。

亨利的两种状态的内积为：

$$\left\langle S\middle|S\right\rangle = \begin{pmatrix}1 & 0\end{pmatrix}\begin{pmatrix}1\\0\end{pmatrix} = 1\times1+0\times0 = 1$$

$$\left\langle S\middle|L\right\rangle = \begin{pmatrix}1 & 0\end{pmatrix}\begin{pmatrix}0\\1\end{pmatrix} = 1\times0+0\times1 = 0$$

$$\left\langle L\middle|S\right\rangle = \begin{pmatrix}0 & 1\end{pmatrix}\begin{pmatrix}1\\0\end{pmatrix} = 0\times1+1\times0 = 0$$

$$\left\langle L\middle|L\right\rangle = \begin{pmatrix}0 & 1\end{pmatrix}\begin{pmatrix}0\\1\end{pmatrix} = 0\times0+1\times1 = 1$$

可以看出，同一状态的内积等于 1，而两个正交（L 和 S）状态的内积等于 0。

让我们考虑相应的外积：

$$|S\rangle\langle S| = \begin{pmatrix}1\\0\end{pmatrix}\begin{pmatrix}1 & 0\end{pmatrix} = \begin{pmatrix}1 & 0\\0 & 0\end{pmatrix}$$

$$|S\rangle\langle L| = \begin{pmatrix}1\\0\end{pmatrix}\begin{pmatrix}0 & 1\end{pmatrix} = \begin{pmatrix}0 & 1\\1 & 0\end{pmatrix}$$

$$|L\rangle\langle S| = \begin{pmatrix}0\\1\end{pmatrix}\begin{pmatrix}1 & 0\end{pmatrix} = \begin{pmatrix}0 & 1\\1 & 0\end{pmatrix}$$

$$|L\rangle\langle L| = \begin{pmatrix}0\\1\end{pmatrix}\begin{pmatrix}0 & 1\end{pmatrix} = \begin{pmatrix}0 & 0\\0 & 1\end{pmatrix}$$

由外积得出的是算符——作用于状态上的矩阵，将一个状态转换为其他状态。一种特殊的外积是表示测量的投影算符。在我们的例子中，有：

$$|S\rangle\langle S|\psi = a_S\,|S\rangle\langle S|S\rangle + a_L\,|S\rangle\langle S|L\rangle = a_S\,|S\rangle$$
$$|L\rangle\langle L|\psi = a_S\,|L\rangle\langle L|S\rangle + a_L\,|L\rangle\langle L|L\rangle = a_L\,|L\rangle$$

由此可以看出，算符 $|S\rangle\langle S|$、$|L\rangle\langle L|$ 分别将状态 ψ 投影为 S 状态和 L 状态。不管初始叠加态如何，经投影算符作用后得到的状态就是投影态。

我们现在可以在这种形式中计算相关状态的概率和振幅了。首先，考虑状态归一化。

$$\begin{aligned}|\psi|^2 &= \psi^{\dagger}\psi = \left(\langle S|a_S^* + \langle L|a_L^*\right)\left(a_S\,|S\rangle + a_L\,|L\rangle\right)\\&= a_S^* a_S\,\langle S|S\rangle + a_S^* a_L\,\langle S|L\rangle + a_L^* a_S\,\langle L|S\rangle + a_L^* a_L\,\langle L|L\rangle\\&= |a_S|^2 + |a_L|^2 = 1\end{aligned}$$

在第一行中，我们将 $|\cdot|^2$ 定义为一个状态与其带“匕首”符号的对应状态相乘，而在第二行中则是前面介绍过的狄拉克算符表示法。因此，将一个状态乘以它的带“匕首”符号的对应状态，就得到了它的概率。

现在，让我们用投影算符计算坍缩到 L 或 S 的概率：

$$p(S)=\left\| S\rangle\langle S|\psi\right|^{2}=\left|a_S|S\rangle\right|^{2}=\langle S|a_S^{*}a_S|S\rangle=\left|a_S\right|^{2}\langle S|S\rangle=\left|a_S\right|^{2}$$
$$p(L)=\left\| L\rangle\langle L|\psi\right|^{2}=\left|a_L|L\rangle\right|^{2}=\langle L|a_L^{*}a_L|L\rangle=\left|a_L\right|^{2}\langle L|L\rangle=\left|a_L\right|^{2}$$

因此，计算一个叠加态坍缩到一个特定状态的概率的方法是，将该叠加态投影到该坍缩态，并取其结果的绝对值的平方。

最后，我们要问：坍缩后的状态是什么？既然投影是一个算符，那么坍缩后的状态就是投影态吗？从下式中得到的答案是否定的，因为这个投影态不是归一化的，它的概率不等于 1。

$$\psi_{投影}=|S\rangle\langle S|\psi=a_S|S\rangle$$
$$\left|\psi_{投影}\right|^{2}=\left|a_S\right|^{2}\neq 1$$

因此，仅仅投影该状态是不够的，还必须进行归一化：

$$\psi_{坍缩后}=\frac{\psi_{投影}}{\sqrt{\left|\psi_{投影}\right|^{2}}}$$

总的来说，一个测量分为以下两个阶段。

①坍缩状态的随机选择，其概率由投影状态的振幅的绝对值的平方给出。

②坍缩后投影态的归一化。

亨利变得不确定
在量子生物化学会议上……
您的演讲很有启发性，塔尔巴特教授。我很想再多听听您介绍量子分子动力学的新模型。

爱丽丝，我受塔尔巴特教授的演讲的启发，为我们的模拟想到了一个很棒的主意，但我先得设法阻止伊芙窃听我的电话，我知道她在监听我们！
首先我需要确定他的位置，然后我就可以监听了。
我要分身成许多个，这样就会挫败伊芙的窃听计划！
真的有用！

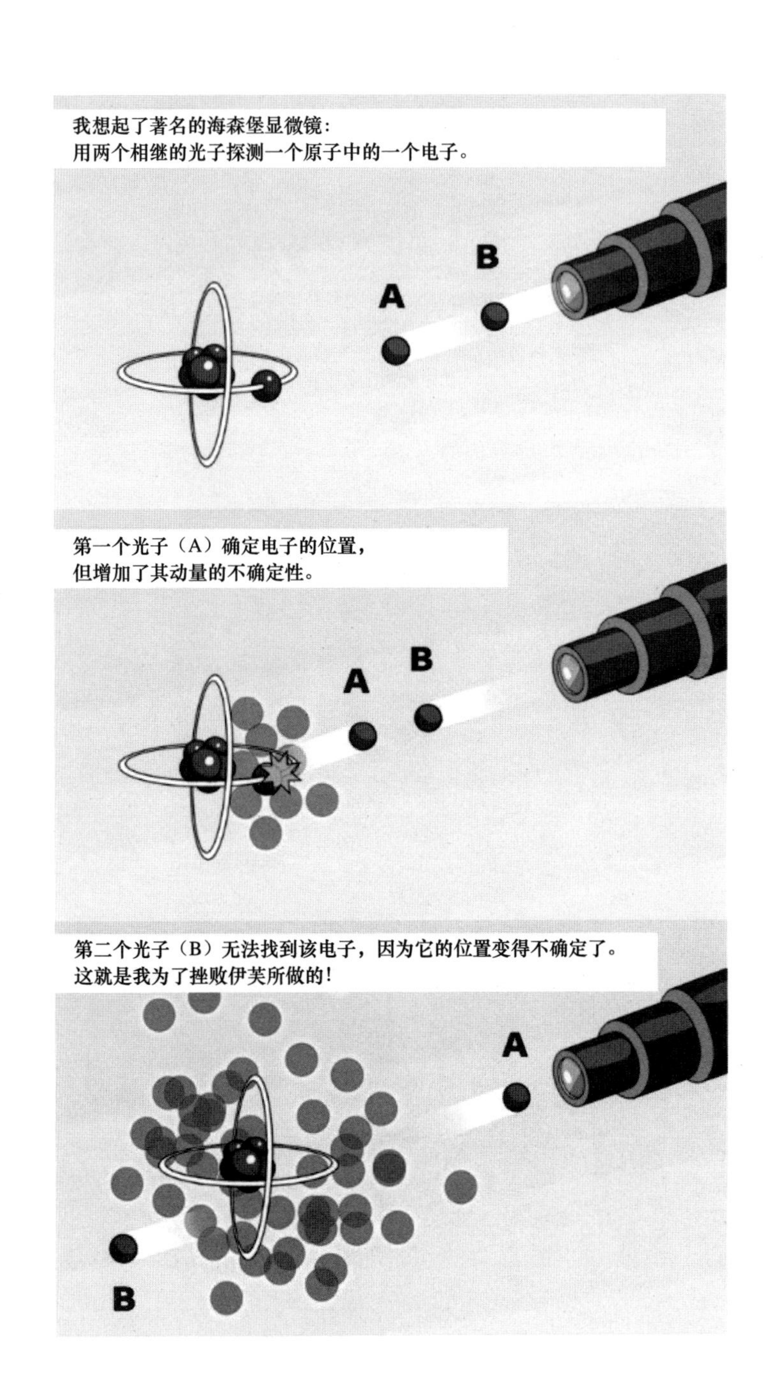
我想起了著名的海森堡显微镜：
用两个相继的光子探测一个原子中的一个电子。
B
A
第一个光子（A）确定电子的位置，
但增加了其动量的不确定性。
A
B
第二个光子（B）无法找到该电子，因为它的位置变得不确定了。
这就是我为了挫败伊芙所做的！
A
B

聪明的把戏，亨利，不管它是什么！不过，我必定会弄清楚你和你的朋友们在干什么！
亨利，你还好吗？
我又一次躲过了伊芙，但是越来越难了……

第5章　什么是量子不确定性

5.1　亨利的不确定位置

在这次冒险中，伊芙试图用先进的（但经典的）装置来窃听亨利的谈话。但是亨利作为一个量子物体发现她的窃听策略易受海森堡的不确定性原理阻碍，而海森堡的不确定性原理在量子力学中是不可避免的。正如这里所显示的，伊芙的策略易受亨利的量子性破坏的地方在于她必须连续进行两次测量，第一次精确定位亨利，第二次收集他谈话的声波。

问题的关键在于，当伊芙精确定位亨利时，根据海森堡的不确定性原理，此时她的单次测量精度没有受到任何限制。因此，伊芙可以她选择的任何精度探测到亨利的行踪。然而，这种精度是要付出代价的：不确定性原理对连续两次测量的组合精度设置了一个限制。因此，如果你极其精确地进行了第一次测量，那么在第二次测量中，只要两次测量之间经过了一段时间，你就一定会得到非常不确定的结果。当伊芙最初精确定位亨利时，这次位置测量会在亨利的状态中导致很大的动量不确定性，结果是亨利获得了延展得很广的速度分布。因此，随着时间的推移，他随后的位置具有极大的不确定性，从而挫败了伊芙进一步追踪他的位置的尝试。

我们在考虑这些效应时必须记住，在前面的章节中，亨利的各个量子态都是离散个数态的叠加，所以一旦被测量，亨利的量子叠加态就坍缩成一个单一的经典态。而现在亨利的态是他的一些连续可观测量的态的叠加，这些可观测量是位置和动量。

让我们根据不确定性原理来回顾一下亨利的这段经历的整个测量过程。亨利首先把自己分成位于不同地点的几个不同分身，这样他的位置就被“晕开”在一定范围内。他的状态包含稍微不确定的位置和稍微不确定的动量，所以他是相当局域化的，并没有在那个地方的周围移动得太多。接下来，伊芙试图以极高的精度测量他的位置。她通过这样做减小了他的位置的不确定性。现在，海森堡的不确定性原理（见第 2 章）指出，位置的不确定性和动量的不确定性成反比。因此，亨利的位置的不确定性的急剧降低就导致了他的动量的不确定性的增大。由于动量的变化会引起位置随时间变化，因此动量的不确定性大就意味着亨利随后的位置以一种未知的方式改变了。于是，亨利迅速向许多方向弥漫。当伊芙下一次试图窃听亨利的谈话时，她以为他还在不久前她测量到他的地方，所以她听不见他说话了。亨利已经不在那里了，或者说他不仅仅在那里。他向外弥漫得极为稀薄，以至于她没法偷听他说话。

这条违反直觉的不确定性原理的根源是什么？一个相对简单的解释与测量本身有关。测量必定是一个主动的过程，在量子力学中没有被动的观察（见第 4 章）。为了测量位置，就必须发送探测器，使它与被测物体发生相互作用，然后返回测量装置。例如，当我们看到一个物体时，就意味着光探测器（即光子）从光源出发，与该物体发生相互作用。只有当它们到达我们的眼睛（即我们的测量设备）时，我们才真正探测到它们。

然而，不管探测器是光子、电子还是亨利想象中的台球，当它与物体相互作用时，它就会改变该物体。在亨利的例子中，探测器的一些能量或动量必定会转移给他（因为他就是该物体）。这种动量转移以各种无法预测的不确定方式改变了该物体的动量。这里问题的关键在于为了精确定位物体的确切位置，就必须发射越来越多的探测器。发射的探测器越多，所测量的可观测量就越准确或越确定，因为每一个探测器都会多给你一点关于该物体位置的信息。然而，你发射的探测器越多，它们转移给物体的动量的不确定性就越大。因此，被测量的可观测量（这里是位置）的不确定性与互补的可观测量（这里是动量）的不确定性之间存在着一种反向关系，前者由于重复探测的相互作用而降低，而后者由于相同的相互作用而增大。

因此，海森堡的不确定性原理指出，如果两个可观测量被认为是互补的，那么它们的联合测量的最大精度就存在一个限制（界限）。但哪一对可观测量是互补的，因而服从这个界限呢？例如，如果伊芙想测量亨利在两根轴（比如 x 轴和 y 轴）上的位置，那么会怎样？她能以无限的精度做到这一点吗？还是不确定性原理会作弄她？在测量亨利在 x 轴上的位置时，探测器沿着 x 轴发送，从而增大了沿 x 轴的动量的不确定性。不过，这一测量对亨利在 y 轴上的位置或动量的不确定性没有影响，这是因为如果要测量他在 y 轴上的位置，就必须沿 y 轴发射探测器。因此，沿一根轴测量某些可观测量，不会影响这些可观测量沿另一根轴的测量。因此，从概念上讲，伊芙沿着两根不同的轴测量亨利的位置所能达到的精度是不受任何限制的。

哪些量子观测量对能一起测量而不受精度限制，哪些不能？对于这个问题，有一个普适的答案。答案就取决于这些可观测量是否对易，也就是说与这两个可观测量相关的两个算符的顺序是否重要。如果它们不对易，那么当算符 A 先作用而算符 B 后作用于量子态时，结果得到的状态将不同于 B 先作用而 A 后作用的情况。对于不对易的算符（比如说位置和动量），相应的可观测量结合在一起的不确定性不能小于某个值。这个值表示了它们的顺序效应，与我们熟悉的 $\hbar$ 成正比。这表明了它们的量子性：任何包含 $\hbar$ 的量在本质上都具有明确的量子性，而这也意味着顺序效应非常小，很难测量。尽管如此，但我们的量子英雄亨利 · 巴尔携带着他的 $\hbar$ 徽记也并非徒然无功。在 $\hbar$ 效应可能将他从伊芙的诡计中拯救出来的条件下，他的量子服就可以起作用了。

在第 6 章中，亨利会探索另一种奇特的不确定性原理，预先制止伊芙攻击他的朋友。

5.2 量子测量理论中的不确定性和互补性

海森堡的不确定性原理创建于 1927 年，同年玻尔将其推广并改名为*互补原理*。哥本哈根学派的观点认为，量子力学在本质上是一种测量理论（见第 4 章），而互补原理很快成为其亮点。根据这一原理，在给定的统计系综上（根据 M. 玻恩对量子力学的统计解释），测量的任何量子可观测量都有一个互补的对应量。从数学上讲，这两个互补的可观测量用不对易的算符来表示，也就是说它们作用于物体的顺序很重要。它们的非对易性有什么后果？

一对互补（非对易）的算符，比如说位置和动量，或沿两根正交轴（例如 x 轴和 z 轴）分布的自旋算符，不能共有同一个本征态。处于一个动量本征态的物体必然处于位置本征态的一个叠加态，反之亦然。由观察者决定是否将仪器设置成测量动量，从而迫使物体处于位置本征态的一个叠加态。由于在一个给定的系综上只有一个本征态一次又一次地产生全同的测量结果，而一个叠加会产生各种随机结果，因此观测者测量物体的动量就使该物体的位置变得*不确定*。海森堡的不确定性关系表明，一个可观测对象的测量值的统计弥散必然是以其互补对应量的弥散为代价的，其中一个量的弥散（不确定性）越小，另一个量的弥散（不确定性）就越大。这种不确定性关系是量子的，因为任何一对互补算符的不确定性的乘积都与 h 成正比。

玻尔从海森堡的不确定性关系中推导出了更广泛的*互补原理*。根据这一原理，从同一统计系综中获得的关于互补观测量的信息有一个基本的限制：你对其中一个量知道得越多，就对另一个量知道得越少。

量子力学的数学结构对测量的物理量的最大精度所施加的限制在经典（牛顿）力学中完全没有相似的情况。因此，这在索尔维会议期间激起了哥本哈根诠释的支持者和以爱因斯坦为首的现实主义者之间的激烈辩论，这些现实主义者拒绝在量子性和经典性之间出现任何概念上的分歧。关于互补性的辩论借助了一些“思想”（德语是 *gedanken*）实验，而双方对这些实验给出了不同的解释。

海森堡的显微镜就是这样的一个思想实验。他设想了一种利用波长极短的光子（现在称为伽马量子）的显微镜，这种光子能对一个绕着一个氢原子核沿轨道运行的电子进行精确定位。然后他计算出，如果这一测量受到散射电子的光子的影响，并为显微镜提供了该电子的足够精确的位置（在原子轨道的尺度范围内，即 0.05 纳米范围内），那么试图重复这种测量就可能会完全失败。原因是根据不确定性原理，第一次高精度的位置测量可能会产生大小和方向未知的巨大动量变化。这种变化的结果是该电子可能会获得足够的动能，被踢出轨道，逃离原子。当然，由于结果是未知的（随机的），因此我们也可能足够幸运，能再次探测到电子。但如果对一个给定的原子进行多次测量，那么就可以预料必定会发生这种逃离效应。海森堡的显微镜显示，量子测量可能具有破坏性，可能导致物体（原子中的一个电子）在装置中不再存在。然而，我们尚不清楚不确定性原理是否适用于测量没有造成这种破坏的情况。

爱因斯坦用一个思想实验对不确定性原理提出了挑战。在这个实验中，将刻有狭缝的板连接到弹簧和滚轮上，电子击中左边或右边的狭缝，就可以使板向左或向右滑动（见图 5.1）。他考虑一个有明确动量的电子，根据量子力学，它可以通过任何一条狭缝，而我们不知道是哪条。不过，当电子穿过狭缝时，会给它一个轻微的冲击力，板的相应位置变化可以被记录下来。而这种冲击力又足够弱，动量不会发生明显的变化，因此许多电子就能够在离两条狭缝所在的板很远的屏幕上产生干涉图样。这种图样使我们能够精确地确定动量，并且板的位置移动可以揭示每次穿越时电子通过的是哪条狭缝。爱因斯坦声称，这种位置和动量测量组合的不确定性可以小到如你所愿，这与他们所断言的互补性相矛盾。

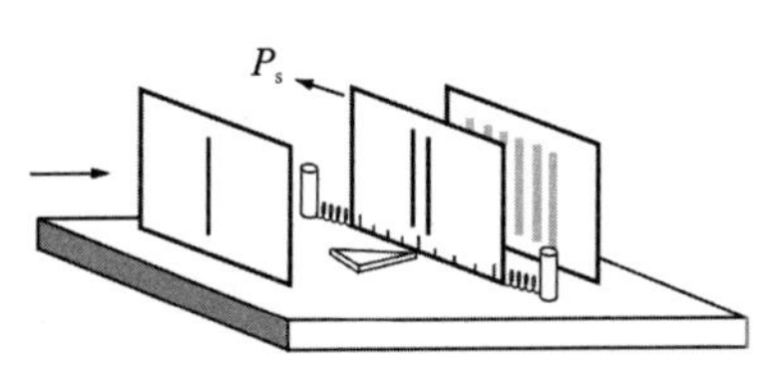

图 5.1　爱因斯坦在与玻尔关于互补性是否成立的争论中提出的实验装置，其基础是双缝干涉中的海森堡不确定性原理。板的位置偏移是否揭示了关于路径（或狭缝）的信息，同时又允许出现一个干涉图样？

然而，玻尔和他的助手 L. 罗森菲尔德明确地表明了这个论点的谬误。他们计算出，如果电子对板的冲击大到足以记录下它撞击的是哪条狭缝，那么它就必然会使电子的动量发生足够大的弥散，以致屏幕上的干涉图样会被抹平。他们的结果再次证实了海森堡的不确定性原理，爱因斯坦被迫同意他们的结论，尽管他仍然坚信量子力学应该被一个更完整的理论所取代，摆脱互补性的约束。

5.3 不确定性是人类的吗

哥本哈根学派认为，无法获得关于互补可观测量的完整知识是人类感知（即认识论）的一个基本局限。玻尔坚持认为，我们的认知不允许我们对世界有一个完整的、全面的看法，从人类的视角来看，世界包含了大量不同的属性，而这些属性本质上都是互补的。他提出这一论据，实质上采纳了 I. 康德的观点（但他并不承认这一点），即我们不能感知世界的“真实”样子，它是一个“自在实体”。相反，我们通过与生俱来的感知来“过滤”它。康德最初假设牛顿物理学的不可动摇的真理性源自人类思想和知觉所具有的空间、时间和因果关系的范畴。出于同样的道理，玻尔断言不确定性原理所揭示的互补性是不可避免的，它是思维的“过滤器”，人类观察者通过它掌握量子现象。玻尔承认自己受到 19 世纪丹麦存在主义哲学家 S. 柯克加德的影响。和他一样，玻尔把人类的“自我”置于被感知的宇宙的中心，并且放弃了客观认识的可能性。

在这方面，有一个共同点将玻尔、薛定谔和冯·诺依曼联系在一起，他们都坚持人类认知的中心作用，并且在他们对量子力学中观察者角色的解释中，思维凌驾于物质之上。不过，只有玻尔将互补性和相关的不确定性关系提升到了基本真理这一层面。

几个世纪以来，虽然哲学上的争论一直伴随着“经典”物理学，但在量子力学诞生后的第一个十年里，关于“它的全部意义”的激烈辩论是前所未有的。如果不解决这些根本的哲学问题——主要是观察者的作用（见第 4 章），量子力学就毫无意义。难怪以爱因斯坦为首的现实主义者把世界和我们对这个世界的认识看成不带有人类的偏见，他们拒绝玻尔坚持的互补性不可避免。然而，不管哲学偏好如何，至今没有人能否认不确定性原理经实验证明的正确性及其与各量子力学法则的一致性。爱因斯坦勉强承认了他在与玻尔和罗森菲尔德的争论中败北（见第 5.2 节），这标志着物理学界接受了玻尔的互补性或不确定性原理，它从未被推翻过。

我们仍然有责任对互补性做出一种比玻尔更好的解释。一种选择是去加深我们对观察者在量子力学中的作用的洞察。如果量子力学确实是普适的，我们就必须用量子力学方式对待观察者，于是我们就必须考虑到观察者与被探测物体之间的纠缠 / 关联。根据冯·诺依曼的量子测量理论，这样的纠缠或不可分性是测量的一个先决条件。如果观察者与被观察对象处于一种不可分离的状态之中，那么一个量子可观测量的不确定性就可能反映这种联合状态对于许多观察者的不可区分状态的平均，而这些状态与观察者的状态（比如观察者的心理或认知状态）存在隐性关联。反过来，观察者的每一种心理状态都可能与许多量子可观测量相关。当观察者忽略或无法辨别这些量子可观测量的状态时，观察者的认知功能就会感知到物理数据或信息的随机性或不确定性。因此，对这样的推测的相关性进行研究（在目前尚不可行）在未来就有可能使我们对量子力学中互补性和不确定性的起源有进一步的了解。

这样的处理方式符合 B. 斯宾诺莎在 17 世纪提出的一元论哲学精神。

斯宾诺莎认为自然是一种物质，既具有精神的属性和形式，也具有物质的属性和形式，其相互关系可以通过精神的进步来揭示。也许有一天，一门涵盖物理学、信息论、生物学甚至心理学的综合性科学可能会完成斯宾诺莎从不同角度看待世界的计划，并将我们的知识从互补性的约束中解放出来。

不确定的世界

玻尔告诉我们：测量是互补的，

这是很基本的。

窥视世界的帷幕之后，

我们发现我们的知识是不确定的。

然而从这里开始，情节变得更加复杂：

这种不确定性是我们的命运吗？

还是有朝一日我们的思维可以获得自由，

给人类带来真正的知识？

附录：连续变量

在本附录中，我们介绍作用于连续变量的算符和函数的数学概念。连续变量的数学比离散变量的数学更复杂，因此我们只能求助于某些关系而不给出它们的证明。我们的目的是要解释不确定性原理的数学本质。

表示连续变量（如位置和动量）的量子态用这些变量的连续函数来描述。例如，位置的一个量子态可表示为 $|\psi\rangle=\int_x \mathrm{d}x f(x)|x\rangle$，用 $\int_x \mathrm{d}x|f(x)|^2=1$ 进行归一化。这里的 $f(x)$ 是关于位置 x 的概率幅分布，而

$|f(x)|^2$ 则表示概率分布。我们在这里引入了积分符号 $\int_x \mathrm{d}x$，它表示对遍及无穷小区间 dx 内的 x 值求和。

例如，对于一个定域在 x_0 附近的粒子，位置 x 可能具有钟形高斯分布（见图 5.2），其形式为：

$$|f(x)|^2 = \frac{1}{\sqrt{2\pi}\Delta x} \mathrm{e}^{-\frac{(x-x_0)^2}{2\Delta x^2}}$$

其不确定度或宽度由标准差 Δx 度量。这个函数中的第一个因子解释了它的归一化。下一个因子是常数 e = 2.718281…的一个幂，这个幂被称为指数函数，这里由指数中的平方项给出。指数中的这个平方项导致了函数的钟形。

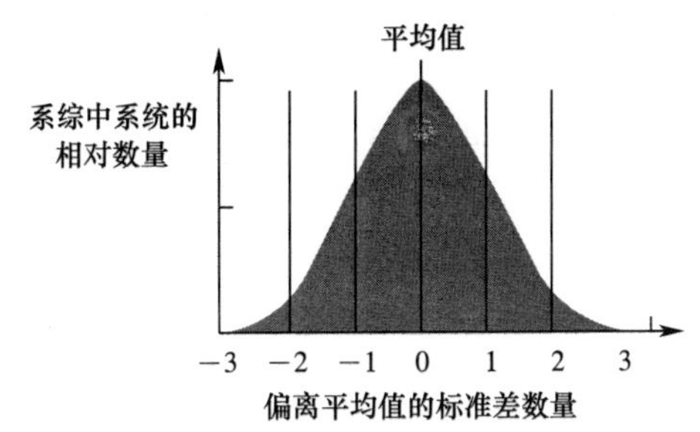

图 5.2　一个位置 x 符合高斯分布的粒子的量子态。

如果 Δx 很小，那么我们就可以很高的精度知道位置 x 在 x_0 附近，但是如果 Δx 很大，那么 x 就可以很高的概率获得各种不同的值（或分布在 x 的一个很大的范围内）。这个函数是不确定的位置 x 的一个一般表示（尽管不是唯一表示）。

同一个状态也可以用动量表示为：

$$\psi=\int_p \mathrm{d}p\,\tilde{f}(p)|p\rangle$$

用$\int_p \mathrm{d}p\left|\tilde{f}(p)\right|^2=1$进行归一化。这里，$\tilde{f}(p)$表示粒子具有动量$p$的概率幅。如果位置符合高斯分布，那么概率分布$\left|\tilde{f}(p)\right|^2$就必定也是高斯分布（证明留在下一章中给出）：

$$\left|\tilde{f}(p)\right|^2=\frac{1}{\sqrt{2\pi}\Delta p}\mathrm{e}^{-\frac{(p-p_0)^2}{2\Delta p^2}}$$

接下来希望回答的问题是：位置和动量的不确定性的下限是多少？

海森堡的不确定性原理将任意两个非对易算符的不确定性以如下方式联系起来：

$$\Delta A\Delta B\geqslant\frac{1}{2}|\langle[A,B]\rangle|$$

其中，$[A, B]=AB-BA$，是对易关系；$\langle O\rangle=\langle\psi|O|\psi\rangle$是一个算符的期望值。此不等式中的大于等于号意味着当等号成立时，右侧的对易关系就是左侧的不确定性乘积的下界。但是，这个界限是什么呢？

初看起来，这个对易关系显得很奇怪。如果A和B是数字，那么它们就总是0。然而，在量子力学中，像A和B这样的可观测量并不是数字，而是算符，它们的对易子是非零的，因为算符A和B作用于量子态的顺序可能非常重要。

具体而言，对于位置和动量，不确定性原理有如下形式：

$$\Delta\boldsymbol{x}\Delta\boldsymbol{p}\geqslant\frac{1}{2}|\langle\psi|(\boldsymbol{xp}-\boldsymbol{px})|\psi\rangle|$$

到目前为止，我们一直将x和p当作变量，因而用函数$f(x)$和$f(p)$表示量子态。现在我们来考虑在计算算符$\boldsymbol{x}$和$\boldsymbol{p}$的不确定性时这些表示的含义。

在前面给出的位置表示中，位置算符 $\boldsymbol{x}$ 只对状态 $|x\rangle$ 给出变量值 x。$\boldsymbol{x}$ 也称为具有特征值 x 的一个本征函数。对于期望值 x，我们可进行以下计算：

$$\begin{aligned}
\boldsymbol{x}|x\rangle &= x|x\rangle \\
\boldsymbol{x}|\psi\rangle &= \int_x \mathrm{d}x f(x)\boldsymbol{x}|x\rangle = \int_x \mathrm{d}x x f(x)|x\rangle \\
\langle\boldsymbol{x}\rangle &= \langle\psi|\boldsymbol{x}|\psi\rangle = \iint_{x,x'} \mathrm{d}x\mathrm{d}x'\langle x'|f(x')\boldsymbol{x}f(x)|x\rangle \\
&= \iint_{x,x'} \mathrm{d}x\mathrm{d}x'\langle x'|f(x')\boldsymbol{x}f(x)|x\rangle = \iint_{x,x'} \mathrm{d}x\mathrm{d}x' f(x')\boldsymbol{x}f(x)\langle x'|x\rangle \\
&= \int_x \mathrm{d}x|f(x)|^2 x
\end{aligned}$$

其中，第一行表示算符 $\boldsymbol{x}$，第二行表示它对一般波函数的运算，第三行和第四行计算了 x 的期望值。在推导出最后一行时，我们使用了各状态 $|x\rangle$ 构成一个正交基这一事实：

$$\langle x'|x\rangle = \begin{cases} 1 \ (x'=x) \\ 0 \ (x'\neq x) \end{cases}$$

正如可以看出的，x 的期望值是位置的加权平均，因为 $|f(x)|^2$ 表示位置 x 的概率。

对于动量算符 $\boldsymbol{p}$，我们可以在动量表示中遵循完全相同的计算规则，但这对于我们计算对易关系不会有帮助，因为 $\boldsymbol{p}$ 和 $\boldsymbol{x}$ 都必须在同一表示中进行计算。因此，我们必须知道动量算符 $\boldsymbol{p}$ 在位置表示中看起来是怎样的。

我们在这里不加任何证明而给出一维形式下的位置表示中的动量算符（推导过程将在后面的章节中给出）：

$$\boldsymbol{p}=\frac{\hbar}{\mathrm{i}}\cdot\frac{\mathrm{d}}{\mathrm{d}x}$$

因此，位置表示中的动量算符涉及以下一些因子。首先是我们已经

熟悉的 $\hbar$；其次是字母 i，$\mathrm{i}=\sqrt{-1}$，也称为虚数单位（后面的章节会对此进行更多的讨论）；最后一个因子称为对 x 的导数，表示跟在它之后的任何函数关于 x 的变化。

为了充分解释不确定性原理，我们只需要了解关于导数运算的两个极为简单的特性。

① $\frac{\mathrm{d}}{\mathrm{d}x}x=1$，即线性函数 x 关于 x 的变化等于 1。

② 链式法则：$\frac{\mathrm{d}}{\mathrm{d}x}\left[f(x)\times g(x)\right]=\frac{\mathrm{d}f(x)}{\mathrm{d}x}g(x)+f(x)\frac{\mathrm{d}g(x)}{\mathrm{d}x}$。这条法则意味着对函数的乘积求导就等于将求导依次作用于每个函数，但仅作用一次，由此得到各项之和。

我们现在可以计算不确定性的界限。

$$
\begin{aligned}
&\langle|\boldsymbol{x},\boldsymbol{p}|\rangle=\langle\psi|[\boldsymbol{x},\boldsymbol{p}]|\psi\rangle\\
&=\iint_{xx'}\mathrm{d}x\mathrm{d}x'\langle x'|f(x')[\boldsymbol{x},\boldsymbol{p}]f(x)|x\rangle=\iint_{xx'}\mathrm{d}x\mathrm{d}x'\langle x'|f(x')(\boldsymbol{xp}-\boldsymbol{px})f(x)|x\rangle\\
&=\iint_{xx'}\mathrm{d}x\mathrm{d}x'\langle x'|f(x')\boldsymbol{xp}f(x)|x\rangle-\iint_{xx'}\mathrm{d}x\mathrm{d}x'\langle x'|f(x')\boldsymbol{px}f(x)|x\rangle\\
&=\frac{\hbar}{\mathrm{i}}\iint_{xx'}\mathrm{d}x\mathrm{d}x'f(x')\frac{\mathrm{d}f(x)}{\mathrm{d}x}x\langle x'|x\rangle-\frac{\hbar}{\mathrm{i}}\iint_{xx'}\mathrm{d}x\mathrm{d}x'f(x')\left\langle x'\left|\frac{\mathrm{d}}{\mathrm{d}x}f(x)x\right|x\right\rangle\\
&=\frac{\hbar}{\mathrm{i}}\iint_{xx'}\mathrm{d}x\mathrm{d}x'f(x')\frac{\mathrm{d}f(x)}{\mathrm{d}x}x\langle x'|x\rangle-\frac{\hbar}{\mathrm{i}}\iint_{xx'}\mathrm{d}x\mathrm{d}x'f(x')\left\langle x'\left|\left[\frac{\mathrm{d}f(x)}{\mathrm{d}x}x+f(x)\frac{\mathrm{d}x}{\mathrm{d}x}\right]\right|x\right\rangle\\
&=\frac{\hbar}{\mathrm{i}}\iint_{xx'}\mathrm{d}x\mathrm{d}x'f(x')\frac{\mathrm{d}f(x)}{\mathrm{d}x}x\langle x'|x\rangle-\frac{\hbar}{\mathrm{i}}\iint_{xx'}\mathrm{d}x\mathrm{d}x'f(x')\left[\frac{\mathrm{d}f(x)}{\mathrm{d}x}x+f(x)\frac{\mathrm{d}x}{\mathrm{d}x}\right]\langle x'|x\rangle\\
&=\frac{\hbar}{\mathrm{i}}\int_x\mathrm{d}x\left[f(x)\frac{\mathrm{d}f(x)}{\mathrm{d}x}x-f(x)\frac{\mathrm{d}f(x)}{\mathrm{d}x}x-\left|f^2(x)\right|\right]\\
&=-\frac{\hbar}{\mathrm{i}}=\mathrm{i}\hbar
\end{aligned}
$$

在第二行中，我们利用了对易关系；在第四行中，我们利用了动量算符的定义；在第五行中，我们使用了链式法则；在第七行中，我们利用了 x 基的正交性；在最后一行中，我们使用了概率幅的归一化。

因此，位置和动量的不确定性原理是：

$$\Delta x \Delta p \geqslant \frac{\hbar}{2}$$

根据不确定性原理公式，我们将虚数单位 i 改为其绝对值 $|\mathrm{i}| = 1$。

如果位置的不确定性减小到原来的 1/2，那么此时动量的不确定性就必定增大到原来的 2 倍，因为位置与动量的联合不确定性有一个等于 $\hbar$ 除以 2 的最小界限。

在本附录中，我们引入了连续变量、算符及其对易关系，以阐明位置 – 动量不确定性关系。

亨利的不确定跳跃

经过令人精神崩溃的一个月之后，休息一下对我们来说是件好事。托斯卡纳是如此美丽，比萨斜塔是真正的瑰宝！
我们赛跑吧，到中间一层去！谁输了谁今晚请客，怎么样？
CHARGE
亨利，把钱放进你的钱包！
我会用我的新量子火箭赢得比赛！我有足够的时间给它充满电。
再比一次跑到顶层？赌注翻倍。

那是伊芙的直升机！
我必须去救爱丽丝，没时间给量子火箭充满电了！我要把赌注押在不确定性上！
充电
充电
充电
充电
我真走运，赢得了赌局！
量子火箭给了我比预期更多的能量！

救命啊！伊芙要抓住我了！
我来救你了，爱丽丝，晚饭你掏钱！
对我的生命来说，这是一个公平的价格，但你用了量子把戏，这可算不得是场公平竞争。
又一次量子壮举，亨利？我们会扯平的！

第 6 章　什么是时间 – 能量不确定性

6.1　量子火箭与时间 – 能量不确定性

亨利在这段经历中出人意料地战胜了伊芙，这要归功于秘密集成到他的量子服中的新装置——量子火箭。这个奇妙的新发明是由一块独特的量子充电电池和一个喷气助推器组成的，后者利用电池的能量实现向高空跳跃。正如亨利发现的那样，这个新装置可以一种违反直觉的、非经典的方式运作，这让他感到十分欣慰。

在第 5 章中，我们介绍了位置和动量的不确定性原理。据此，位置测量越精确，后续的动量测量的精度就越低。亨利的量子火箭是否受到一种类似的不确定性关系的约束？为了解决这个问题，请考虑量子火箭运作的两个连续步骤。第一步，电池被充以一定的能量。第二步，来自充了电的电池的能量通过喷气发动机的工作释放出来。第一步需要一些时间，因为充电过程不是瞬间完成的。第二步中发生了能量的“测量”，被“测量”的能量越多，亨利就跳得越高。于是，问题出现了：第一步中测量的是哪个不确定性与能量互补的“可观测量”？有趣的是，第一个“可观测量”是亨利给电池充电的那个时间间隔。因此，这里的不确定性原理包含的是时间和能量。

然而，正如第 6.2 节和第 6.3 节将要讨论的，时间不是一个量子可观测量，因此时间和能量之间没有对易关系。那么，时间为何不确定并影响电池中能量的不确定性呢？

为了回答这个问题，我们必须首先定义如何在量子系统中测量时间。在亨利的量子火箭中，量子系统用一块电池表示。与要么是未充电的要么是充了电的经典电池不同，量子电池可以处于不同能量状态的叠加态。在测量能量之前，电池可以具有任何能量值。这种独特的量子场景导致了量子电池的能量不确定性。另外，时间与量子态演化的持续有关。具体来说，一段短时突发充电会导致较大的能量不确定性，而相比之下，较缓慢的、稳定的充电则会产生一种已知的、明确的能量状态。这就是时间–能量不确定性的本质：过程越短，我们对能量的了解就越少，即能量的不确定性越大。我们注意到，较短的持续时间并不意味着平均能量较少。不管持续时间如何，传输的平均能量总是相同的，只是其统计分布（方差）发生了变化。

让我们重温一下亨利最近的一次冒险经历。在亨利第一次与爱丽丝和鲍勃比赛攀上比萨斜塔时，他给他的量子电池充了很长时间的电。这个时间不确定的充电过程导致电池具有已知的能量状态，即具有预先确定的能量，能量的不确定性非常小。亨利确信电池已经充满了电，准备跳到他们约定的斜塔高层。在第二场比赛中，亨利看到伊芙准备绑架爱丽丝。由于时间紧迫，他不得不极快地给电池充电。这次充电输入了等量的平均能量，但由于持续时间短，能量的不确定性极大。亨利的量子电池当时处于许多能量状态的一个叠加态，既低于平均值又高于平均值。这种量子效应可能会导致一种极其怪异的情况。在这种情况下，电池具有的能量超过了平均充电能量。虽然出现这种情况的概率很小，但仍有可能出现。因此，当亨利按下放电按钮时，此能量测量就将电池“坍缩”（见第 4 章）到他正好落在塔顶上爱丽丝和伊芙之间的那个状态，使他得以抢先一步阻止了绑架。就像在任何量子测量（见第 4 章）中一样，这种坍缩最终可能随机地落在任何可用的能量状态。亨利很幸运地坍缩在了最有利的那个能量状态，从而使他跳到塔顶。然而，作为一位量子物理学家，亨利知道不该继续靠运气行事，正如我们将要看到的。

6.2 量子力学中的时间 – 能量不确定性关系

由海森堡提出的动量 – 位置不确定性关系被提升到基本互补性原理（见第 5 章）之后不久，玻尔又提出了时间 – 能量不确定性关系。这两种关系的关键似乎是相似的。就像对位置和动量的测量（见第 5.2 节）一样，测量（或知道）能量的精度越高，时间测量的精度就越低（对于一个给定的量子系综而言）。

不过，这两种关系似乎也有很大的不同。位置 – 动量不确定性反映了两个算符的非对易性，但时间和能量的情况并非如此，因为时间不能用一个算符来描述（见第 6.3 节）。事实上，任何人只要像量子力学先驱一样精通麦克斯韦的经典电磁波理论，就能很容易地认识到这种关系与在任何有限持续时间内的一个经典电磁脉冲所满足的关系是相同的（脉冲越短，我们就越不能描述它的频率，反之亦然）。由于在量子化的电磁场中，光子的能量等于它们的频率乘以 $\hbar$（见第 1 章），因此至少对于光子来说，动量 – 位置不确定性关系对于经典波是一样的。大质量量子粒子的能量与动量之间的德布罗意关系（见第 2 章）在经典波的时间 – 能量不确定性关系和与此对应的量子不确定性关系之间提供了一个直接的、毫不奇怪的类比，其原因就在于其波动性质。

然而，玻尔和海森堡坚持认为位置 – 动量不确定性关系和时间 – 能量不确定性关系具有同样的基本地位。这个问题与量子力学的其他基本问题一样，与会者在索尔维会议上争论不休（见第 5.2 节）。爱因斯坦本着与玻尔相反的立场，对时间 – 能量不确定性的普适性发起了挑战。他提出了一个装置（一个思想实验），其中与位置 – 动量不确定性相关的波动性质似乎没发挥任何作用。这个装置包括一个盒子（一个腔），其中装有一个原子，盒子与一个灵敏的弹簧秤相连，并有一个快门与一个精确的（宏观的）时钟连接（见图 6.1）。原子处于激发态，然后快门突然关闭，并对这个盒子进行称重。在一个精确、已知的时间间隔后，快门重新打开，并再次对这个盒子进行称重。如果重量减小，那么我们就知道光子是在这个时间间隔内发射出来的，并且按照爱因斯坦关于能量（由光子携带）和质量之间的关系的公式改变了原子质量。爱因斯坦的论点是，测量能量变化的精度与时间间隔之间没有联系，因此它们的不确定性或不精确度的乘积就不应像玻尔 – 海森堡不确定性关系所宣称的那样受到 h 的限制。

图 6.1　爱因斯坦提出的挑战时间 – 能量不确定性关系的装置。玻尔和罗森菲尔德的反驳结束了关于量子力学中不确定性关系的争论。

玻尔和他的助手罗森菲尔德在彻夜思考爱因斯坦发起的挑战之后，进行了反驳。他们指出，根据爱因斯坦的广义相对论，时间间隔会因被称重的原子的引力而膨胀。这个引力又与原子在这个时间间隔内因发射光子引起反冲而造成的动量变化相关。另外，弹簧秤中弹簧位置的变化决定了称重的精度。因此，时间膨胀和能量不确定性可以转化为位置、动量不确定性。通过这种推理，时间、能量不确定性的乘积具有与动量、位置不确定性的乘积相同的极限，而后者满足海森堡的不确定性原理。由于爱因斯坦已经接受了后一种不确定性（尽管他不情愿，见第 5.2 节），而且玻尔的后一个论据还援引了他的广义相对论，因此爱因斯坦别无选择，只能再次承认失败。

6.3 量子世界中的时间和能量

第 6.1 节和第 6.2 节中的讨论提出了这样的一个问题：时间、能量及其在物理学和一般人类经验中的不确定性的含义是什么？

让我们先思考时间。这也许是我们的存在中最神秘的概念，但也是我们最敏感的东西。它深深地植根于我们的直觉（康德认为它是我们思维的一个固有范畴，是我们与生俱来的），每个人都明白红皇后（见《爱丽丝梦游仙境》）所说的“他在消磨时间”是什么意思[1]。然而，任何从形式上去定义时间的尝试，都会打开一个充满模棱两可、可能前后矛盾的事物的潘多拉魔盒。

关于时间的*真实性*，人们已经争论了几千年。关于这个问题的第一次有记录的争论发生在两个古希腊哲学流派之间。赫拉克利特断言，世界在不断变化，因此时间是由零碎的瞬间组成的。相比之下，巴门尼德拒绝变化的现实，因此拒绝时间。他的弟子埃利亚的芝诺提出了一些悖

[1] 消磨时间的英文是“kill the time”，其中 kill 的字面意思是“杀害”。——译注

论（阿喀琉斯与乌龟赛跑、飞矢不动等），目的是要表明作为时间的一个表现的运动概念具有不一致性（将在第 10 章中讨论）。

希腊主要哲学流派的创始人柏拉图和亚里士多德摒弃了赫拉克利特和巴门尼德关于时间的一些极端观点，提出了他们自己的复杂观点。他们对时间不适用的永恒观念（柏拉图）或永恒形式（亚里士多德）和随时间变化的短暂事件做出了区分。这种对时间的双重态度后来成为中世纪哲学的一部分，斯宾诺莎使其达到了顶峰，他将时间视为我们存在的一种转瞬即逝的、微不足道的模式。

17 世纪，随着伽利略和牛顿而诞生的现代物理学带来了计算时间的需要，其目的是描述运动，无论是匀速运动还是加速运动。值得注意的是，荷兰物理学家惠更斯在 1650 年发现，悬挂在同一面墙上并通过墙壁相互耦合（虽然很弱）的钟摆会达到同步。从那时到 20 世纪，机械钟表（本质上就是周期振子）就一直充当着时间标准。它们被假定为计算的是通用时间，即它不依赖观察者和被观察物体的运动。

时间是通用的这个假设被爱因斯坦的狭义相对论推翻了，其中出现了时间膨胀这个异常效应（时钟相对于观察者的运动越快，它在观察者眼中的走时就越慢）。20 世纪 30 年代，P. W. 安德森探测到一些不稳定的基本粒子以接近光速的速度通过探测器，从而令人惊叹地证实了时间膨胀。由于这些粒子的速度很快，因此计算它们的寿命的内部“时钟”的运行急剧变缓，于是它们的寿命（平均而言）也就变长了许多。

爱因斯坦的广义相对论导致了相对论宇宙学的出现，它详细描述了宇宙大爆炸以来的“时间历史”（见 S. 霍金的《时间简史》，*A Brief History of Time*）。相对论宇宙学描述了宇宙尺度上的时间演化，其前提假设是宇宙的初始状态使其复杂的宇宙学时钟开始运转。

玻尔兹曼和吉布斯在 19 世纪末引入了另一种时间演化。他们将热力学与统计物理学结合在一起，得出了一个基本见解：涉及热交换的那些典型过程往往会增加一个宏观系统中原子的无序程度。当无序状态（与熵的概念相关）增加或有序状态衰减时，我们关于系统的信息减少。根据玻尔兹曼和吉布斯的说法，“时间之箭”指向未来：与过去或现在相比，关于典型系统的可用信息在未来会减少。根据这一观点，宇宙中存在着一个热力学的、与信息相关的时钟。

量子力学继承了上述所有关于时间的那些概念：用振子测量时间、宇宙演化，以及与量子态衰变相关的熵增加。然而，量子力学还有一个额外的要素——时间 – 能量不确定性，这根源于薛定谔波函数演化的本质。由于波在所有时空中延展，所以只有在我们随时随地观察它的情况下，才能准确地知道它的能量，但事实从来不会是这样的。观察波函数的时间越有限，我们可以确定它的能量的精度就越低。

在用量子力学描述宇宙时引入时间依赖性，这种尝试中似乎存在着不一致性，因为使宇宙时钟“嘀嗒”的变化必定源于整个宇宙固有的非平稳性或不稳定性，而其根源只能在宇宙之外。但是，宇宙按定义难道不是“万物”吗？同样，如果宇宙作为一个整体而发生演化，那么它的能量就不会守恒。如果时间依赖性只涉及宇宙的一些部分，并且通过它们与其他部分的相互作用而发生，以致能量既不守恒，在每个这样的部分内也不能精确地确定，因而与时间 – 能量不确定性一致，那么这种不一致性就可以避免。但是那样的话，我们还能谈及唯一的宇宙时钟吗？这个问题仍然是个谜，尽管人们试图在量子力学框架内最终解决它。

我们可以顺理成章地提出一个重要的警告。不必要求上述三种类型的时钟都遵循相同的时间 – 能量不确定性，一种给定的测量可能会影响一种时钟，但对另一种时钟没有影响。

①玻尔断言，装在盒子里的一个原子在引力作用下可能会经历时间膨胀，这与原子钟对引力变化的超高敏感性以及对 GPS（全球定位系统）时钟进行引力时间膨胀校正的必要性是一致的。

②热力学时钟和振子钟与量子时间演化高度相关。从一个处于激发态的原子中就可以看出这一点，随后它的激发态通过发射一个光子而开始衰变。只有经过足够长的时间，我们才能确定这个原子已经衰变到基态，并且已发射出一个光子。根据能量守恒定律，这个光子的能量就等于原子激发态与基态之间的能量差。因此，在长时间内，原子和光子的能量都是精确知道的，但在短得多的时间内，原子和光子都没有明确的能量，因此我们就不可能确定原子是否已经衰变了。在这样短的时间里，我们可以把原子和光子看作来回交换能量的耦合振子，这有点类似于惠更斯在 17 世纪研究过的（经典）耦合摆时钟。二者的不同之处在于：在量子衰变过程中，没有一个振子具有明确的能量或振荡相位，因此每个振子的可用信息都比最初少。也就是说，在衰变过程中熵已经增加，这意味着热力学时钟已经启动。即使在光子发射完成后，信息也不能完全恢复，这是因为这个光子可能占据自由空间中无限多种可用模式中的任何一种。

前面的讨论表明，量子力学到目前为止与经典物理学和热力学一样，坚持使用与时间演化或时间测量时钟相似的概念。这种坚持出自我们无法将时间视为可观察的量子（或算符）。所有这样处理的尝试都遭到了失败，因为如果时间是一个可观测量，其取值范围为从无限遥远的过去到无限遥远的未来，那么其互补量子可观测量的取值范围也将是从无限负能量（宇宙中不存在这样的能量）到无限正能量。由于负能量的非物理性，因此我们必须放弃与时间互补的算符。

不过，量子力学中的时间–能量不确定性有一个显著的后果，那就是虚拟量子的概念，它没有对应的经典概念。根据能量守恒，这样的量子是不存在的。例如，如果一个空腔内有一个未被激发的原子，那么它们就将长时间保持这一状态。但是，如果我们以一些很短的时间间隔探测这个原子或这个空腔，我们可能就会发现，与我们的经典直觉相反，原子被激发了，并且/或者空腔内存在光子。量子“奇迹般地”出现或原子“无中生有地”被激发，其原因是能量在这样短的时间内没有明确的定义。一般来说，我们可以把任何空的空间（真空）看作不断涌现而又几乎立即消失的虚拟量子，只是因为这个空间中的能量会在很短的时间内随机波动。

更有趣的是，两个未被激发的原子可以在一些很小的时间尺度上通过交换虚拟量子发生相互作用。这里的怪异之处在于，对它们的相互作用在长时间内取平均之后，与没有这些虚拟量子的情况相比，它们的总能量发生了变化。两个原子的总能量的这种变化会在这两个原子间产生一种被称为卡西米尔真空力的吸引力。这种引力在两个原子间的短距离上又被称为范德瓦尔斯力。这些力纯粹源自量子力学机制。

但是，我们是否可以期待在某个时候对时间概念进行更激烈的修正，以反映自然的量子力学定律？目前至少有一个研究方向可能会带来这样的修正：在一些很小的间隔上的时空量子化，其间隔小到足以通过量子粒子与自身引力的相互作用而使其局域化。这种间隔的长度（称为普朗克长度）除以光速得到的结果被称为普朗克时间，其大小为 5.4×10^{-44} 秒。这样短的时间间隔目前尚无法探测，但它们具有潜在的重大意义，这意味着与物理学中迄今为止所假设的不同，量子力学中的时间不是连续的，而是离散的。这种吸引人的可能性使人想起以弗所的赫拉克利特所坚持的观点，即时间是零碎瞬间的集合，因此世界在每一个相继的瞬间都会重新出现。但在我们确认或否认这一结论之前，还有很长的路要走。

量子时钟

吞噬一切的时间，你飞逝得如此之快，

埋葬或扫荡过去。

我们能从你的狂暴力量中解脱，

逃离那无情的时刻吗？

根据量子智慧，这是如此简洁。

如果能量是精确的，那么时间就是不确定的，

于是我们可以既年轻又年迈，但是你在狂欢之前先听听：

要在时间中像你的梦一样展开，你首先必须成为一列波。

附录：有限时间演化

为了从数学上解释和表述亨利最近一次冒险中的时间 – 能量不确定性，我们首先描述这时的量子系统——电池，然后介绍支配在有限时间中的量子系统动力学的薛定谔方程。

该量子系统由几个能态组成，每个能态都有自己的能量，用 E_i 表示，其中 $i = 0, 1, 2, \cdots, N$。从 0（初始未充电状态的能量）到某个最大能量（电池充满电），这些能量可以取任何值。然而，与那些对应的经典情况不同，电池可以处于概率幅为 a_i（见第 4 章附录）的量子能态的

一个叠加态。

$$|\psi\rangle=\sum_{i=0}^{N}a_i|E_i\rangle$$

$p_i=|a_i|^2$，给出了电池被充电到所具有的能量为 E_i 的概率。因此，在充电过程结束时，电池的平均能量由 $\sum_{i=0}^{N}p_iE_i=E$ 给出，我们认为 E 与总能量相同。

不过，充电过程是动态的，需要时间，因此被叠加的各量子态（能态）的概率幅随时间变化，这取决于充电过程。让我们描述一下电池的充电过程，它是由充电时间决定的。一个矩形函数表示整个充电过程中能量的恒定流动（稳定流速）：

$$f(t)=\begin{cases}E/\tau & (0<t\leqslant\tau)\\ 0 & （其他情况）\end{cases}$$

其中，E 是平均充电能量，τ 是充电时间。

如何计算充电过程中传输的全部能量？我们可以将整个过程中的能量流加起来，但是我们应该取多少个时间点呢？时间是连续的，所以我们不能采用 $\sum_{i=0}^{\tau}f(t)$ 这种写法，因为求和是对离散的步数进行的。为此，我们使用第 5 章中引入的积分，它类似于求和，但是积分是对连续变量进行定义的，如

$$\int_0^{\tau}\mathrm{d}t f(t)$$

这里的∫是积分符号，其下方的数字代表开始时间——积分下限（这里是 0），上方的数字代表停止时间——积分上限（这里是 τ），而 $\mathrm{d}t$ 代表求和的基本步长（无穷小）。如果我们在这个积分中插入亨利使用的

恒定流动函数，就得到：

$$\int_0^\tau \mathrm{d}t f(t) = \int_0^\tau \mathrm{d}t \frac{E}{\tau} = \frac{E}{\tau}\int_0^\tau \mathrm{d}t = \left(\frac{E}{\tau}\right)\tau = E$$

这里我们根据以下事实：$\int_0^\tau \mathrm{d}t = \tau - 0$，即一个“空”积分等于该积分的上限与下限之差。因此，在整个过程中传输的总能量为$\left(\frac{E}{\tau}\right)\tau = E$。如前所述，此时的时间不确定性等于电池充电的持续时间（在此期间，量子系统发生演化），即 $\Delta T = \tau$。

与第 5 章引入的位置和动量算符类似，能量算符也称为哈密顿量，记为 H。它表示系统的能量这一可观测量。因此，如果亨利想测量他的电池的平均能量，那么他就应该计算以下量：

$$\langle\psi|H|\psi\rangle = \left(\sum_{i=0}^{N}\langle E_i|a_i\right)H\left(\sum_{j=0}^{N}a_j|E_j\rangle\right) = \sum_{i,j=0}^{N}a_i a_j\langle E_i|H|E_j\rangle$$

这里我们根据以下事实：能量算符 H 将每个能态与它的能量相乘，并且每个能态与所有其他能态正交。因此可以得出：

$$\sum_{i,j=0}^{N}a_i a_j\langle E_i|E_j|E_j\rangle = \sum_{i,j=0}^{N}a_i a_j E_j\langle E_i|E_j\rangle = \sum_{i=0}^{N}p_i E_i = E$$

在引入了哈密顿量之后，我们就引入了著名的薛定谔方程，它将量子系统的动力学特性（随时间的变化）与其能量联系起来。

$$H|\psi\rangle = \mathrm{i}\hbar\left(\mathrm{d}|\psi\rangle\right)/\mathrm{d}t$$

在此方程的左边，我们有哈密顿量，它是作用于量子态的能量算符。在它的右边，我们认出了前几章中讨论过的$\hbar$，以及第 5 章中出现过的 i（它等于$\sqrt{-1}$）。在方程的右边还有量子态关于时间的导数$\frac{\mathrm{d}}{\mathrm{d}t}$（也是在

第 5 章中引入的)，它表示量子态随时间的变化，即经过一个(无穷小的)时间步长 dt，量子态是如何演化的。

为了理解能量对演化的依赖关系，我们必须用薛定谔方程来描述亨利的电池中能量状态的概率幅：

$$H\sum_{j=0}^{N}a_j\left|E_j\right\rangle=\mathrm{i}\hbar\frac{\mathrm{d}}{\mathrm{d}t}\sum_{j=0}^{N}a_j\left|E_j\right\rangle$$

$$\sum_{j=0}^{N}a_jH\left|E_j\right\rangle=\mathrm{i}\hbar\sum_{j=0}^{N}\frac{\mathrm{d}a_j}{\mathrm{d}t}\left|E_j\right\rangle$$

$$\sum_{j=0}^{N}a_jE_j\left|E_j\right\rangle=\sum_{j=0}^{N}\mathrm{i}\hbar\frac{\mathrm{d}a_j}{\mathrm{d}t}\left|E_j\right\rangle$$

$$a_jE_j=\mathrm{i}\hbar\frac{\mathrm{d}a_j}{\mathrm{d}t}\ (j=0,\ 1,\ 2,\ \cdots,\ N)$$

于是，薛定谔方程就简化为对于每个概率幅的一个简单方程：概率幅随时间变化，与它们所代表的能量成比例。不用详细讨论如何求解这个方程，我们就注意到需要对其中的导数进行积分，由此得到 $a_j(t)=\mathrm{e}^{-\frac{\mathrm{i}E_jt}{\hbar}}$ 这一结果。

根据这些方程，每个能态都独立于其他能态演化(即与所有其他能态不耦合)。然而，在充电过程中，电池会从最低能态转变到一些较高的能态。如果将最低能量设为 $E_0=0$，并假设在整个充电时间 T 内的能量流速是恒定的，那么我们就得到在充电过程结束时处于能量为 E_j 的态的概率 p_j 为：

$$p_j=\frac{\sin^2\left(\frac{E_jT}{2\hbar}\right)}{E_j^{\ 2}}$$

图 6.2 描述了相对于平均值 E 偏离某个能量值的概率。

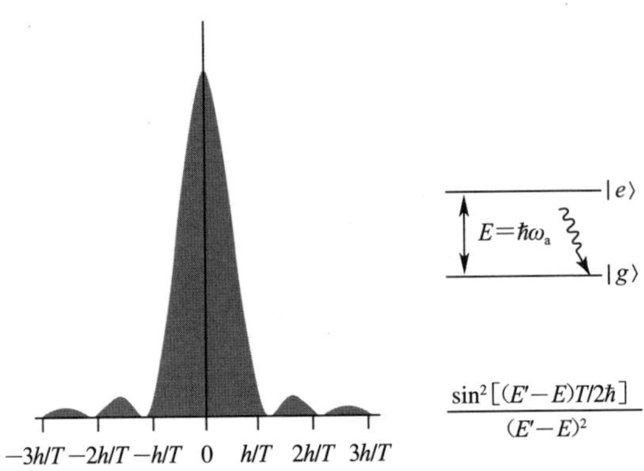

图 6.2 正文中描述的作为时间的函数的能量分布，表征了通过量子发射从激发态 $|e\rangle$ 到基态 $|g\rangle$ 的跃迁。能量分布在共振值 $E=\hbar\omega_a$（此处设为 0）处达到峰值，但它有宽度与 $\hbar/T$ 成反比变化的一些波纹形状，其中 T 是从该过程开始计算的时间。同一个分布也表征了量子从基态到激发态的吸收，就像把亨利·巴尔从比萨斜塔的底层送上高层的量子火箭那样。

这种概率分布的形状有几个重要的后果。第一，具有平均能量 E 的能态总是具有最大的概率。这并不奇怪，因为亨利给他的火箭充电的能量就是这么大。第二，（几乎）所有其他能态的概率都不为零。因此，即使亨利由于充电而花费的能量是 E，他的火箭所获得的能量仍有可能比 E 大或比 E 小。第三，代表能量不确定性的中央峰的宽度随着充电时间的延长而缩小。换言之，当充电时间很长时，恰好达到 E 态的概率是非常大的。然而，当充电时间极短时，就有很大的概率获得其他各种能量值。

能量不确定性由 $\Delta E \geqslant \frac{h}{T}$ 给出，这就是中央峰的宽度。因此，时间-能量不确定性导致 $\Delta E \Delta T \geqslant h$。这允许出现一种非凡的效果，即在短时间内交换总能量为 E 的能量，就有相当大的概率找到能量大于 E 或小于

E 的那些态。

为了帮助爱丽丝，亨利必须在短时间间隔内给电池充电，这就导致了能量的高不确定性，他可以跳得比他通过充电注入的能量所允许的高度要高得多或低得多。因此，我们的量子超级英雄利用了量子物理学中的另一种独特的、违反直觉的现象。

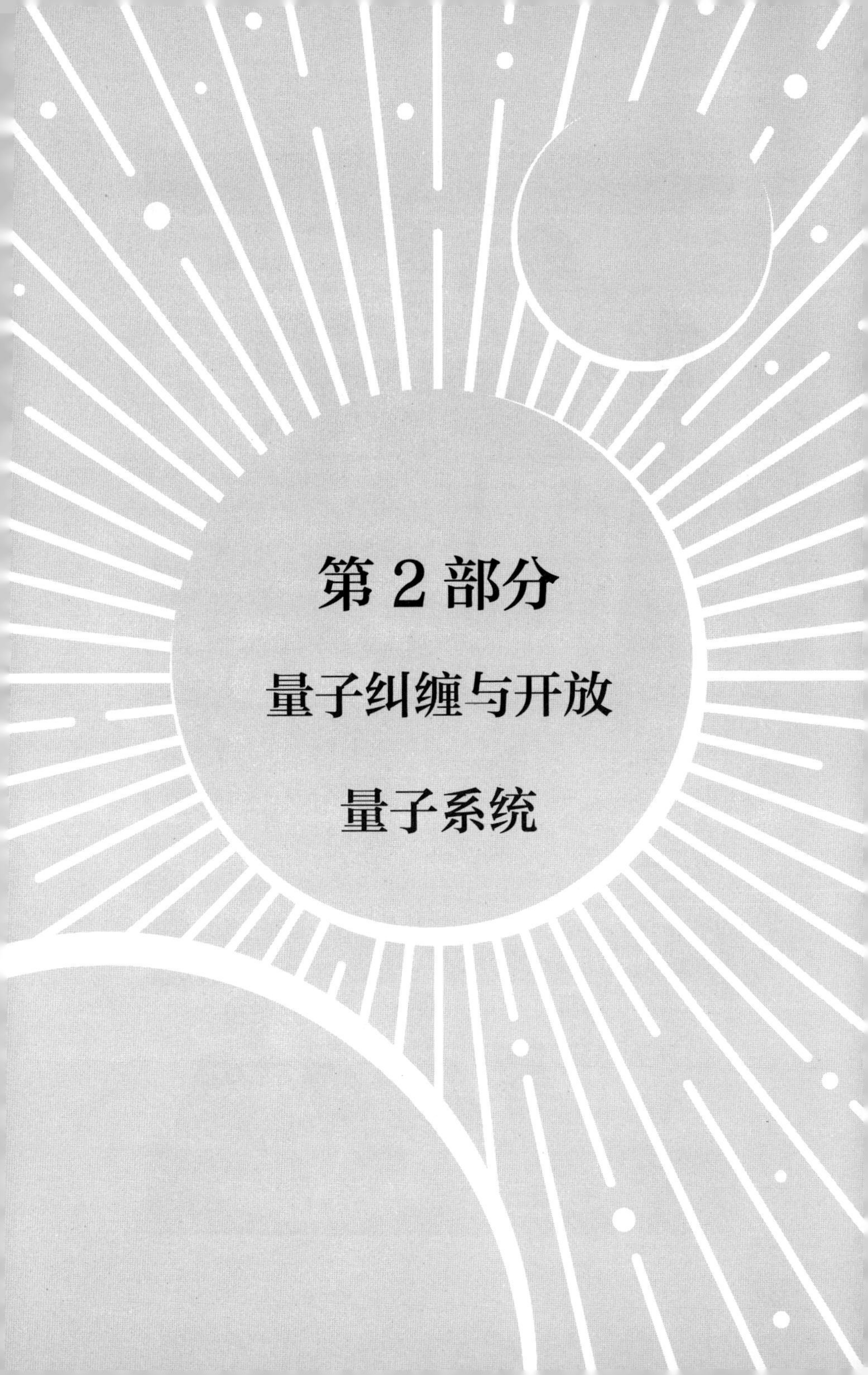

第 2 部分

量子纠缠与开放量子系统

一只名叫薛瑞德的猫
薛瑞德，你愿意变成量子吗？
我多么想念伊芙和她的鱼啊！
喵呜！我们现在有两个了！
发生了什么？
我们之中必须有一个让亨利恢复过来！
（蓝色分身）
（红色分身）
真有趣，现在亨利也有两个了！

是我们之中的一个去
拜访伊芙的时候了。
我觉得更轻、更灵活了，
这是为什么呢？
已经有段时间没见了，
不知伊芙是否还记得我？
可爱的鱼，见
到你真好……
哦，薛瑞德，你能来真是太好了！它消
失在哪里了？又是亨利的量子把戏！
你真幸运，薛瑞德，
伊芙碰巧把你坍缩成了
在我身边的分身！

第二天。
不管伊芙在密谋什么，我都
不能离开这个地方！
亲爱的，
我又回来了！
好吧，亨利，既然现在薛瑞德回不去了，
那就让我们来看看你的量子魔法是否还存在！
我不这么认为，哈哈！

第 7 章　什么是量子纠缠

7.1　薛瑞德和亨利发生了纠缠

在这次冒险之前，亨利一直是我们的故事中唯一的量子超级英雄。他已经构成了一个单一的、简单的量子系统。这样的一个系统表现出怪异而奇妙的量子叠加态行为，这种行为会导致相位干涉、态的坍缩和不确定效应。然而，世界是由许多系统组成的，于是问题就出现了。当有两个或更多个量子系统相互作用时，会有什么新的、独特的量子现象出现？在这次冒险中，有两位量子角色相互作用。这是因为亨利制造了一套新的量子服。这次他是为那只聪明而又好奇的猫薛瑞德制造的。亨利根据著名量子物理学家薛定谔的名字为那只猫取了个名字。

薛瑞德在它的人类朋友的小小帮助下配备了这套新的量子服，将自己分成了两个量子分身，成为了第一只量子猫。后来，量子薛瑞德出于其物种的怪癖，突然跳到了亨利的大腿上。这一情况的关键在于只有薛瑞德的一个量子分身跳上去了，而另一个量子分身一直保持不动。当时，穿着量子服的亨利抓住了那只跳上来的猫。由于这两只量子猫中只有一只被亨利抓住了，于是亨利把自己也分成了两个量子分身，他的一个分身抓住了跳上来的一只量子猫，而另一只（静止的）量子猫没有跳到他的另一个分身的腿上。在我们的故事中，这两对分身用不同的颜色来表现。其中一对（跳起来的薛瑞德和抓住它的亨利）是红色的，而另一对（静止的薛瑞德和亨利）是蓝色的。亨利和薛瑞德的联合态被称为一个*量子纠缠态*。这样，亨利和薛瑞德之间发生的这个小事件就导致了量子力学中最著名的现象之一——*量子纠缠*。由于概念上的重要性和奇特性，这种现象的本质一直是人们激烈争论的主题。这也是一个具有重大技术意义的主题，本书将对此做进一步的讨论。

在深入神秘的纠缠世界之前，我们先考虑一个涉及多量子系统的较简单的情景，即*可分的*量子薛瑞德和量子亨利。让我们假设亨利和薛瑞德都按下了他们的分身按钮，并且没有做出跳跃动作。那么，薛瑞德将处于量子叠加态，比如一个分身躺在地板上，另一个分身四处踱步。亨利也将处于量子分身的叠加态，例如一个分身坐着，另一个分身站着。他们的联合系统现在处于四种可能状态的叠加态：*躺着 - 坐着*、*躺着 - 站着*、*踱步 - 坐着*、*踱步 - 站着*。这个二体系统由两个*分开*的单体系统组成，它具有它们呈现的状态的所有可能组合。

当处于这种可分联合状态中的一个系统被测量时，会发生什么呢？如果薛瑞德被测量，那么它就会坍缩成一只躺着的猫或者一只踱步的猫。让我们假设薛瑞德坍缩成躺在地板上的那个分身。关于亨利，这会告诉我们什么？答案是“什么也没有告诉我们”，因为亨利仍然处于坐着的分身和站着的分身的一个叠加态。这意味着在这种情况下，亨利与薛瑞德是*解耦的*，因此对薛瑞德执行的任何操作（例如测量）都不会对亨利产生影响。

让我们把这种情况与这次冒险做一个比较，这回量子猫跳到了他的人类朋友身上。他们的联合二体系统现在只有两种可能的状态（跳跃－抓住和静止－静止），而不是一个可分系统的四种可能状态。这两种情况的区别在于亨利和薛瑞德现在是耦合的，因此他们的系统不能用薛瑞德单独的状态和亨利单独的状态来描述，而是用亨利和薛瑞德的一个不可分状态来描述。

在后一种纠缠情况下，测量具有一种截然不同的效果。想一想薛瑞德去伊芙家时，在伊芙测量它之后发生了什么。正如在一个单一的量子叠加系统中那样，这次测量有两个等概率的、随机确定的结果，即在伊芙家中的薛瑞德或者在亨利身边的薛瑞德。我们假设伊芙的测量把薛瑞德坍缩成了它在亨利身边的（红色的）分身。关于亨利，这次测量告诉了我们什么？由于红色分身的薛瑞德幸存下来，而蓝色分身消失了，因此亨利现在也只能处于他的红色分身。在测量引起坍缩之后，他们的联合系统的蓝色分身已经不复存在，尽管只有薛瑞德被测量了，而亨利并没有被测量。值得注意的是，在这次测量之后，蓝色薛瑞德不存在意味着蓝色亨利也消失了。两个蓝色分身同时消失了，因此伊芙对薛瑞德的测量导致了亨利的坍缩。

这个例子说明了量子纠缠最不寻常的结果之一：对两个纠缠系统中的一个进行测量会立即使另一个系统的状态坍缩，无论这两个系统的距离有多远，比如说在不同的星系中！量子力学对两个系统同时发生纠缠态坍缩的距离并没有限制。不过，这并不意味着这种坍缩违反了爱因斯坦的因果律，即信号传递受光速的限制，而不是瞬时的。也就是说，一个系统不会立即从这种坍缩中获得关于与它纠缠的另一个系统的任何信息，因为信息的传播速度不会超过光速。这个问题将在第 14 章中详细阐述。

让我们从头梳理这场错综复杂的冒险的各种构成因素。薛瑞德的这套新量子服使它成为一只两种状态叠加的量子猫，其中一个分身跳到亨利身上，于是亨利立即分裂成两个量子分身，从而与薛瑞德发生了纠缠（两个分身用不同的颜色表示）。薛瑞德的一个纠缠分身跑向伊芙的公寓，伊芙在那里对它进行了测量。这次测量将薛瑞德－亨利联合系统的状态坍缩成红色分身，从而显示出这样的效果：测量其中一个系统（这里是薛瑞德）会导致另一个遥远的系统（这里是亨利）立即发生坍缩。

在这个情节中，有一个方面还未给出解释。亨利分身的原因究竟是什么？或者说，为什么薛瑞德的量子跳跃会以如此奇特的方式影响亨利？换言之，什么导致了量子系统的纠缠？这个重要问题的答案是，发生纠缠需要满足两个重要的必要条件。一个条件是一个系统的状态有条件地影响另一个系统。在我们的例子中，薛瑞德的跳跃已经有条件地影响到亨利的状态。如果薛瑞德跳了起来，亨利就会抓住它；如果薛瑞德保持不动，那么亨利就不会受到影响。另一个条件是一个系统（在我们的例子中是薛瑞德）处于一个叠加态之中。因此，薛瑞德既跳起来又没跳起来这个事实创造了亨利既抓住它又没抓住它这一情况。薛瑞德的叠加行为和亨利的有条件的反应导致了亨利不仅发生了叠加，而且与薛瑞德发生了纠缠。

纠缠经常发生，或者仅仅是我们这些超级英雄的经历？令人惊讶的是，纠缠一直在我们的周围发生，至少在小尺度（纳米尺度）上是如此。每当一个处于叠加态的粒子（例如一个分裂的电子）以依赖位置的方式与另一个系统（例如另一个电子）发生相互作用时，两者就会发生纠缠。这种效应普遍存在，以至于量子物理学家在他们的实验室里都要极力避免它。他们的主要目标是要防止他们的不稳定量子系统（无论是电子、原子或分子）以一种不受控的方式与其他系统（例如电磁辐射，即光子，或者碰撞着的气体粒子）发生纠缠。

保持量子系统不与其他系统发生不必要的纠缠有多重要？可怜的薛瑞德又会怎么样？这些问题的答案将占据第 8 ~ 11 章的大部分篇幅。

纠缠的厄运

如果我们在匆忙赶路时
偷偷地相互瞥了一眼，
请记住，我们就有可能
永远不会分开了！
因为量子物理学说，唉，
如果我们无视我们俩会永远纠缠在一起的事实，
那么我们的状态就会变得一团糟。

7.2　纠缠与量子性

在量子力学诞生后的几年内，冯·诺依曼就在 1929 年至 1932 年间建立了量子力学的数学基础。他指出了量子测量的特殊性（在第 5 章中进行了部分讨论）：如果被测物体和测量装置都用量子力学来处理，那么二者的状态在测量之前可以假设是独立的，而在测量之后就会变得不可分，也就是说此时它们只能用一个联合状态来描述，而不能用它们各自的状态来描述。一般而言，一旦我们选择了测量装置的一种状态（例如动量状态），那么测量装置的每个状态就必须与被测（物体）可观测量的一个本征态相关联。在斯特恩 – 格拉赫实验（见第 5 章）中，这个可观测量就是它的自旋方向。这意味着通过观察（读出）测量装置，被测物体就“坍缩”（或投影）到相应的本征态上。在冯·诺依曼的投影假设（见第 4 章）中登峰造极的量子测量的奇异性就可以归结为为装置－物体量子关联的奇异性。冯·诺依曼和他的朋友温格深入思考了由这种关联所引发的哲学问题（见本章附录），但这些问题是在薛定谔 1935 年的论文出现之后才浮出水面的。他在那篇论文中将这种关联称为“纠缠”，这是给一种性质所起的一个容易记住的名字。自那时起，与叠加原理和量子相干性（见第 2 ～ 4 章）一样，纠缠也被公认为量子力学的标志之一。

1935 年，薛定谔转向了纠缠问题，这是因为当年爱因斯坦、他的研究助理内森·罗森以及哲学家鲍里斯·波多尔斯基做出了最后的努力。他们（三人合称为 EPR）想通过论证量子力学是*一致而又不完整的*来粉碎这一理论。为了证明他们的论断，三人用量子力学分析了两个粒子，它们一开始相互接触，但由于*自由*反向传播而分开了很远的距离。如果我们现在测量一个粒子的位置，那么我们就只能确切地知道另一个粒子的位置，但是如果我们测量一个粒子的动量，那么我们就只能确切地知道另一个粒子的动量。因此，对于一个粒子的可观测量的测量就决定了另一个粒子的哪个可观测量是精确知道的（没有不确定性），而哪些可观测量是不知道的（见图 7.1）。不过，按照他们三人的说法，这种可观察量是每个粒子的*现实元素*，它不应该因为对另一个遥远的粒子所做的一个动作（例如测量）而改变。他们的结论是，量子力学是“不完整的”，因为它并没有指定两个粒子的*所有现实元素*！

薛定谔在几个月之内就对他们三人的论文（第 14 章将讨论其对于纠缠物体之间信息共享的含义）做出了回应。薛定谔指出，无论两个粒子之间的距离如何，我们都可以预料到对一个粒子的一次测量对另一个粒子产生的“影响”，因为它们在最初接触之后就已经“纠缠”了，也就是说它们的量子态是相互关联的、不可分的。

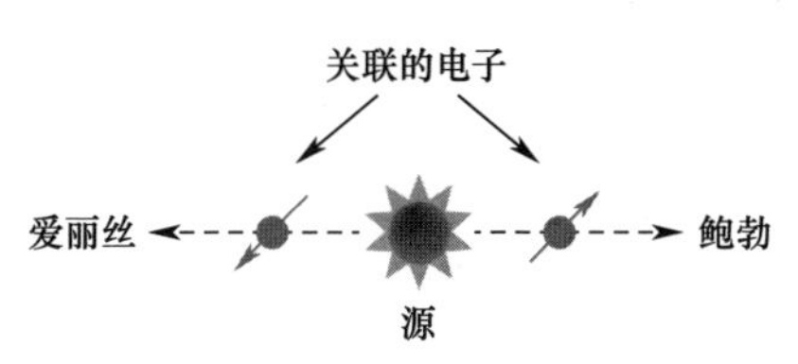

图 7.1　爱因斯坦、波多尔斯基和罗森设想的一种变化形式，左、右两侧的粒子（分别朝着爱丽丝和鲍勃）后退时，它们的自旋发生了纠缠。我们通过测量爱丽丝处电子自旋的 z 分量，就可以预测鲍勃处电子自旋的 z 分量（而不是 x 分量）。

为了说明纠缠的奇异性质，薛定谔在论文末尾加了一段话，概述了一个具有挑战性而原则上允许实现的场景：一个放射性原子可能与一只猫发生纠缠（见图 7.2）。这个原子的放射性衰变会引发毒药释放，从而杀死猫，但如果我们没有测量原子是否已经衰变，它的两个状态就会与猫的两个状态纠缠。这两个物体将处于下列两种状态的一个相干叠加：一种是一个未衰变的原子和一只活猫的状态，另一种是一个衰变的原子和一只死猫的状态。

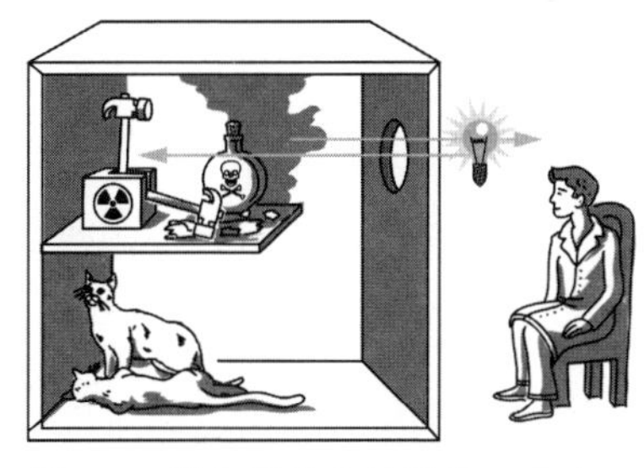

图 7.2　薛定谔提出的设想，其中一只猫的活态和死态分别与放射性元素的衰变态和未衰变态纠缠。

这个离奇的场景后来被称为“薛定谔的猫”，意在指出一个中心难题：如果量子力学包含了所有现实，那么是什么阻止了人类或动物在日常现实中处于一些量子叠加态？我们将在随后的章节中讨论这个问题。

不过，即使在这个阶段，我们也可以提到相当大和复杂的物体被纠缠的可能性。从应用的角度来看，最有趣的是量子计算机，宣称其问世的消息越来越频繁。这些计算机利用许多二能级粒子（自旋，见第 5 章）之间的纠缠来实现并行相干叠加计算。纠缠会产生大量这样的叠加态，而每一个态投影到探测装置的一组选定的状态（基）上就代表一个计算结果，因此，量子计算机在每一个计算步骤中产生的结果的数量可以比由相同数量（假设这个数大约为 100 这个数量级或更大）的粒子组成的传统计算机产生的结果的数量多得多。尽管量子计算机的研制具有挑战性，但人们预计它是会实现的（见第 15 章）。它将把纠缠从仅属概念上的奇异事物这一范围拓展到革命性的技术应用领域中去，并使我们不可避免地面临量子逻辑的特殊性，其哲学含义已在第 3.3 节中介绍过了。

7.3 纠缠的世界

正如我们在第 1 章中所看到的，当一个物体以一个或几个单位的 $\hbar$ 改变其作用量时，就会产生量子效应。由于作用量变化就是能量变化和时间变化的乘积，因此当能量交换维持的时间足够长时，即使物体之间通过相互作用交换微小的能量，也会导致它们纠缠。因此，无论有多大，任何由弱相互作用粒子组成的封闭系统都可以被认为是完全纠缠的，也就是说都可以用一个极其复杂的多体关联态来描述。这种描述超越了对稀释体系的统计物理学描述。稀释体系通常忽略系统中的这种相关性，取而代之的是一个“典型”的单粒子，它受到与其他粒子重复的、随机发生的相互作用。这一简单的图像暗示了宏观变量是可加的，例如被一面隔板（墙）隔开的两个系综的总能量与我们去掉隔板后它们各自的能量之和相等。对于用两个系综的状态数来衡量它们的综合熵，同样的可加性也被认为是正确的。

不过，这仅仅是一种理想化，随着我们的实验和计算能力的提高，人们正在越来越偏离这种理想化。由此，我们可以测量和分析两个统计系综关于它们的能量或熵的一些非可加效应。诚然，这些都是经典的关联效应，但基于纠缠的更微妙的对应量子效应也出现在当前的高级实验中。丹麦的 E. 波尔齐克、德国的 M. 奥伯哈勒和瑞士的 N. 吉辛最近都观察到了大量纠缠原子的鲜明特征（其中吉辛观察到了数十亿个）。现在正在研发的量子计算机（见第 15 章）将需要使数千个量子物体处于任何一个期望的纠缠态——这是一项极具挑战性而又并非毫无希望完成的任务。

这些考虑主要涉及微观尺度上的纠缠，它们是否也适用于大得多的尺度？现在有一些精心构造的实验，其中纠缠光束将其纠缠传送到此前并不关联的探测器上，而这些探测器可能相隔数百千米甚至数千千米（见第 14 章）。不过，这种复杂的实验是必要的，因为它们的目标是完全控制纠缠。如果我们记住在宇宙天体之间交换的光子，就可以得出这样的结论：即使相距遥远的恒星也会相互纠缠，尽管它们的纠缠是不受控的，并且可能被大得多的、压倒性的经典效应所掩盖。

事实上，这个结论得到了纠缠的一个令人困惑的方面的支持：即使纠缠的物体之间不再有任何相互作用，而且它们相距很远，纠缠也可以持续存在。爱因斯坦、波多尔斯基和罗森对量子力学的指责就起因于纠缠的这种奇异特性，它暗示了非定域性——量子物体之间的一种同步或“共谋”，而无论其相距多远（见第 14 章）。不过，尽管遭到他们三人的反对，但非定域性已经得到了实验的证实，而且它的有趣含义之一（量子隐形传态，见第 14 章）也得到了证实。遥远物体之间的纠缠的持续性引发了这样的一个问题：整个宇宙中的纠缠是否有着共同的起源？宇宙学提出了这样一个起源：它告诉我们，整个宇宙从一个无限密集的“奇点”（没有时空维度）冒出来，形成了一个统一场的一个量子态。比利时的乔治·勒梅特是20世纪30年代大爆炸理论的创始人，他把这个奇点称为“原始原子”。在这个理论当前的版本中，COBE卫星[1]观测到的早期宇宙中物质团块之间的量子关联可以追溯到那个原初实体中的量子涨落。可以毫不牵强地假设，这些涨落已经在宇宙中产生了一张错综复杂的、持续的量子纠缠网，从基本粒子到天体的所有物体都共享这张网。宇宙很可能是一个单一的、纠缠的（即不可分的）实体！目前还不可能为这种统一宇宙观找到证据，因为原始宇宙的量子关联比它们的经典对应关联要微弱得多，也脆弱得多（见第9章）。然而，在未来，也许随着量子计算机的出现（见第15章），我们能够分析这种高度复杂系统的量子力学结构，并且无论这种结构多么脆弱，我们都可以开发出探测到它的工具。于是，这类隐藏的宇宙纠缠的存在也许就会被揭示出来。

早在量子力学出现之前，18世纪的科学家（如法国的P. S. 拉普拉斯）就将宇宙视为一个单一的关联实体——一个巨大的机器，其无数组件执行着牛顿力学所规定的、步调一致的复杂运动。一个量子关联的宇宙在原理上会有所不同吗？事实上，根据D. 博姆提出的观点，世界拥有一个独特的结构，它是一幅量子全息图，其中每个小的（微观的）片段都编码了整个世界的信息。博姆的这种关于“隐量子秩序”的观点在最近的宇宙模型中重新浮现。显然，这个秩序取决于“宇宙是纠缠的”这一概念。如果是这样的话，也许有一天，世界的量子全息图（“万物的状态”）将辉煌地展开，在宇宙的所有（隐藏的和外显的）维度和所有可能的尺度上揭示出各种关联的最细枝末节的

[1] COBE是Cosmic Background Explorer的缩写，即宇宙背景探测器，于1989年11月升空。——译注

部分。

但这样的一种状态能存在吗？这个问题很微妙，因为波函数的“存在”是有争议的。如果马赫和维也纳圈子里的其他实证主义者能活着看到薛定谔的理论得到阐明，那么他们就会完全反对波函数的存在，因为波函数不可直接测量，而可测量性在实证主义者的眼中是物理相关性的唯一标准。相反，一个波函数对一个给定对象编码了量子力学所允许的所有信息。而出于同样的理由，“万物的状态”将编码关于世界的所有信息。但是谁能掌握这些信息呢？如第 8.3 节所述，要解决这个问题，就必须接受世界的观察者要有自由意志。

将宇宙描述为一幅量子全息图，这与“世界的灵魂”或万物的共同本质这种古老的印度教观点产生了共鸣。印度教中的这种共同本质被称为“婆罗门”，它可以在自然层级的每一个层面上被揭示出来。这种印度教观点以自己的方式进入了西方哲学，特别是进入了叔本华的意志和表象的世界[1]。这种观点是一个更广泛的陈述的一部分，而这一陈述适合与量子物理学类比，阿特曼是真正的人类本质，而婆罗门与阿特曼是同一的。用现代物理学的语言，我们可以把这个陈述改写如下：世界的量子态（波函数）是我们最内在的自我。许多人会反对这种说法，但那些认为我们对物理世界的概念是我们的“思维状态”的反映的人不会反对，如第 8 章所讨论的那样。

[1]　叔本华的著作 *Die Welt als Wille und Vorstellung* 于 1819 年首次出版，英译本书名有 *The World as Will and Idea* 和 *The World as Will and Presentation* 两种译法，中译本书名均译为《作为意志和表象的世界》。——译注

附录：纠缠算符

两个系统的一个联合状态既可以用狄拉克符号形式来描述，也可以用矩阵形式来描述。我们将讨论这两种表示形式中产生纠缠的那些算符。我们从狄拉克符号开始。

薛瑞德分裂后的量子态可以描述为$|\text{薛瑞德}\rangle=\frac{1}{\sqrt{2}}(|L\rangle+|R\rangle)$，其中$|L\rangle$代表跳跃的薛瑞德，$|R\rangle$代表静止的薛瑞德。不过，在考虑复合系统时，习惯上用下标表示每个系统，例如$|\text{薛瑞德}\rangle=\frac{1}{\sqrt{2}}(|L\rangle_S+|R\rangle_S)$。

为了说明两个自由度（这里是薛瑞德与亨利）的状态，我们引入了新的符号$\otimes$，它表示两个自由度状态的乘积。在这种表示方式中，薛瑞德分身后的初始乘积态由下式给出：

$$|\psi\rangle=|\text{薛瑞德}\rangle\otimes|\text{亨利}\rangle$$

在这个例子中，$|\text{亨利}\rangle=|S\rangle_H$表示坐着的亨利，其中下标代表亨利的状态。我们现在可以将它们的联合状态展开：

$$|\psi\rangle=\frac{1}{\sqrt{2}}\left(|L\rangle_S\otimes|S\rangle_H+|R\rangle_S\otimes|S\rangle_H\right)$$

使用$\otimes$算符可能是多余的，而明确指定系统的下标对写出一个更紧凑的表示形式来说已经足够了。这样，我们就有以下状态：

$$|\psi\rangle=\frac{1}{\sqrt{2}}\left(|L\rangle_S|S\rangle_H+|R\rangle_S|S\rangle_H\right)$$

现在考虑薛瑞德跳到亨利的腿上（亨利随后发生了分身）之后的状态

变化。我们很容易想到把亨利的新状态描述为$|亨利\rangle=\frac{1}{\sqrt{2}}\left(|C\rangle_{H}+|S\rangle_{H}\right)$，其中$|C\rangle$表示抓猫的亨利，但这是一个错误的描述，因为亨利不能与薛瑞德分开描述。他们是纠缠在一起的，而他们的组合系统需要对二者都有一个完整的描述。因此，在亨利抓住跳起来的薛瑞德之后，他们的组合状态就变成了：

$$|\psi\rangle=\frac{1}{\sqrt{2}}\left(|L\rangle_{S}|C\rangle_{H}+|R\rangle_{S}|S\rangle_{H}\right)$$

在这个新状态中，坐着的亨利的两个分身之一抓住了跳起来的薛瑞德，而他的另一个分身仍然坐着，对应于薛瑞德静止不动的分身。

现在让我们考虑一种用投影算符来描述的测量。在我们的故事中，伊芙测量了薛瑞德的位置，于是薛瑞德就坍缩成了红色的（静止的）分身。这种测量用投影算符$|R\rangle_{SS}\langle R|$表示。

让我们考虑一下，如果薛瑞德不跳到亨利的身上，则会发生什么？这个投影算符作用于相应的状态就会给出：

$$\begin{aligned}|R\rangle_{SS}\langle R|\psi\rangle&=\frac{1}{\sqrt{2}}\left(|R\rangle_{SS}\langle R|L\rangle_{S}|S\rangle_{H}+|R\rangle_{SS}\langle R|R\rangle_{S}|S\rangle_{H}\right)\\&=\frac{1}{\sqrt{2}}|R\rangle_{S}\left(0|S\rangle_{H}+1|S\rangle_{H}\right)=\frac{1}{\sqrt{2}}|R\rangle_{S}|S\rangle_{H}\end{aligned}$$

在这种情况下，亨利将继续坐着。如果伊芙测量的是薛瑞德的另一个分身，那么相应的投影算符将是$|L\rangle_{S}\langle R|$，测量后亨利的状态将变为：

$$\begin{aligned}|L\rangle_{SS}\langle L|\psi\rangle&=\frac{1}{\sqrt{2}}\left(|L\rangle_{SS}\langle L|L\rangle_{S}|S\rangle_{H}+|L\rangle_{SS}\langle L|R\rangle_{S}|S\rangle_{H}\right)\\&=\frac{1}{\sqrt{2}}|L\rangle_{S}\left(1|S\rangle_{H}+0|S\rangle_{H}\right)=\frac{1}{\sqrt{2}}|L\rangle_{S}|S\rangle_{H}\end{aligned}$$

换言之，测量薛瑞德的结果不会影响亨利的状态，因为他们的状态是可分的。

让我们考虑同一场景，不过薛瑞德与亨利在其中是纠缠的。测量薛瑞德的红色（静止）投影算符现在给出：

$$|R\rangle_{SS}\langle R|\psi\rangle=\frac{1}{\sqrt{2}}\left(|R\rangle_{SS}\langle R|L\rangle_{S}|C\rangle_{H}+|R\rangle_{SS}\langle R|R\rangle_{S}|S\rangle_{H}\right)$$
$$=\frac{1}{\sqrt{2}}|R\rangle_{S}\left(0|C\rangle_{H}+1|S\rangle_{H}\right)=\frac{1}{\sqrt{2}}|R\rangle_{S}|S\rangle_{H}$$

而薛瑞德的跳跃投影导致：

$$|L\rangle_{SS}\langle L|\psi\rangle=\frac{1}{\sqrt{2}}\left(|L\rangle_{SS}\langle L|L\rangle_{S}|C\rangle_{H}+|L\rangle_{SS}\langle L|R\rangle_{S}|S\rangle_{H}\right)$$
$$=\frac{1}{\sqrt{2}}|L\rangle_{S}\left(1|C\rangle_{H}+1|S\rangle_{H}\right)=\frac{1}{\sqrt{2}}|L\rangle_{S}|C\rangle_{H}$$

因此，亨利的状态现在取决于薛瑞德的测量结果。这是非常违反直觉的，因为亨利既没有被测量，也没有受到影响。伊芙和薛瑞德还在别处，而伊芙对薛瑞德的测量影响了亨利的状态。

现在让我们转向矩阵符号，它将帮助我们理解纠缠的产生。首先，我们必须描述整个薛瑞德－亨利的希尔伯特空间，即由他们的复合二体系统的所有可能性所张成的空间。这些状态是$|R\rangle_{S}|C\rangle_{H}$、$|R\rangle_{S}|S\rangle_{H}$、$|L\rangle_{S}|S\rangle_{H}$、$|L\rangle_{S}|C\rangle_{H}$。我们用一个四维向量描述这种状态：$\begin{pmatrix}|R\rangle_{S}|C\rangle_{H}\\|R\rangle_{S}|S\rangle_{H}\\|L\rangle_{S}|S\rangle_{H}\\|L\rangle_{S}|C\rangle_{H}\end{pmatrix}$。

于是，我们得到$|\psi\rangle=\frac{1}{\sqrt{2}}\begin{pmatrix}0\\1\\1\\0\end{pmatrix}$和$|\psi\rangle=\frac{1}{\sqrt{2}}\begin{pmatrix}0\\1\\0\\1\end{pmatrix}$。因此，纠缠算符可以表示

为一个如下形式的 4×4 矩阵：

$$\begin{pmatrix}1&0&0&0\\0&1&0&0\\0&0&0&1\\0&0&1&0\end{pmatrix}\frac{1}{\sqrt{2}}\begin{pmatrix}0\\1\\1\\0\end{pmatrix}=\frac{1}{\sqrt{2}}\begin{pmatrix}0\\1\\0\\1\end{pmatrix}$$

当这个矩阵作用于$|\psi\rangle$时，即给出$|\phi\rangle$。在这个算符中，一个系统的状态取决于另一个系统的状态。由于其中一个系统处于一个叠加态，因此另一个系统也“分裂”，但两个系统以一种特殊的方式纠缠在一起。

薛瑞德与亨利退纠缠

亨利，有人闯进了我家。公文包不见了！
神圣的量子啊！一定是伊芙。别担心，鲍勃，我会把它拿回来。
伊芙一定雇了个警卫。
（蓝色分身）
（红色分身）
没问题，我会通过干涉来避开他。
不起作用啊！

只有在我和我的
红色分身复合的情
况下，亨利才能
发生干涉。
糟糕……
我现在需要把我所有
的分身集合起来。
薛瑞德前去
营救!

喵呜！
本猫再次扭转了局面。
好险。
伙计们，这是你们的公文包。
现在我们可以完成我们的革命性药物设计了。

第 8 章　纠缠、退相干和路径信息

8.1　退相干：纠缠的黑暗面

在本章和接下去的几章中，我们关注量子相干的脆弱性，这是亨利具有那些超能力的关键。首先，我们将试图揭示这种脆弱性的起源：量子相干性具有被一种名为退相干的机制破坏并消失的普遍趋势。

为了理解退相干的起源，让我们来看看亨利偷偷溜进伊芙住处的尝试。在那里，由于他误解了量子纠缠的含义，因而处于危险之中。亨利怀着一种由错误诱导的自信，想当然地认为他可以像以前与伊芙遭遇时所做的一样，利用他的量子相干性形成路径（沿着选定的路径引起相长干涉，而沿着另一条路径引起相消干涉），以躲避她的探测。然而，在以前的几次遭遇中，只有亨利处于叠加态，他是一个孤立的量子物体，与自身发生干涉。用更专业的术语来说，亨利的两个分身是不可区分的。他们代表着完全相同的量子亨利，只是相对相位不同，这个事实使得干涉成为可能。亨利和薛瑞德的情况截然相反，他们不能互相干涉，因为他们是完全不同的实体。

如果亨利以前成功地发生了干涉，那么在目前的情况下又出了什么问题？答案是亨利和薛瑞德已经发生了纠缠，也就是说不可分了。正如第 7 章所讨论的，它们的纠缠排除了它们独立行为的可能性，而决定了由他们的联合量子态所描述的行为。在我们关于亨利的历险的描述中，这种行为是由两个实体的颜色来表示的。

纠缠现在露出了它的不祥面孔。由于亨利与薛瑞德纠缠，而薛瑞德的分身处于两个不同的地方——伊芙家和亨利家，因此亨利的两个分身现在是可区分的。即使两个分身在同一个地方相遇，一个分身（蓝色）和另一个分身（红色）也是不同的，因此亨利不能再与他自己发生干涉。换言之，由于蓝色亨利与蓝色薛瑞德（即在伊芙家中的薛瑞德）相关联，而红色亨利与红色薛瑞德（即在亨利家中的薛瑞德）相关联，因此当两个亨利相遇时，人们总是能分辨出他们——两个亨利以不同的薛瑞德为标记。这种路径信息或标记导致两个亨利表现为不能发生干涉的两个不同的量子系统。一旦亨利与薛瑞德发生纠缠，他们就会失去各自的量子性，条件是具有量子相干性——一种被称为量子退相干的效应。他们中的每一个实质上都成为了一个经典物体。

让我们来更仔细地检查一下他们是如何失去量子性的。薛瑞德通过一种纯量子效应分成两个相干叠加的分身（状态），其中一个分身跳到亨利的腿上，并同样因为一种量子效应与他发生了纠缠。现在亨利的叠加态不能再发生干涉，这意味着他们不再具有量子相干性。于是，我们的超级英雄由于与薛瑞德纠缠而失去了他的量子能力。

不过，也并非大势已去。由于薛瑞德是一只非常聪明的猫，明白它的人类朋友陷入了困境，于是前来营救他。薛瑞德通过重新组合它的两个分身（红色和蓝色），与亨利发生了退纠缠。在红色薛瑞德跳进伊芙的家中后，薛瑞德与亨利的联合状态由两个叠加的项组成："蓝色亨利－伊芙家中的薛瑞德"和"红色亨利－亨利附近的薛瑞德"。于是，当红色薛瑞德与蓝色薛瑞德在伊芙的家中重新复合，即他们在同一个地点复合时，联合状态就变成了两个独立状态的乘积——蓝色亨利与红色亨利的一个叠加以及伊芙家中的一只完整的薛瑞德。

亨利与薛瑞德这样退纠缠，就使他有可能及时发生干涉，以避开伊芙的警卫，夺回伊芙从他的朋友那里偷来的珍贵公文包。

薛瑞德在伊芙家中给自己梳理毛发时不小心按到了量子服上的分身按钮，突然几个蓝色薛瑞德出现了。这些蓝色薛瑞德会对亨利产生影响吗？正如我们所展示的，薛瑞德与自己复合，就将亨利与薛瑞德从纠缠中解脱了出来。但是如果薛瑞德的蓝色分身中的一个跑掉了，则结果会发生什么呢？亨利和薛瑞德仍然会纠缠在一起，因为不是薛瑞德的所有分身都复合了。薛瑞德的这一消失了的蓝色分身将使亨利的两个分身可区分，因此量子能力就失效了。幸运的是，薛瑞德是一只明白事理的猫，它复合了它的所有分身，从而恢复了亨利的量子性。

亨利和薛瑞德的冒险经历在我们的世界里有诸多类似情况。对于一个原子，用现代物理学的一些方法（见第 2 章）将其状态分裂成电子能态（包括基态和一些激发态）的一个叠加态。为了证明它处于一个量子叠加态，我们用一个实验说明了如何通过改变被叠加的各态的相对相位来控制相长干涉和相消干涉（见第 3 章）。实验重复多次，以确定其结果。实验者不知道的是，在两次相继的实验中，一个游离的原子与实验中的原子碰撞，而两个原子已经发生了纠缠。更糟糕的是，这个游离的原子在碰撞后已经离开了。于是，第二次干涉实验失败，被测原子不再显示出它的干涉图样，这是因为只要它的两个态与那个游离原子的态纠缠在一起，这两个态就不能发生干涉。

为了使被测原子恢复相干性，实验者可以像薛瑞德那样，尝试着将游离原子的两个量子态结合起来，例如使这两个量子态变得完全相同（“简并”）。可惜，这样的尝试将是徒劳的，因为游离原子是无法复原的。被测原子的量子叠加态已经发生了退相干，也就是说，由于它与游离原子发生了纠缠，而游离原子现在已经超出了实验者的控制范围，可以看作环境的一部分，因此它已经无可挽回地失去了它的相干性。

在制造出越来越大、越来越复杂的量子系统（例如第 15 章会介绍的量子计算机）的过程中，这种由环境诱导的退相干是最大障碍。来自环境的任何游离原子或光子都可能与我们感兴趣的量子系统发生纠缠，然后迷失在某处，带走了能区分量子系统的各种状态的信息（或者说相当于它们所走的路径），从而使这个系统实质上成为了一个经典系统。

在复杂系统中保持量子相干性毫无希望吗？避免退相干的一个明显而常用的方法是将量子系统与环境隔离开，尽管这需要付出很大的努力和代价。对于原子来说，实现隔离的方法是把它们放入真空室，更好的方法是把它们放入磁光阱，以减少它们与游离原子碰撞的机会。法拉第笼可以用于保护系统不受电磁起伏的影响，因为电磁起伏也会引起退相干效应（见第 9 章）。目前，限制在金刚石中纳米级氮空位里的电子自旋是与环境退相干隔离的最佳量子系统，因此它们的相干叠加可以维持数分钟甚至数小时。这也有利于制备光子的叠加态。光子的叠加态很稳定，这是因为它们与环境的相互作用非常弱，所以它们在长距离和长时间内保持相干性。

此外，还有一些巧妙的方法利用量子效应来克服退相干。这将在第 10 ~ 12 章中描述。但是，在亨利能够利用这些效应的力量对抗退相干之前，他必须克服第 9 章中将介绍的伊芙和环境使他面对的另一个障碍。我们将讨论如何克服这些困难，从而使物理学家能够将量子相干性的表现尺度推向越来越大、越来越复杂的物体。不过，考虑到那些目前尚无法克服的技术障碍，要实现亨利所展示的那种人类尺度的量子相干性，前景还非常渺茫。

8.2 退相干作为路径的可区分性以及与环境的纠缠

与薛瑞德的纠缠改变了亨利·巴尔的叠加态的各相位。在任何相互作用的量子系统（比如一个量子位）中，与各叠加态的各相位被破坏相类似的过程会自然地、不可避免地发生。如果我们在时间上跟踪它的状态，那么它与周围环境的相互作用就会迟早导致它的量子相位相干性丢失，这被称为退相干。

退相干的概念是由冯·诺依曼于 1932 年在他的那本关于量子力学基础的开创性著作[1]中提出的。这个概念源自他对量子测量效应（见第 5 章）的讨论：一次理想的测量将一个量子叠加态投影到一个本征态上，从而破坏了原先存在于叠加态中的各本征态之间的相位相干性。这个过程构成了最强意义上的退相干。为了进行测量，系统和测量仪器发生了纠缠，然后仪器被忽略，这使得系统的量子态变得混合或不纯，没有了相位相干性，由此导致了退相干。

随后的研究进一步加深了人们对退相干的认识。首先，人们已经证明（从 D. 博姆开始，20 世纪 40 年代后期在美国）这个过程不必是“预

[1] 指《量子力学的数学基础》（*Mathematical Foundations of Quantum Mechanics*），此书中译本由科学出版社 2020 年出版，凌复华译。——译注

先安排的”，因为系统与之相互作用的环境本质上可以起到与测量仪器相同的作用。环境对系统的“测量”结果是我们无法获得的，但它们的作用是通过系统状态带来纯度或相干性的损失，就像一台测量仪器那样。由于每个量子系统与某个环境相接触，又由于量子系统对退相干的脆弱性通常随着系统复杂度的增加而增长（见第 15 章），因此退相干已经逐渐被视为我们所遇到的几乎所有自然现象都缺乏量子性的主要原因。美国的 W. 茹雷克在 20 世纪 90 年代提出了这一观点。

一般而言，我们在第 2 ~ 5 章中提到的那些量子力学早期著作都没有讨论退相干，只有一个例外，那就是爱因斯坦与玻尔的争论。他们争论的问题是，一个电子轻微地撞击一下（安装在滚轮上的一块平板上的）双缝中的一条狭缝，是否会导致狭缝的反冲大到足以使屏幕上由许多这样的电子产生的干涉图案变得模糊。玻尔和罗森菲尔德计算出，只要电子引起的平板位移清楚地显示出电子穿过狭缝，它的反冲就会施加一个足够大的力，以至于使电子的方向明显改变，达到干涉图样发生变化的程度。由于这种力的大小和方向会随着不同电子发生不可预测的变化，因此这种力实际上是随机的。在此后的几十年里，退相干被等同于随机力对量子波包运动所产生的效应，而这就导致其相位相干特性的破坏（见图 5.1 和图 8.1）。

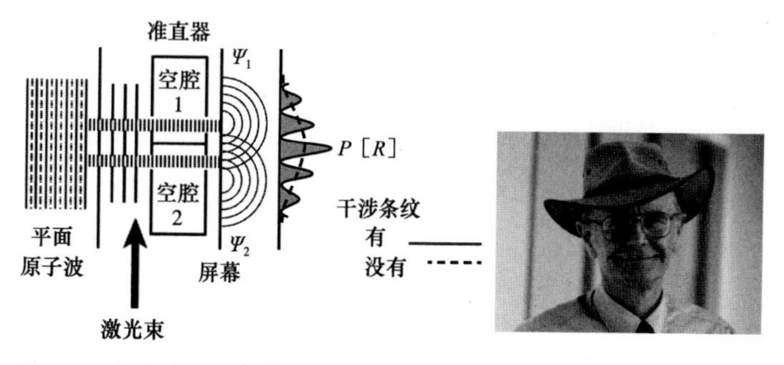

图 8.1　斯库利（右）等人的量子擦除装置。

20 世纪 80 年代，美国的 M. O. 斯库利和他的德国合作者 H. 瓦尔特、K. 德吕尔、B. 恩勒特驳倒了将退相干与随机力或反冲效应等同起来的观点。他们提出了一种量子物体（比如说一个飞行的原子）的“路径”测量方法，这个量子物体会在一种双路径装置中沿着左侧或右侧的路径发射出一个光子，从而能为其行踪留下痕迹（见图 8.1）。在他们的装置中，一个被激发的原子以一种具有明确动量的状态被发射出来，因此根据海森堡的不确定性原理，它在空间中完全弥散开来（见第 5 章）。两条狭缝对称地位于垂直于其传播轴的方向上，允许原子波包通过空腔 1 或空腔 2（分别为左侧和右侧的路径）。在这种情况下，量子力学预测，该原子处于两个态（波）的一个相等的相干叠加态而通过空腔 1 或空腔 2。当该原子从两个空腔中出现时，这两列波会发生复合，但原子在出现之前可能会在其中一个空腔中发射出一个光子。我们很容易施加一些条件，使得由发射光子引起反冲的原子的动量变化与其初始动量相比小到可以忽略不计。这样就不会有明显的随机力使许多这样的原子在屏幕上留下的干涉条纹变得模糊不清。然而，根据量子力学的说法，在这种情况下条纹会完全消失，即使没有对这两个空腔内部做过检查也是如此！于是，干涉图样的消失可以归因于存储在测量装置中的信息（在这里是由一个空腔中的一个光子引起的），而不是由于仪器对物体（这里是原子）的物理影响。

因此，由该装置记录的信息可以见证一个量子物体在其可能的状态或位形所构成的抽象空间（“位形空间”）中通过的路径，也就是说可以标记该物体所经过的实际路径。W. 茹雷克认为这种信息记录或标记是退相干的本质。茹雷克最简单的模型是一个自旋为 1/2 的粒子，其能态分别与沿 z 轴的磁场同向（自旋向上）或反向（自旋向下）。这个自旋为 1/2 的粒子与另一个自旋为 −1/2 的粒子相互作用，后者充当度量计（测量仪器）。假设这个粒子在发生相互作用之前处于一个自旋向上和自旋向下的相干叠加态。在发生一次吸引反向自旋的相互作用后，这两个粒子纠缠在了一起。该粒子的自旋向上状态和自旋向下状态与度量计的两个相反状态相关联，因此观测到度量计的某一特定状态就可以揭示或标记该粒子的状态。值得注意的是，即使没有读出度量计的状态，仅仅是粒子状态信息的可获取性也会破坏它们的叠加。

茹雷克还将这种方法应用于环境对一个量子物体的影响。这种方法中的环境是一个不受控的仪器（度量计），它不停地观察和测量物体。这种方法的关键概念是环境决定指针基。在上面的例子中，它指的是自旋与 z 轴（粒子和度量计的自旋沿着 z 轴相互关联）同向或反向。粒子的自旋向上状态和自旋向下状态的一个叠加在此指针基中由于与环境（度量计）相互作用而遭到破坏（退相干），这一事实意味着只有沿 z 轴的自旋向上状态或自旋向下状态能稳定地应对环境影响。

在环境存在时，这种稳定性选择或挑选出优先的指针基。这种稳定基的环境诱导选择被茹雷克缩写为 einselection[1]。它通常被视为薛定谔的猫这个悖论的解决方案：宏观物体的不同状态的叠加通过它们与环境的相互作用而经历极其迅速的退相干，因此它们在日常生活中从未被观察到。然而，如第 12 章所示，有一些方法可以有效地对抗或控制退相干，从而将叠加态的可观测性推向越来越大、越来越复杂的量子物体领域。

[1]　einselection 是 environment-induced superselection（环境诱导超选择）的缩写。——译注

8.3 关于信息和自由意志：我们是否生活在量子矩阵中

矛盾的是，纠缠不仅是一个复合系统的量子性的标志，而且是每个纠缠物体量子性消亡（又称为退相干）的关键。在这样的一个系统中，两个物体中的一个可以扮演观察者或测量装置（以下称为度量计）的角色，而另一个物体可以扮演被观察物体的角色。由于度量计的每一个状态都与物体的一个对应的本征态相关联，因此被观察物体的本征态的相干叠加将由于与度量计的这种纠缠而被破坏，也可以叫退相干。因此，如果我们把注意力局限于度量计，而忽略被观察物体，那么除了已知发生概率的情况，我们在每次测量中都会不可预测地（即随机地）探测到度量计的一个本征态。相应地，对于被观察物体也是如此。

或者说，退相干也可以看作（在某个时间点）叠加在一个物体的一个量子态上的各条演化路径的标记。这种标记是由于物体与一个度量计发生纠缠而产生的。只要忽略度量计的各个状态（即对这些状态取平均），就可以使物体的状态退相干，从而使其变成一种非相干（等价的说法是相位随机）的各条路径的混合。现代处理量子力学问题的方法是将退相干视为把存储在物体的一个相干叠加态（在两个叠加能态这一简单情况下就是一个量子位）中的量子信息转换成用形成这种叠加态的各个态的概率来编码的经典信息。

在这里，我们想进一步提出一个令人不安的问题：谁拥有关于被观察/测量物体的这种（经典或量子）信息？如果已把“信息世界”（通常指网络空间或虚拟世界）与“真实”（物质？）世界区分开来，那么此时的问题就是谁参与了虚拟世界。一个显而易见的答案是计算机用户，甚至更为明白无疑的答案是计算机专家和科学家，他们产生了虚拟世界的内容。但是，在量子力学中，即使观察结果被忽视，单单观察行为本身也会改变信息，因此我们必须大大扩展虚拟世界的范围，使其包括所有接收、处理和共享信息的观察者。人类、动物、植物、细菌……所有的生命形式都有能力（也有必要）通过新陈代谢或繁殖来降低其有机体内的熵（随机性或无序性），从而操控甚至创造信息。

除了这些信息的承载者和处理者之外，我们还必须加上人类智能的人工延伸。更深层次的问题是：这些活的观察者或人工观察者是否能够随意创造和改变信息？从观察方面来讲，观察者是否有选择他们的观察对象和测量基的自由？

显然，这些问题反映了数千年来关于自由意志的争论。我（在现实的约束下）决定了自己的行动，还是说我的决定是虚幻的，而事实上我的行动是由我被编程以遵循的某种（尽管是未知的）模式决定的？哲学和物理学中决定论的拥护者（哲学中最引人注目的是17世纪荷兰哲学家斯宾诺莎，他把我们的个体性看作一种微不足道的、预先定义好的宇宙等级模式；物理学中则有18世纪法国科学家P. S. 拉普拉斯，他保证能确定宇宙中所有物体的位置和动量，只要它们的初始值是给定的）永远不会让步于他们的那些拥护自由意志的对立者（例如德国哲学家康德和叔本华，他们强调我们的个体性），以及物理学中体现为随机性的非决定论的支持者（其中最著名的是玻尔兹曼）。

从表面上看，量子力学似乎允许这两种相互矛盾的处理方法共存：

一方面，一个独立物体的量子态确切地发生演化，由薛定谔方程决定；另一方面，一个物体与另一个物体之间的相互作用导致了它们的纠缠，从而导致其中每个物体都随机地、不可预测地发生演化。

此外，玻尔互补性（见第 7 章）的本质是选择出由度量计所测量的可观测量决定了对物体所选出的任何可观测量的可能测量结果，每个选择都可能导致完全不同的测量结果。但是，在两个物体发生纠缠之前的演化和之后的演化之间，或者等价地说测量之前和测量之后的演化之间，真的存在根本的差异吗？如果我们采用冯·诺依曼的观点，那么关键时刻就是当观察者对演化的两个结果之一做出心理选择而取代“自然”演化之时。显然，冯·诺依曼和玻尔相信自由意志或选择自由。相比之下，根据埃弗里特的多世界诠释（见第 4 章）的最坚定的拥护者之一、以色列物理学家 L. 威德曼的观点，埃弗里特的处理方式导致了完全决定论，据此多元宇宙由一个量子态来描述，这个量子态包含了所有的观察者和被观察者，因此在一个给定的世界中，每位观察者对所有物体所采取的每一个动作都有一个独特的、预定的结果。这种决定论的代价是，每一个这样的动作都涉及个数多到难以想象的世界。

埃弗里特对多元宇宙的描述极其复杂，因此不可能对作为其基础的决定论进行检验。正如美国物理学家 S. 劳埃德所表明的，即使是在传统的图灵机（计算机）上测试自由意志也过于复杂，因而无法得出结论！于是，是偏好决定论还是偏好自由意志就成了品位问题。我们这些（过去、现在和未来的）宇宙居民是否作为由一个量子矩阵所控制的“万物状态”的一部分而非出自本意地存在着（见本章附录）？或者，我们（细菌、植物、人类和其他动物）都是这种情况的主人，通过选择观察的基并通过这种观察获得信息而自主行动？

如果我们将这些考虑扩展到整个宇宙，并用量子力学方式处理观察者（因为这符合量子力学的普遍性），那么观察者与宇宙的纠缠就意味着降临到每个观察者（每个活的生物）身上的事件都必须是随机的。纠缠是生活中所有随机性的来源，这是一个很有诱惑力的想法。但是，观察者将宇宙视为一个是否要与之纠缠的独立存在，这是合理的吗？无论怎样讨论这个问题都不可避免地将我们带入哲学领域。既然我们是这个世界的一部分，那么我们如何感知这个世界？另一个令人费解的问题是，是否所有观察者都必须对他们的观察或看法取得一致？如果不是，那么这个世界就不是客观可知的。

在自笛卡儿以来的欧洲哲学中，人们常常怀疑世界是可知的。不过，没有任何哲学家达到 18 世纪爱尔兰主教 G. 伯克利的程度。他断言，对于这个世界，实际上没有任何事情需要去认识——在我们的意识之外不存在任何现实。他把自己的主张用拉丁语表述为 *Essere est percipi*（“存在即被感知”）。伯克利把感知托付给神圣的天意，作为万物存在的唯一保证。如果不是这样的话，那么森林里没有人在观察时，树还会倒下吗？ 1000 年前，印度佛教思想家瓦苏班杜也得出了一个惊人相似的结论。他的学说源于古代印度教的观点，即我们对现实的感知是虚幻的，外部世界和人类意识不可分。

这些想法让人想起《传道书》（第 3 章第 11 节）中伯克利主教非常熟悉的隐晦诗句：“……他将世界安置在他们的心里，以致没有人能参透神自始至终的作为。”这是否意味着世界就在我们的意识（内心）里，而我们对它没有其他的认识？

刘易斯 · 卡罗尔的《爱丽丝镜中奇遇》描述了由于我们的意识之外

没有现实而带来的焦虑。在这本书中，爱丽丝得到警告，不要把红国王从睡梦中叫醒。她被告知："你只是他的梦中的一个东西，如果他醒来，你就会像蜡烛一样熄灭。"

但是谁是那个梦见我们世界的红国王呢？根据冯·诺依曼的量子力学解释，不存在没有观察者的世界，观察者的思维将观察到的量子态与观测仪器的量子态区分开。因此，在这种观点下，观察者在保持世界完整方面发挥着积极的、必不可少的作用。

然而，这种观点带有主观性，甚至有唯我主义的味道。这是否意味着当作为观察者的我闭上双眼时，世界就不复存在了？又有什么能保证许多观察者的感知（或所拥有的信息）达成一致，从而只有一个现实？伯克利主教把观察者之间的这种一致以及世界的现实归因于上帝的思想。

不过，对于人类感知的客观性，亚历山大的哲学家、新柏拉图学派的创始人柏罗丁在约公元 200 年提出另一种处理方法。柏罗丁断言，存在一种全人类共享的人类思维共同形式——世界存在的观念，这是一种在创世之前就存在的神圣观念。在适当的引导下，我们可以努力恢复这种观念原始的简单性和真实性，从而追溯到所有人类意识的共同起源。我们能否用现代的术语表述这种哲学，从而使我们这些个体观察者共享一种用量子态表达的感知世界的客观模式，同时通过选出我们感兴趣的可观测量保持我们的主观自由？有意义的科学必须是客观的，但我们能把它的客观性视为理所当然的吗？我们把答案留给读者思考。

我们仍然对这些问题感到困惑，最后将它们在结尾的诗节中提出。

谁在观察观察者

他们说，老大哥监视着一切[1]，
并将浸泡在“浴缸”中的原子的
每一条量子路径退相干，
这使它们出错并迷失方向。

但是谁是我们这个世界上
自始至终观察着物体的老大哥？
我们被告知是环境，
它扫荡了我们的量子过往。

然而，环境也必须
遵守自然的量子定律，
因此我们还不清楚：究竟谁
是我们的老大哥？有人知道吗？

附录：可见度与可区分度之间的互补

在本附录中，我们从数学上研究两个量子系统的干涉，其表现为这两个系统间的纠缠的一个函数，而我们将它们的纠缠处理成取值范围可能在0（无纠缠）到1（完全纠缠）之间的连续参数。

[1]　老大哥（Big Brother）出自英国作家乔治·奥威尔于1949年出版的长篇小说《1984》，原文是“老大哥在看着你”（Big brother is watching you），老大哥在小说中指独裁者。——译注

对一个系统求迹。本研究中的第一个重要步骤是解释多体系统量子力学中的一种基本运算，即迹（*trace*）。让我们考虑一个由两个量子位组成的二分系统，第一个量子位由$|\downarrow\rangle_1$和$|\uparrow\rangle_1$这两个态张成，第二个量子位由$|g\rangle_2$和$|e\rangle_2$这两个态张成。我们已经讨论过一个联合状态看起来是什么样子，但是现在我们把它写成一个密度矩阵：

$$\rho^{(1+2)}=\begin{array}{c} \overbrace{\quad |g\rangle_2 \qquad |e\rangle_2 \quad}^{|\downarrow\rangle_1} \quad \overbrace{\quad |g\rangle_2 \qquad |e\rangle_2 \quad}^{|\uparrow\rangle_1} \\ \begin{pmatrix} \rho_{\downarrow g,\downarrow g} & \rho_{\downarrow e,\downarrow g} & \rho_{\uparrow g,\downarrow g} & \rho_{\uparrow e,\downarrow g} \\ \rho_{\downarrow g,\downarrow e} & \rho_{\downarrow e,\downarrow e} & \rho_{\uparrow g,\downarrow e} & \rho_{\uparrow e,\downarrow e} \\ \rho_{\downarrow g,\uparrow g} & \rho_{\downarrow e,\uparrow g} & \rho_{\uparrow g,\uparrow g} & \rho_{\uparrow e,\uparrow g} \\ \rho_{\downarrow g,\uparrow e} & \rho_{\downarrow e,\uparrow e} & \rho_{\uparrow g,\uparrow e} & \rho_{\uparrow e,\uparrow e} \end{pmatrix} \end{array} \begin{array}{l} \left.\begin{array}{l} \}_2\langle g| \\ \}_2\langle e| \end{array}\right\}_1 \langle\downarrow| \\ \left.\begin{array}{l} \}_2\langle g| \\ \}_2\langle e| \end{array}\right\}_1 \langle\uparrow| \end{array}$$

这里，$\rho_{\downarrow g,\uparrow e}=|\downarrow\rangle|g\rangle\langle\uparrow|\langle e|$。这个密度矩阵解释了占据这些成对的组合态的所有可能方式，因此也解释了关于这个二量子位态的所有信息。这里我们要问：当我们对一个量子位一无所知（因为无法访问）时，会发生什么？处理这种情况的正确数学运算是对这个我们一无所知的量子位求迹。迹运算表示为对被求迹的量子位 2 的各基态的概率求和，从而得到量子位 1 的以下状态：

$$\rho^{(1)}=Tr_2\rho^{(1+2)}=\sum_{i=g,e}2\langle i|\rho^{(1+2)}|i\rangle_2=\langle g|\rho^{(1+2)}|g\rangle+\langle e|\rho^{(1+2)}|e\rangle$$

这个运算是非幺正的——是量子位 2 的各状态的概率的非相干和。也就是说，与两个可能状态的一个量子叠加相反，这里我们不知道在每次运算中实际实现的是哪一个态，求迹将把我们对一个量子位的知识缺乏视为经典的不确定性。

用图像形式来表示，现在代表量子位 1 的 2 × 2 密度矩阵是“蓝色”2×2 矩阵（用虚线框表示）和“红色”2×2 矩阵（用实线框表示）的和：

$$\rho^{(1+2)}=\overbrace{\begin{matrix}|g\rangle_2 & |e\rangle_2\end{matrix}}^{|\downarrow\rangle_1}\ \overbrace{\begin{matrix}|g\rangle_2 & |e\rangle_2\end{matrix}}^{|\uparrow\rangle_1}$$

$$\rho^{(1+2)}=\begin{pmatrix}\rho_{\downarrow g,\downarrow g} & \rho_{\downarrow e,\downarrow g} & \rho_{\uparrow g,\downarrow g} & \rho_{\uparrow e,\downarrow g}\\ \rho_{\downarrow g,\downarrow e} & \rho_{\downarrow e,\downarrow e} & \rho_{\uparrow g,\downarrow e} & \rho_{\uparrow e,\downarrow e}\\ \rho_{\downarrow g,\uparrow g} & \rho_{\downarrow e,\uparrow g} & \rho_{\uparrow g,\uparrow g} & \rho_{\uparrow e,\uparrow g}\\ \rho_{\downarrow g,\uparrow e} & \rho_{\downarrow e,\uparrow e} & \rho_{\uparrow g,\uparrow e} & \rho_{\uparrow e,\uparrow e}\end{pmatrix}\begin{matrix}\}_2\langle g| \\ \}_2\langle e| \\ \}_2\langle g| \\ \}_2\langle e|\end{matrix}\begin{matrix}\Big\}_1\langle\downarrow| \\ \\ \Big\}_1\langle\uparrow|\end{matrix}$$

这里，“红色” 2×2 矩阵只包括$|g\rangle\langle g|$项，“蓝色” 2×2 矩阵只包括$|e\rangle\langle e|$项。

以同样的方式，我们可以把对量子位 1 求迹而得到的量子位 2 的状态写成：

$$\rho^{(2)}=Tr_1\rho^{(1+2)}=\langle\downarrow|\rho^{(1+2)}|\downarrow\rangle+\langle\uparrow|\rho^{(1+2)}|\uparrow\rangle$$

可将其用图像形式表示为以下“红色”2×2 矩阵（用实线框表示）和“蓝色”2×2 矩阵（用虚线框表示）的和：

$$\rho^{(1+2)}=\overbrace{\begin{matrix}|g\rangle_2 & |e\rangle_2\end{matrix}}^{|\downarrow\rangle_1}\ \overbrace{\begin{matrix}|g\rangle_2 & |e\rangle_2\end{matrix}}^{|\uparrow\rangle_1}$$

$$\rho^{(1+2)}=\begin{pmatrix}\rho_{\downarrow g,\downarrow g} & \rho_{\downarrow e,\downarrow g} & \rho_{\uparrow g,\downarrow g} & \rho_{\uparrow e,\downarrow g}\\ \rho_{\downarrow g,\downarrow e} & \rho_{\downarrow e,\downarrow e} & \rho_{\uparrow g,\downarrow e} & \rho_{\uparrow e,\downarrow e}\\ \rho_{\downarrow g,\uparrow g} & \rho_{\downarrow e,\uparrow g} & \rho_{\uparrow g,\uparrow g} & \rho_{\uparrow e,\uparrow g}\\ \rho_{\downarrow g,\uparrow e} & \rho_{\downarrow e,\uparrow e} & \rho_{\uparrow g,\uparrow e} & \rho_{\uparrow e,\uparrow e}\end{pmatrix}\begin{matrix}\}_2\langle g| \\ \}_2\langle e| \\ \}_2\langle g| \\ \}_2\langle e|\end{matrix}\begin{matrix}\Big\}_1\langle\downarrow| \\ \\ \Big\}_1\langle\uparrow|\end{matrix}$$

无纠缠：完美的干涉可见度。在引入了求迹运算之后，我们可以重新考虑亨利在薛瑞德做出轻浮行为之前的状态。为了用一般的方式描述干涉，让我们用狄拉克符号和矩阵符号将亨利的状态表示为向上和向下：

$$|\downarrow\rangle=\begin{pmatrix}1\\0\end{pmatrix},\ |\uparrow\rangle=\begin{pmatrix}0\\1\end{pmatrix}$$

其中分身和复合算符可用矩阵形式表示为：

$$S=\frac{1}{\sqrt{2}}\begin{pmatrix}1&-1\\1&1\end{pmatrix},\ R=\frac{1}{\sqrt{2}}\begin{pmatrix}1&1\\-1&1\end{pmatrix}$$

下面的简明图形描述了按照斯特恩－格拉赫方案（见第3章）给出的一个干涉装置：

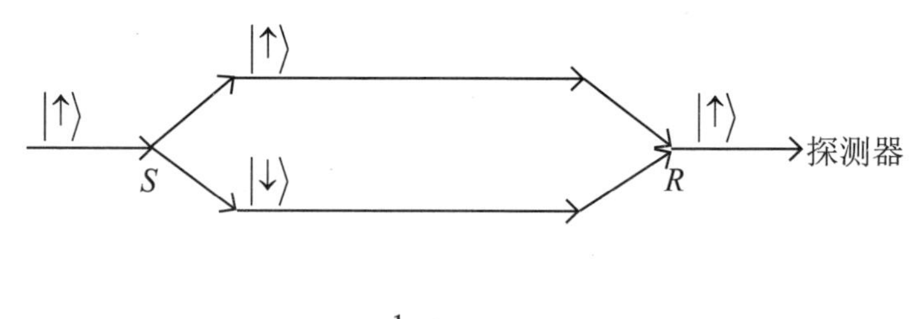

$$|\uparrow\rangle\xrightarrow{S}\frac{1}{\sqrt{2}}\left(|\uparrow\rangle-|\downarrow\rangle\right)\xrightarrow{R}|\uparrow\rangle$$

探测器测得的$|\uparrow\rangle$的概率在这种情况下等于1。

我们接下来重新引入相位调节盘算符（见第3章），但采用更一般的形式。

$$|\uparrow\rangle\rightarrow \mathrm{e}^{\mathrm{i}\phi/2}|\uparrow\rangle,\ |\downarrow\rangle\rightarrow \mathrm{e}^{-\mathrm{i}\phi/2}|\downarrow\rangle$$

$$P=\begin{pmatrix}\mathrm{e}^{-\mathrm{i}\phi/2}&0\\0&\mathrm{e}^{\mathrm{i}\phi/2}\end{pmatrix}$$

这里采用了复指数表示法，其中ϕ是相位。用这种表示法，我们可以跟踪通过此装置的一个初始自旋向上的状态的演变。

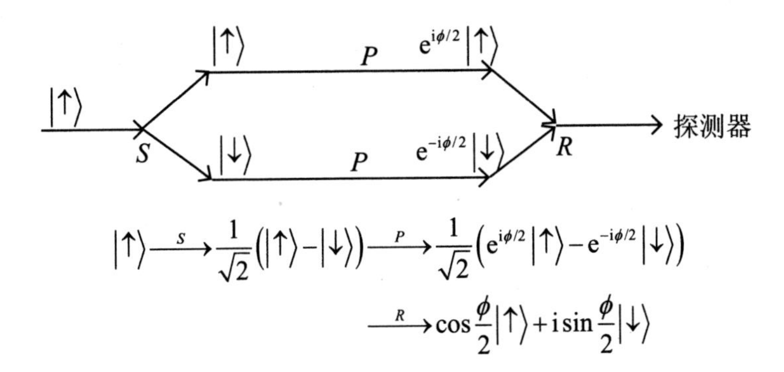

$$|\uparrow\rangle \xrightarrow{S} \frac{1}{\sqrt{2}}\left(|\uparrow\rangle - |\downarrow\rangle\right) \xrightarrow{P} \frac{1}{\sqrt{2}}\left(\mathrm{e}^{\mathrm{i}\phi/2}|\uparrow\rangle - \mathrm{e}^{-\mathrm{i}\phi/2}|\downarrow\rangle\right)$$

$$\xrightarrow{R} \cos\frac{\phi}{2}|\uparrow\rangle + \mathrm{i}\sin\frac{\phi}{2}|\downarrow\rangle$$

现在探测到$|\uparrow\rangle$的概率是由在探测器处投影到这个状态的概率给出的：$p\left(|\uparrow\rangle\langle\uparrow|,\phi\right) = \cos^2\frac{\phi}{2} = \frac{1+\cos\phi}{2}$。

这个表达式称为拉姆齐干涉图样，它将自旋向上的探测概率表示为相位差的一个函数。这种余弦模式的最大对比被定义为最大（峰）和最小（谷）概率值之间的差，称之为“可见度”。

$$V = p\left(|\uparrow\rangle\langle\uparrow|,0\right) - p\left(|\uparrow\rangle\langle\uparrow|,\pi\right) = 1 - 0 = 1$$

因此，这个例子对应了完美的可见度。

在这种情况下，两条路径相差一个相位，但在其他方面是相等的。也就是说，我们不能从干涉图样推断出自旋向上的粒子是通过上方的路径还是通过下方的路径到达探测器的。我们可以交换路径而不改变图样。这个装置是一台具有完美可见度的干涉仪，因为它不记录实际路径的信息！

纠缠降低可见度。接下来，我们研究故事情节中的最新转折（两个量子位之间的量子纠缠）产生的后果对干涉图样的影响。为此，我们让量子位 2 只沿一条路径经历一次翻转运算。翻转运算用 *WP* 表示：

$$|g\rangle \to |e\rangle,\ |e\rangle \to |g\rangle$$

$$WP = \begin{pmatrix} 0 & 1 \\ 1 & 0 \end{pmatrix}$$

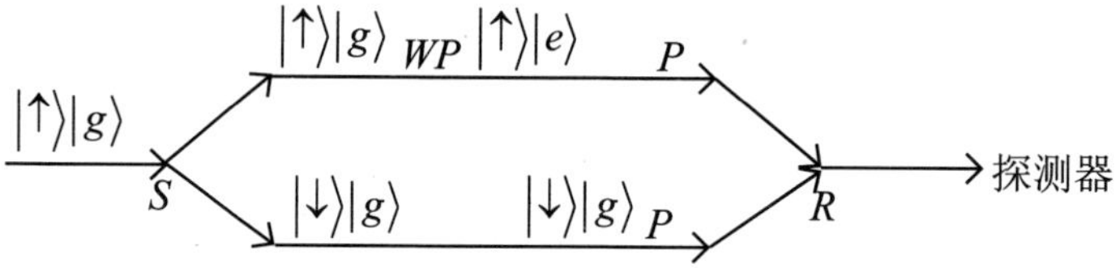

$|\uparrow\rangle|g\rangle$ WP $|\uparrow\rangle|e\rangle$ P

$|\uparrow\rangle|g\rangle$ S R 探测器

$|\downarrow\rangle|g\rangle$ $|\downarrow\rangle|g\rangle$ P

因此，WP 是一个由路径决定的算符。也就是说，它的运算对路径信息进行编码，以不同的方式标记量子位 1 的各条路径。量子位 1 处于自旋向上的状态、量子位 2 处于状态 g 这一初始积态由 WP 纠缠。在以前的设置中，该状态的整体演化如下：

$$|\uparrow\rangle|g\rangle \xrightarrow{S} \frac{1}{\sqrt{2}}\left(|\uparrow\rangle|g\rangle - |\downarrow\rangle|g\rangle\right) \xrightarrow{WP} \frac{1}{\sqrt{2}}\left(|\uparrow\rangle|e\rangle - |\downarrow\rangle|g\rangle\right)$$

$$\xrightarrow{P} \frac{1}{\sqrt{2}}\left(\mathrm{e}^{\mathrm{i}\phi/2}|\uparrow\rangle|e\rangle - \mathrm{e}^{-\mathrm{i}\phi/2}|\downarrow\rangle|g\rangle\right) \xrightarrow{R} \frac{1}{2}\Big(\mathrm{e}^{-\mathrm{i}\phi/2}\left[|\downarrow\rangle - |\uparrow\rangle\right]|g\rangle$$

$$+\mathrm{e}^{\mathrm{i}\phi/2}\left[|\downarrow\rangle + |\uparrow\rangle\right]|e\rangle\Big)$$

与量子位 2 的 g 态关联的量子位 1 的自旋向上状态明确地与下方的路径相联系。与量子位 2 的 e 态关联的量子位 1 的正交自旋向下状态与上方的路径相联系。由于它们正交，因此与这两条路径相联系的状态在探测器处不发生干涉，因此我们可以预料到不会产生干涉图样。

由于我们只观察量子位 1 的干涉，因此可见度定义在$|\downarrow\rangle$、$|\uparrow\rangle$空间，而不是对$|g\rangle$和$|e\rangle$定义的。因此，我们需要在纠缠量子态中“去除”量子位 2。这是由上面描述的求迹算符来完成的，它作用于两个系统的联

合态（用ρ表示）。这包括取$|g\rangle$和$|e\rangle$的概率之和，即对$|g\rangle$的概率幅求平方，再加上$|e\rangle$的相应概率幅的平方。由于我们是对概率求和，而不是对概率幅求和，因此很容易看出所有涉及相位因子的项都会消失。这样就得出了以下可见度：

$$p\left(|\downarrow\rangle\langle\downarrow|,\phi\right)=\left|\langle\downarrow|Tr_{eg}\rho|\downarrow\rangle\right|^2=\frac{1}{2}$$

$$V=p\left(|\downarrow\rangle\langle\downarrow|,0\right)-p\left(|\downarrow\rangle\langle\downarrow|,\pi\right)=\frac{1}{2}-\frac{1}{2}=0$$

由于与这两条路径相联系的态是正交的，因此纠缠完全擦除了干涉图样。

为了测量纠缠，我们定义可区分度这一量度，它量化了路径算符对初始状态的影响：

$$D=\sqrt{1-\left|\langle g|WP|g\rangle\right|^2}=1$$

因此，显而易见，最大可区分度对应于最小可见度。

这两种量度之间是否存在着更一般的关系？为了回答这个问题，我们将前面的纠缠翻转运算替换为一种更一般的形式，其中g和e经历以下参数变换（该变换是通过连续参数α进行的，α的物理意义将在后面讨论）：

$$|g\rangle\to\cos\alpha|g\rangle+\mathrm{i}\sin\alpha|e\rangle$$

$$|e\rangle\to\cos\alpha|e\rangle+\mathrm{i}\sin\alpha|g\rangle$$

$$WP=\begin{pmatrix}\cos\alpha & \mathrm{i}\sin\alpha\\ \mathrm{i}\sin\alpha & \cos\alpha\end{pmatrix}$$

这里，$\alpha=0°$ 意味着没有纠缠，而$\alpha=90°$ 意味着完全纠缠。于是，这一装置中的演化就获得了以下形式：

$$|\uparrow\rangle|g\rangle \xrightarrow{S} \frac{1}{\sqrt{2}}\left(|\uparrow\rangle|g\rangle-|\downarrow\rangle|g\rangle\right)$$

$$\xrightarrow{WP} \frac{1}{\sqrt{2}}\left(\left(\cos\alpha|g\rangle+\mathrm{i}\sin\alpha|e\rangle\right)|\uparrow\rangle|e\rangle-|\downarrow\rangle|g\rangle\right)$$

$$\xrightarrow{P} \frac{1}{\sqrt{2}}\left(\mathrm{e}^{\mathrm{i}\phi/2}|\uparrow\rangle\left(\cos\alpha|g\rangle+\mathrm{i}\sin\alpha|e\rangle\right)-\mathrm{e}^{-\mathrm{i}\phi/2}|\downarrow\rangle|g\rangle\right)$$

$$\xrightarrow{R} \frac{1}{\sqrt{2}}\left(|g\rangle\left(|\uparrow\rangle\left(\mathrm{e}^{\mathrm{i}\phi/2}\cos\alpha+\mathrm{e}^{-\mathrm{i}\phi/2}\right)+|\downarrow\rangle\left(\mathrm{e}^{\mathrm{i}\phi/2}\cos\alpha-\mathrm{e}^{-\mathrm{i}\phi/2}\right)\right)\right.$$

$$\left.+\mathrm{i}\mathrm{e}^{\mathrm{i}\phi/2}\sin\alpha|e\rangle\left(|\uparrow\rangle+|\downarrow\rangle\right)\right)$$

该复合态的探测概率和可区分度如下。

探测概率为：

$$p\left(|\downarrow\rangle\langle\downarrow|,\phi\right)=\frac{1}{4}\left|\left(\mathrm{e}^{\mathrm{i}\phi/2}\cos\alpha+\mathrm{e}^{-\mathrm{i}\phi/2}\right)\right|^2+\sin^2\alpha$$

$$=\frac{1+\cos\alpha\cos\phi}{2}$$

$$V=p\left(|\downarrow\rangle\langle\downarrow|,0\right)-p\left(|\downarrow\rangle\langle\downarrow|,\pi\right)=\cos\alpha$$

相应的可区分度为：

$$D=\sqrt{1-\left|\langle g|WP|g\rangle\right|^2}=\sin\alpha$$

结果是可见度（各条路径之间的干涉或量子相干性的量度）和可区别度（纠缠的量度）之间出现了一个惊人简单的关系：

$$D^2+V^2=1$$

这意味着系统与“环境”越纠缠（这里用另一个量子位表示），其量子相干性就越不明显。亨利和薛瑞德在他们的冒险中获得了 对这种关系的第一手体验。

亨利被环境退相干
离城不远的矿井中发现了量子水晶
强尼，这些水晶可以升级我的量子服！
亨利肯定会奔向矿井。我必须阻止他。
我曾把它们用在我的超级镜头里，记得吗？
将量子火箭切换到相干拉比转移。
强尼，水晶在一个很深的矿井里。没法安全地进出，我的量子火箭不可预测。
收到，强尼。

准备好这
些传感器！
我最好在伊芙的传
感器探测到我之前
开始我的相干下降。
启动拉比转移。
赞美拉比！相
干下降完成。
强尼，伊芙的传感器
阻止了我的相干返回，
我被困在半空中了。

[1] 原文是 Rage against the machine，这是 1991 年成立于美国的一支说唱金属乐队的名字，中文译名有暴力反抗机器、愤怒对抗体制等。——译注

第 9 章　什么是量子系统的环境

9.1　相干振荡和环境退相干

一种具有一些特殊量子特性的新晶体的发现，引发了亨利和伊芙这两个竞争对手之间的一场激烈斗争。他们毫无保留地想尽一切办法超越对方，以抢先得到埋藏在一个废弃的地下矿井中的这种新材料。亨利考虑使用他的量子火箭（见第 6 章）下到矿井里，夺取这种材料，然后利用火箭中储存的能量，在伊芙能够拦截他之前迅速爬出来。然而，正如他在比萨斜塔上的那次历险（见第 6 章）所展示的，量子火箭中的能量是高度不可预测的，其原因是火箭使亨利处于不同能量态的一个叠加态，而紧接着的一次测量导致了亨利随机坍缩到其中一个态。亨利事先不可能知道那是哪个态。在地下矿井中使用这样的一种不可预测的装置可不是一个好主意。

另外，正如他的那位良师益友所指出的，他的量子服的分身和复合功能执行了一个完全可预测的相干（幺正）过程，前者将亨利分身成两个叠加的态，而后者则使其复合。在这两个过程中没有不确定性，也没有进行测量。亨利由此想到了把火箭的能量传递和相干分身与复合功能结合起来的主意。他设计了一个新的控制按钮，以著名物理学家、拉比振荡的发现者 I. 拉比的名字命名（见第 9.2 节）。

亨利在进入矿井的下降过程中，借助新的拉比按钮实现相干转移，从位于矿井外的状态转换为位于矿井内的另一个具有不同势能的状态。一开始，亨利完全在矿井外，然后他逐渐地、相干地同时在矿井外和矿井内分身。在这个过程进行到一半时，他处于矿井外的量子分身和矿井内的量子分身的一个相等叠加。在这个过程结束时，亨利被完全转换为矿井内的状态。

因此，新的拉比按钮结合了能量转移功能（这使得亨利能够改变他的势能水平）以及两个状态之间的相干分身功能。火箭的能量使他可以向下或向上移动，即改变他的势能，而不是像他第一次测试他的新量子服（见第 2 章）那样，以同样的能量简单地通过两扇门。

如果我们更详细地分析这个过程，就会发现这里不仅有相干叠加在起作用，而且依赖时间的干涉也在起作用。分身按钮仅用一步就将亨利分成两个量子分身，而新的拉比按钮则与此不同，它执行的是一个连续过程。在此过程中，亨利的两个分身（状态）在矿井外发生相消干涉，在矿井内发生相长干涉，从而将亨利的叠加态逐渐引入矿井内。

亨利依靠这个拉比振荡过程先下到矿井中，然后从矿井中出来。这是因为他预计通过不断按下控制按钮，他就会在位于矿井外的状态和位于矿井内的状态之间来回振荡。为了简化控制，亨利的设计方式是这样的：按一下按钮，他就会逐渐从完全在矿井外（在适当的时候）转移到完全在矿井内，再按一下按钮，他就会慢慢地回到矿井外，这是同一个相干过程的逆过程。

然而，在这个过程中出了一些问题。第一次按下按钮时，量子服确实成功地把他带到了矿井里，他在那里夺取了量子晶体。当他试图上去时，却失败了。为什么会这样呢？原因就在于真实量子系统中的那些最基本的过程之一，即与环境相互作用产生的退相干。在我们的故事中，代表环境的是伊芙放置在矿井周围的传感器，她用它们来监视所发生的一切。不幸的是，这些装置与亨利发生了相互作用，因为它们"感觉"到了他。每一个装置的作用都好像是在测量亨利的位置。然而，由于这些传感器都是短程、低效的装置，因此它们都不能单独测量到亨利的确切位置。每个装置通过与亨利相互作用，只收集到关于亨利位置的少量信息。然而，这种相互作用对亨利有一个整体的巨大影响，其原因在第8章中讨论过，即亨利的位置逐渐与这些装置的位置发生了纠缠。然而，与亨利对薛瑞德的强纠缠相反（见第8章），亨利现在是与许多装置发生了弱纠缠。不过，作为一只非常聪明的猫，薛瑞德可以通过与它的其他量子分身重新结合来解除纠缠。在亨利目前的困境中，伊芙放置的装置太多，它们无法全部与他退纠缠，因为这需要大量的退纠缠操作！因此，亨利缓慢而不可避免地失去了他的本体，成为一个与环境纠缠的状态的一部分。

正如亨利在闯入伊芙家（见第7章）时所意识到的，成为一个纠缠态的一部分就丧失了自我干涉的可能性。这一认识现在使亨利得出结论：他不能以他进入矿井的方式离开矿井。在他从矿井里出来的路上，拉比振荡应该把亨利分成两个量子态，其中一个仍然在矿井内，而另一个在矿井外。然后这两个状态发生干涉，结果将亨利转移到矿井外。然而，由于亨利现在与传感器纠缠在一起，因此他无法发生干扰。于是，他返回矿井外的整个相干转移过程无法完成，他仍被困在从矿井中出来的路上。幸运的是，多亏强尼的朋友们粗鲁而果断的行动，伊芙的传感器失灵了，从而使亨利发生退纠缠，让他能够相干地离开了矿井。

让我们概括一下亨利对量子晶体的探索。亨利安装了一个新的拉比按钮，它将量子火箭的能量转移与分身功能结合在一起。这使他能够从一个能级转移到另一个能级——在我们的故事中是沿着矿井向下。这个过程需要满足量子相干性，因为它依赖亨利的各个态（无论是在矿井内还是在矿井外）的量子干涉。伊芙的各个传感器通过测量自己周围的环境，慢慢地与亨利纠缠在一起，因为每一个装置都微弱地与他耦合。由于有许多传感器，因此亨利最终与众多传感器高度纠缠。与这些代表环境的传感器之间的这种纠缠使亨利失去了相干性而变得经典，这使他的量子超能力毫无用处。这么多传感器的影响无法简单地消除，因为使它们分别与亨利退纠缠是一项可望而不可即的任务。亨利的这位良师益友以及他的朋友们主动使各个传感器失效，以停止它们与亨利的相互作用，从而有效地将亨利（系统）与传感器（环境）隔离开来。这种隔离使亨利能够重新激活他的拉比按钮，带着珍贵的量子晶体离开矿井。

我们的故事如何与现实世界的情景相关联？如第 8 章已详细讨论过的，系统（如原子或光子）与环境（由许多游荡着的原子或光子组成）之间的任何相互作用都会导致系统与环境发生纠缠。这种与环境中每个组成部分的相互作用很弱，由此产生非常有限的纠缠。然而，许多组成部分会和量子系统完全纠缠，使得该系统失去其量子相干性，也就是导致了环境诱导的退相干。

但是，环境和系统之间存在明显的区别吗？它们的分界线在哪里？在亨利的冒险中，二者的区别很明显：亨利是系统，而伊芙的那些传感器是环境。在实际的实验装置中，该分界线是由可控性定义的。一个系统代表了可以控制的自由度的集合，例如分裂、复合或以其他方式操纵。相比之下，环境则包含实验者无法控制或操纵的所有自由度。在第 8 章中，虽然薛瑞德与亨利纠缠在一起，从而破坏了亨利的闯入，但它仍然被认为是复杂的亨利 – 薛瑞德系统的一部分，而不是环境的一部分，因为它可以被“操纵”，使其与自身重新结合，从而使亨利恢复到一个量子相干叠加态。

在实际的实验中，原子内电子的各能级扮演了亨利的各势能状态的角色，即将较低和较高的电子能级分别类比为亨利在矿井内和矿井外。亨利的拉比振荡是由一束激光来实施的，它将能量以相干的方式传递给电子。于是，电子就在激发态（高能态）和基态（低能态）之间振荡。如果在这个过程中间关掉激光，电子就会处于激发态和未激发态的一个叠加态。事实上，电子能级间的拉比振荡是产生量子叠加态的常用实验方法之一。

9.2 环境（“浴”）中的退相干和衰变

在上一次冒险中，亨利在他的两个能态之间的相干（拉比）振荡被伊芙散布在各处的许多微小定位传感器的累积效应所阻碍。这里的大量传感器用于表示环境的一些影响。从现在开始，这些影响在量子力学中会被称为一个“浴”（bath），其原因会在后文阐明。假设这样的一个浴的许多自由度与相关系统（这里是亨利）相互作用，并可能与之纠缠，就像第 7 章中的亨利与薛瑞德那样。如第 8 章所述，在对浴的各自由度求平均值（求迹）时，这种纠缠会使系统的一个量子叠加态退相干。

这种关于退相干起源的共识掩盖了某些令人困惑和不安的问题，下面我们介绍这些问题。为了引入这一主题，我们首先讨论浴和量子系统–浴相互作用的主要特征。

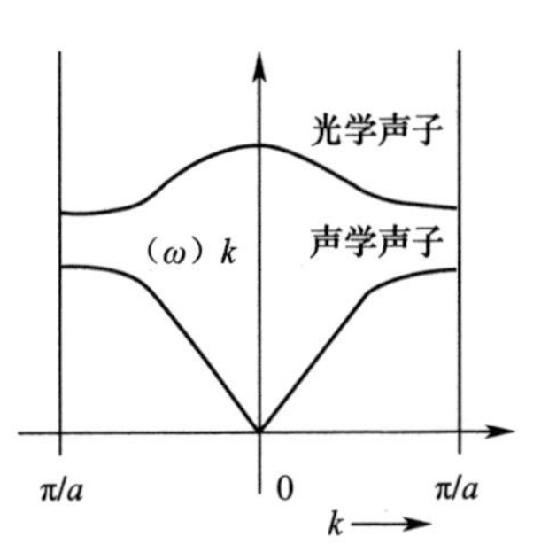

图 9.1　原子间距离为 a 的晶体中的声子谱。上下两条曲线分别表示光学声子和声学声子。

典型的固态浴是由大量微小的振子组成的，这些振子可以被视为纳米尺度的弹簧，其量子力学振荡模式被称为“声子模式”。这些模式具有几乎连续分布的能量 $\hbar\omega$ 和动量 $\hbar k$。ω 对 k 的依赖关系称为声子谱（见图 9.1），这是所讨论的固态材料的一个特征。

单位体积内具有给定 $\hbar\omega$、$\hbar k$ 的被激发振子或量子（声子）的数量由材料的温度 T 决定。单位体积的量子数依赖 T，而不依赖物质块的大小以及其他一些短暂的变化，这种独特的依赖关系是恒温器（它更为人所知的名字是热浴）的标志。一个浴被假定为如此之大，以至于它的温度是固定不变的，而不受其内部的任何微观（纳米尺度）起伏的影响。例如，不计热浴与稀疏量子系统（比如说注入固体中的量子点等杂质）的相互作用（见图 9.2）。

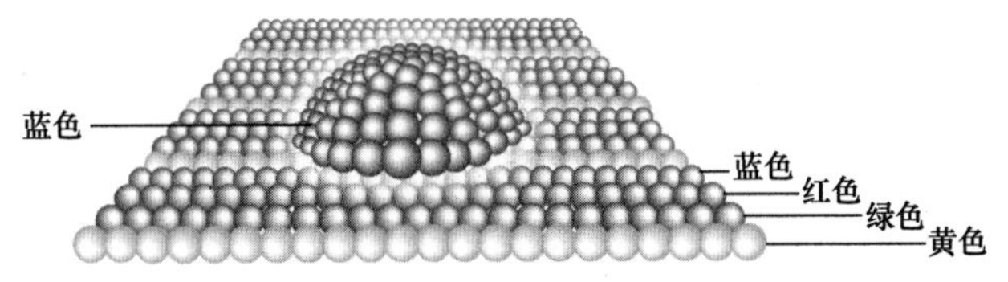

图 9.2　一个由许多杂质原子构成的量子点，它们的作用相当于一个大的人工原子（蓝色）。它们与黄色和绿色原子组成的大块固体接触，固体充当浴。

有一个类似的浴是由电磁量子或光子构成的。这个浴渗透到所有空的空间中，其中充满了来自无处不在的2.7开宇宙背景（大爆炸遗迹）辐射的微波光子，也有来自各种不同宇宙源的所有可能频率的光子。另外，还有在腔内构建的人工的、有限的电磁浴，这些浴所具有的经过设计的谱决定了它们与腔内原子的相互作用（见图9.3）。

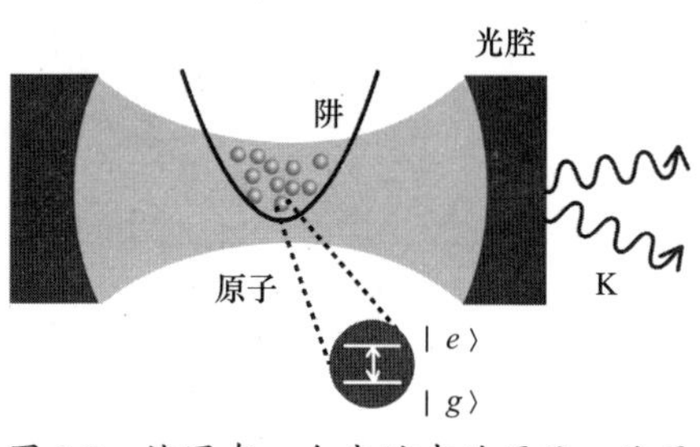

图9.3　被困在一个光腔中的原子。该原子内部能级 e 和 g 之间的能量间隔是 $\hbar\omega$，这个原子与光腔内的一个光子模式浴相互作用，而这些光子模式与该原子的能量间隔近似共振。

还有一种常见的情况是用一种“缓冲气体”充当热浴，因为它的稀有气体原子与构成系统的“目标气体”原子或分子随机地发生碰撞。碰撞率和在缓冲气体中的能态占据率取决于缓冲气体的压强和温度（见图9.4）。

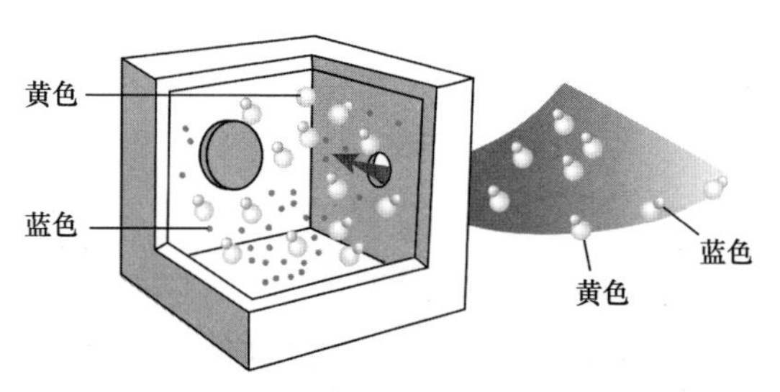

图9.4　小室中的缓冲气体浴。目标气体分子（黄色）与稀有气体（作为缓冲气体）原子（蓝色）随机碰撞。

上述关于浴和系统–浴相互作用的描述起源于19世纪麦克斯韦、玻尔兹曼和吉布斯创建的气体统计（经典）理论（见第8章）。20世纪

30年代到50年代，许多杰出的物理学家将这种理论移植到量子力学领域，其中有苏联的L. 朗道，德国的V. 魏斯科普夫（后移居美国）、E. 温格、H. 贝特，日本的久保，美国的F. 布洛赫、U. 法诺、R. 茨万兹希和P. 安德森。

这里的问题是：这种相互作用在什么条件下通过什么方式使系统和浴发生纠缠，从而使系统状态退相干？答案是下列效应之一必须实现。

1. 近热平衡的量子交换

系统与浴交换能量量子 $\hbar\omega$，间歇性地吸收和发射基本的浴－激发（例如声子或光子）。系统和浴最终达到热平衡状态，此时这两个过程各自的速率“平衡”在浴的温度 T（见图9.5）。这些都是随机的、不相干的过程。从量子力学的角度来说，这种随机性的产生是因为（见第8.1节、第8.2节和第9.1节）这些过程涉及的浴的各个态被平均了（求迹）。从经典角度来说，如果我们假设浴的振子的相位是随机的，就可以得到这种随机性。结果是一样的：浴破坏了系统中的相干振荡。这是一种常见的退相干，称为固有退相。

这种退相干被认为是不可逆的。为了消除它，据推测，我们既需要知道系统的各相位，又需要知道浴振荡的各相位，这与它们假定的随机性相矛盾。第12章将说明有一种方法可以规避这种不可逆性。不过，让我们暂时接受这一不可逆性的令人信服的理由是这种不可逆性符合热力学的要求。假定系统在给定的时刻处于相干振荡状态，即不处于

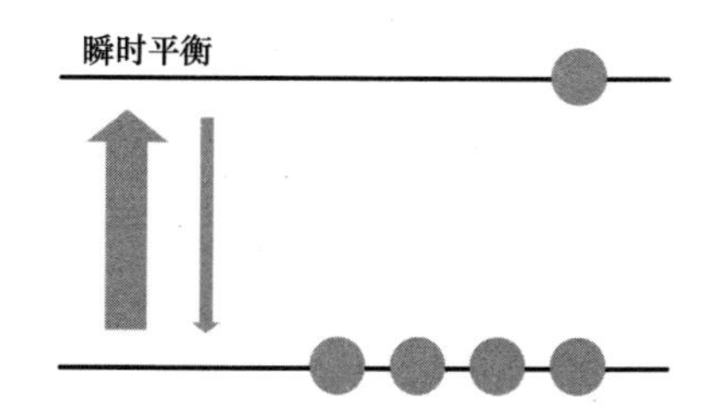

图9.5　温度为 T 时，二能级系统中量子吸收和发射速率之间的瞬时（“详细”）平衡。箭头的粗细表示速率的大小。圆的数量表示每个能级上的布居数或占据概率。在该图中，低能级的布居数是高能级的布居数的4倍。

热平衡状态（因为处于热平衡状态时，相位完全随机）。根据德国的 R. 克劳修斯在 1850 年左右提出的热力学第二定律，一个非平衡系统必须通过增加该系统和浴的总熵来向平衡方向演化，但是浴由于太大而无法改变，总是处于平衡状态，因此只有该系统的熵增大了。用热力学术语来说，该过程实质上是*热交换*，定义为系统与浴之间能量和熵的同时交换。因此，前文讨论过的那些发射和吸收的基本行为必定会引起不可逆的退相干。

2. 自发发射

当系统与一个空的浴接触时，也就是说在 $T = 0$ 时，图像就会发生变化。在没有要吸收的量子的情况下，如果系统的激发态最初以某种概率填充，那么该系统就只能向浴中发射量子（见图 9.6）。这种"自发发射"是一种独特的量子力学效应。尽管一个经典的受激系统（例如一个具有可感知能量的振子）不稳定，但除非受到外力推动，否则不会将其能量释放给一个空浴。相比之下，从量子力学角度来看，自发发射会导致系统各激发态的布居数衰变到最低态（基态）。每当这样的衰变使系统的一个叠加态中的概率幅之比发生改变和扭曲时，结果就是退相干，就像前面讨论的有限温度的那种情况一样。但是，总的来说，衰变和退相干并不是密不可分的。

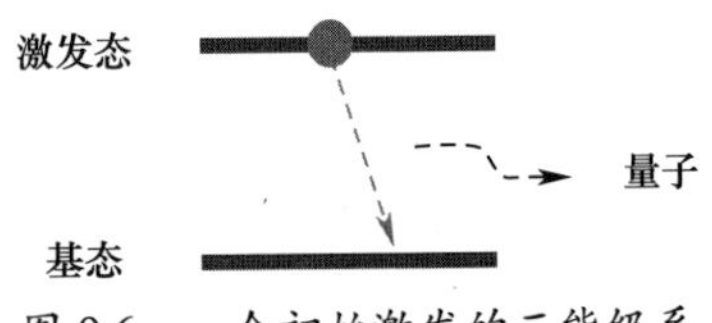

图 9.6　一个初始激发的二能级系统的量子自发发射。

3. 浴诱导能量转移

系统的能级可能会因与浴的相互作用而发生明显变化，但不会改变能级的布居数。这种能级变化可能是系统与浴量子的软碰撞所造成的结果，其中浴量子的能量与系统能级之间的跃迁远未达到共振，这就抑制了浴与系统之间的能量交换，从而抑制了布居数衰减，但有可能使系统的能级发生微小改变。由于系统的不同能态可能会被浴移动不同的量，因此这些态的一个叠加可能会累积成随机相位改变，这些相位改变是它们各自的能量改变幅度和时间的乘积，从而导致退相干（见图 9.7）。

浴诱导退相干确实无处不在。几乎不可能找到与环境如此隔绝的量子系统，以至于它们实际上“永远存在于”相干叠加态或多体纠缠态中。这些状态的相关寿命通常太短，不足以完成任何依赖其相干或纠缠的预期任务，除非采取特别措施来延长这一寿命（见第 10 章）。

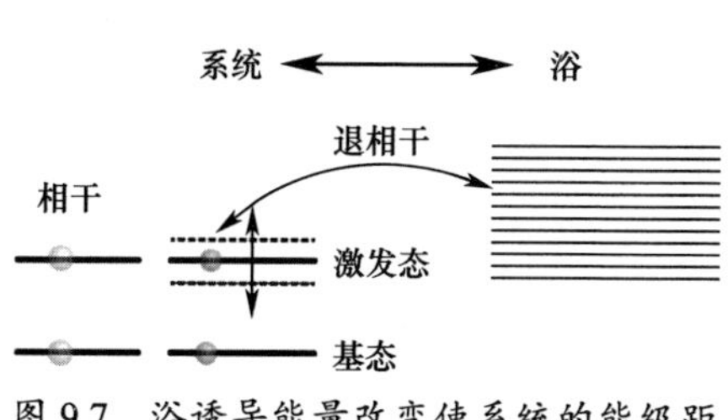

图 9.7 浴诱导能量改变使系统的能级距离随机化，从而导致退相干。

相比之下，量子系统激发态的浴诱导衰变通常是实现预期任务的较小障碍。因此，放射性物质不稳定能级的衰变（这种衰变是通过耦合到多个通道或浴而发生的一种自发发射形式）是不可避免的（见第 11 章），但最终可能达到亚稳能级，其寿命足以达到我们的目的。被电子激发的原子和分子的光子的自发发射也是如此，这种发射可以使它们处于一些长寿命状态。更长的寿命表征了原子和分子的那些能级，它们自发发射出频率更低的电磁辐射，例如红外或微波光子，或固体中通过声子发射的发生衰变的振动激发态。尽管如此，操纵一个量子系统的任何衰变状态的寿命仍然有着强大的推动力。虽然这项任务的完成直到最近才看到可能性，但如第 10 章所述，目前它已有了良好的可行性前景。

上述浴诱导退相干和衰变的图像已经被大量的实验和计算所证实。不过，一个重要的概念上的障碍仍然存在：系统和浴之间的界线应画在哪里？虽然我们将在第 9.3 节中讨论这个问题，但在这里举个例子可以表明其令人不安的本质。考虑由一个原子与一些腔光子相互作用所构成的复合系统（见图 9.3）。原子通常被视为一个开放的、不可逆的衰变和/或退相干系统，而这些腔光子则被视为一个电磁浴，它可以与外界（另一个无限大的电磁浴）微弱地耦合。这个复合系统也可以被视为接近封闭状态（除了与外界有弱耦合之外）——包括所有原子和光子自由度的一个“缀饰原子”。与任何封闭的、未受干扰的系统一样，它的“缀饰”态必须始终保持相同的纯度或熵，其总能量不得改变。跟踪所有自由度所带来的困难可能会令人望而却步，因为不可逆性和可逆性之间的界线不是刚性的，而是一个视情况而定的问题。

9.3 不可逆性与时间之箭

量子力学的幺正性保证了它在时间反演下的对称性：按照时间反演的顺序进行演化，最终状态和初始状态就会互换，我们的过去和未来也是如此。另外，衰变和退相干是与一个浴接触的“开放”量子系统的不可逆演化的表现。被浴诱导退相干或衰变破坏的开放系统的一个相干叠加态不能通过时间反演而恢复，因为该过程是非幺正的，涉及对浴求迹或忽略浴（见本章附录和第 9.2 节）。“封闭”系统和“开放”系统的演化之间的差异在数学上是清晰的，但在物理上是模糊的。如果对这种差异而言重要的只是哪些浴态应该被忽略，那么系统和浴自由度之间的划分就变成了一件视方便程度而定的事情。随着实验能力和计算能力的提高（见第 15 章），我们将能够在感兴趣的量子系统中包括越来越多的浴模式和衰变/退相干通道，从而将其从“开放”变为“封闭”。

在过去的几十年里，美国的 W. 茹雷克一直在为浴在诱导不可逆性方面的作用提出越来越有力的实例。根据茹雷克的说法，环境就像一个度量计，使相干性在大的时空尺度上不复存在。物体越复杂，其量子态退相干就越快。不过，茹雷克的观点面临着与上面提出的观点相似的反对意见。茹雷克假设环境 / 浴会选择长寿命（“指针”）态的混合，而初始态会退相干到这些态，但在这种选择中往往存在着很大的任意性，而远非一般情况。

无论这个难题的解决方案是怎样的，都可以对以下共识提出更根本的反对意见。大家的共识是，导致热平衡的不可逆性是封闭的多体量子系统所固有的，尽管这些系统具有幺正性。这种共识可以追溯到冯·诺依曼于 1929 年提出的那个难以理解的拟设（即没有证据的断言，此后被称为本征态热化假说）。根据这一假说，无论一个典型的可观测量的初始值如何，它最终都必须与其在热平衡情况下的对应变得无法区分。看似可逆的演化如何产生不可逆性？正如美国的 M. 思雷德尼奇在 20 世纪 90 年代所明示的，证明本征态热化假说的一种可能方法是假设我们观测上的一些局限等同于幺正演化的粗粒化。也就是说，我们无法探究高度复杂系统的各相干叠加态之间异常快速的振荡。在宏观系统中，这些振荡可能具有接近时间存在极限（普朗克时间，见第 6 章）的周期。因此，无论我们的实验能力如何，这些振荡都可能毫无意义。令人惊讶的是，最近的实验和计算表明，即使是中等数量的粒子，我们也可以忽略这种相干振荡。因此，似乎本征态热化假说是普遍成立的。

本征态热化假说有一个值得注意的例外：即使高度复杂的系统也能在长时间内显示其量子性。如果用整数 $n = 1, 2, \cdots, N$ 枚举的这种系统的态的能量 $\hbar\omega_n$ 都是彼此的倍数（用数学术语来说是有公度的），那么在某些特定时刻，在这样的态形成的任意初始叠加之中，与这样的态的振荡相关的、依赖时间的相位都变得相同了（见本章附录）。也就是说，初始叠加态恢复了，并且可逆性也恢复了，至少在瞬间是这样的。这种行为表明，量子性或正交性潜伏在看似平衡的量子系统的表面之下，这与人们普遍认为的不可逆性相反。奥地利的 J. 施密德梅尔最近对被困在一个盒形势中的数千个超冷原子进行了实验，这个势允许具有公度量化的能量，结果证实了这种引人注目的量子效应。

尽管这种恢复源于量子，但它类似于法国的 H. 庞加莱在 1895 年对任意大的经典粒子系统所预言的一般类型的恢复。由于经典（牛顿）力学在时间反演下具有对称性（就像量子力学一样），因此庞加莱认为，不可避免地会出现某一时刻，此时所有粒子的位置和动量都与初始时相同，即整体状态得以恢复。庞加莱用此论点来表明玻尔兹曼的 H 定理不可信。根据 H 定理，一个由气体粒子组成的大系统的熵（无序）会不断增加，直至达到热平衡为止。这是热力学第二定律的一个微观佐证。不仅是庞加莱，玻尔兹曼的朋友和同事洛施密特也通过提出“回声”（echo）的想法来抵制 H 定理。他说，无论支持熵增加的论据是什么，只要使粒子全部在其轨道上绕转，那么这些论据就可以逆转。玻尔兹曼反驳说：“你为什么不试试这样做呢？”这意味着这样的壮举是不可能完成的。但是实际上，如第 12 章所示，至少在某些系统中，洛施密特的回声被证明是可行的。

由于庞加莱和洛施密特的反对，20 世纪初人们一致反对玻尔兹曼的气体理论，这引发了他在 1905 年自杀的念头。如果他知道那一年爱因斯坦发表了布朗运动理论，其中将他的气体理论视为理所当然，那么他的悲剧性死亡也许就是可以避免的。现在已经很清楚的是，如果不假设对实验上无法达到的时间尺度进行粗粒化，那么在一个大系统达到平衡之前，无论它是经典系统还是量子系统，它的熵随时间的增加就无法推断出来。

前面提到的“赞成与反对”不可逆的论点，对于这个基本问题的微妙之处来说只是窥豹一斑。20 世纪 30 年代，当英国的 A. 爱丁顿杜撰出“时间之箭”这一措辞来表明热力学和统计物理学支持这一论断时，潮流开始转向不可逆性。我们的日常经验也支持这一论断：洒出的牛奶不会自己聚在一起回到杯子里，打碎的玻璃不会重新形成一个瓶子，等等。但是我们可以从原则上排除这种不太可能发生的过程吗？如果可以，那么原因又是什么？这个基本问题仍在争论之中。

当前的问题不仅仅是学术上的，它确实可能是一件生死攸关的事情。所有生物从生到死的转变，都可以用代谢活动停止后熵的增加来描述。这种生物过程是否就像上面讨论的衰变过程一样存在着一些量子特征？

我们无法在量子水平上监测活的生物体内的新陈代谢，因此目前尚无定论。不过，有人（有点推测性地）认为生物学可能涉及量子性。这种猜测是很有趣的。如果这一点得到证实，则意味着即使潮湿、温暖的环境（浴的缩影）事实上对于新陈代谢来说也是必不可少的，但是生物体在演化过程中仍可能发展出能复原且不易退相干的量子形式。

摇摇欲坠的世界

无休止的退相干过程
将无序四处散播，
使宇宙的结构逐渐枯竭，
擦除每一丝干涉。
啊，时间之箭迅速飞逝。

世界正在变老，看不到希望，

因为量子性注定会垮台，它必定会衰亡！

但这个时钟能否停止？也许吧！

附录：相干（拉比）振荡和衰变

本附录以先前遇到的那些概念为基础，从数学上描述一个受驱动量子系统中的相干（拉比）振荡，以及这种振荡由系统与环境的纠缠引起的衰变，正如亨利的这一次冒险所显示的那样。

亨利加到他的量子服上的这个新的拉比按钮扩展了以前的分身和复合功能，它还集成了量子火箭的操作功能。第 6 章说过，火箭的作用允许能量转移，而这对于亨利现在的目的来说是必需的，但同时也构成了一个逐渐改变亨利状态的动态过程。为此，我们必须使用著名的薛定谔方程，它描述了量子态的动态变化。

$$H\left|\psi\right\rangle = \mathrm{i}\hbar\left(\mathrm{d}\left|\psi\right\rangle\right)/\,\mathrm{d}t$$

在现在的情况下，描述改变动力学的算符的哈密顿量就是拉比算符，$H = V\sigma_x$，其中 V 表示该算符的大小或强度，而 σ_x 是 x– 泡利算符，它具有（现在我们已经熟悉了的）矩阵形式，即 $\sigma_x = \begin{pmatrix} 0 & 1 \\ 1 & 0 \end{pmatrix}$。因为它分别作用在亨利在地面上的状态（以下简称地面态）$\left|\uparrow\right\rangle$ 和在矿井里的状态（以下简称矿井态）$\left|\downarrow\right\rangle$ 构成的基上，因此拉比按钮将亨利从地面态移动到矿井态。在薛定谔方程中，亨利的状态一般可以扩展到两个可能的位置：

$$\left|\psi(t)\right\rangle = a_{1\uparrow}(t)\left|\uparrow\right\rangle + a_{1\downarrow}(t)\left|\downarrow\right\rangle$$

这里需要亨利的状态对时间的依赖关系，因为我们正在讨论的是亨利试图下到矿井里的动力学。在薛定谔方程中代入哈密顿量和亨利的最一般状态，结果是：

$$Va_{\uparrow}(t)|\downarrow\rangle + Va_{\downarrow}(t)|\uparrow\rangle = \mathrm{i}\hbar\frac{\mathrm{d}a_{\uparrow}(t)}{\mathrm{d}t}|\uparrow\rangle + \mathrm{i}\hbar\frac{\mathrm{d}a_{\downarrow}(t)}{\mathrm{d}t}|\downarrow\rangle$$

这里，由 σ_x 支配的哈密顿量交换了左边的状态，即 $|\uparrow\rangle \Leftrightarrow |\downarrow\rangle$。

上面关于所有状态（这里是两个状态）的概率幅的动态方程看起来很复杂。本附录中至关重要的新见解是，这个烦琐的复合方程可以分解为一组简单的动力学方程——每一个正交态给出一个方程。于是，由上述方程得出以下耦合方程组：

$Va_{1\uparrow}(t)=\mathrm{i}\hbar\left(\mathrm{d}a_{1\downarrow}(t)\right)/\mathrm{d}t$　　对应于　　$|\downarrow\rangle$（矿井态）

$Va_{1\downarrow}(t)=\mathrm{i}\hbar\left(\mathrm{d}a_{1\uparrow}(t)\right)/\mathrm{d}t$　　对应于　　$|\uparrow\rangle$（地面态）

可以看出，这两个方程是耦合在一起的，因此需要联立求解。对上面的方程取微分，我们得到：

$$\frac{\mathrm{d}}{\mathrm{d}t}Va_{\uparrow}(t) = \frac{\mathrm{d}}{\mathrm{d}t}\mathrm{i}\hbar\frac{\mathrm{d}a_{\downarrow}(t)}{\mathrm{d}t}$$

$$V\frac{\mathrm{d}a_{\uparrow}(t)}{\mathrm{d}t} = \mathrm{i}\hbar\frac{\mathrm{d}^2a_{\downarrow}(t)}{\mathrm{d}t^2}$$

$$V\frac{V}{\mathrm{i}\hbar}a_{\downarrow}(t) = \mathrm{i}\hbar\frac{\mathrm{d}^2a_{\downarrow}(t)}{\mathrm{d}t^2}$$

最终得到下面这个二阶微分方程（请记住，$\mathrm{i}^2=-1$）：

$$\left(\frac{V}{\mathrm{i}\hbar}\right)^2 a_{\downarrow}(t) = \frac{\mathrm{d}^2a_{\downarrow}(t)}{\mathrm{d}t^2}$$

$$-\left(\frac{V}{\hbar}\right)^2 a_{\downarrow}(t) = \frac{\mathrm{d}^2a_{\downarrow}(t)}{\mathrm{d}t^2}$$

这个方程的解是一个振荡函数，它的形式为正弦或余弦，这取决于初始条件。由于亨利是从地面开始的，因此他的状态由以下拉比振荡给出：

$$\left|\psi(t)\right\rangle = a_{1\uparrow}(t)\left|\uparrow\right\rangle + a_{1\downarrow}(t)\left|\downarrow\right\rangle = \cos(\Omega t)\left|\uparrow\right\rangle + \sin(\Omega t)\left|\downarrow\right\rangle$$

其中，概率幅的振荡（拉比）频率由 $\Omega = V/\hbar$ 给出。在 $t = 0$ 时，亨利的状态完全是地面态，此时 $\cos 0=1$。他的状态逐渐转变成在 $\Omega t = \pi/4$ 时处于地面态和矿井态相等的一个完全叠加态，因为这时 $\cos(\pi/4) = \sin(\pi/4) = \sqrt{2}/2$。$\Omega t = \pi/2$ 时的状态对应于完全在矿井里，此时 $\sin(\pi/2) = 1$，$\cos(\pi/2) = 0$。如果亨利在相同的时间里继续他的拉比振荡，那么他就会回到地面（地面态的前面有负号）。这种拉比振荡代表了相干动力学，从它在两个态之间周期性切换的意义上来说，它既是确定的又是振荡的。

图 9.8 描述了这种相干振荡背后的基本物理学原理。根据这个示意图，亨利从地面开始，在拉比算符的作用下逐渐处于地面态和矿井态的一个叠加态。然后，同样的拉比算符作用于这个叠加态，将那两个态翻转。于是问题来了：为什么亨利没有因为这次翻转而回到地面上来？答案是：他的两个二态振幅具有要么相同要么相反的符号，它们发生了干涉。这一动力学过程有两条通道：地面亨利的一部分留在原地，而另一部分下到矿井里；同样，矿井亨利的一部分留在矿井里，而另一部分回到地面上。这两条通道发生干涉，因为它们包含相同的态。在振荡的下行阶段，地面亨利的通道中存在相消干涉，而矿井亨利的通道中存在相长干涉，而且这种相消干涉将亨利的大部分振幅移到矿井里。如果亨利能继续振荡，上述过程就会发生逆转，一个通道中的相消干涉将变成相长干涉，而另一个通道则相反。

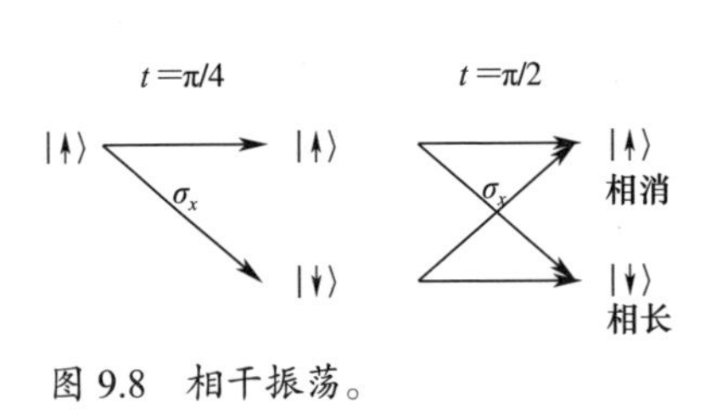

图 9.8　相干振荡。

现在让我们考查一下亨利在找到水晶后试图回到地面上的努力。如果不是伊芙对亨利的行动进行干预，他就可以重新激活拉比按钮，从而恢复他的相干转移。然而，伊芙的各个传感器已经开始与亨利发生纠缠，从而影响了亨利的动力学。这将在后文中进行解释。这些传感器具有状态$|0\rangle$（表示没有探测到）与状态$|1\rangle$（表示探测到）。

让我们先考虑只有一个传感器的情况。于是，亨利和传感器的完整状态的最一般形式由下式给出：

$$
\begin{aligned}
|\psi(t)\rangle = {} & a_{1(\uparrow 0)}(t)|\uparrow\rangle|0\rangle + a_{1(\downarrow 0)}(t)|\downarrow\rangle|0\rangle \\
& + a_{1(\uparrow 1)}(t)|\uparrow\rangle|1\rangle + a_{1(\downarrow 1)}(t)|\downarrow\rangle|1\rangle
\end{aligned}
$$

我们知道，如果考虑到拉比算符只作用于亨利的态，就可以写出这个耦合态的完整动力学（薛定谔）方程：

$$
\begin{aligned}
& Va_{1(\uparrow 0)}(t)|\downarrow\rangle|0\rangle + Va_{1(\downarrow 0)}(t)|\uparrow\rangle|0\rangle + Va_{1(\uparrow 1)}(t)|\downarrow\rangle|1\rangle \\
& + Va_{1(\downarrow 1)}(t)|\uparrow\rangle|1\rangle = \mathrm{i}\hbar\left(\mathrm{d}a_{1(\uparrow 0)}(t)\right)/\mathrm{d}t|\uparrow\rangle|0\rangle \\
& + \mathrm{i}\hbar\left(\mathrm{d}a_{1(\downarrow 0)}(t)\right)/\mathrm{d}t|\downarrow\rangle|0\rangle + \mathrm{i}\hbar\left(\mathrm{d}a_{1(\uparrow 1)}(t)\right)/\mathrm{d}t|\uparrow\rangle|1\rangle \\
& + \mathrm{i}\hbar\left(\mathrm{d}a_{1(\downarrow 1)}(t)\right)/\mathrm{d}t|\downarrow\rangle|1\rangle
\end{aligned}
$$

现在的这组方程由四个方程给出——每个正交态给出一个方程。

$$Va_{1(\uparrow 0)}(t)=\mathrm{i}\hbar\left(\mathrm{d}a_{1(\downarrow 0)}(t)\right)/\mathrm{d}t \qquad \text{对应于} \qquad |\downarrow\rangle|0\rangle$$

$$Va_{1(\uparrow 1)}(t)=\mathrm{i}\hbar\left(\mathrm{d}a_{1(\downarrow 1)}(t)\right)/\mathrm{d}t \qquad \text{对应于} \qquad |\downarrow\rangle|1\rangle$$

$$Va_{1(\downarrow 0)}(t)=\mathrm{i}\hbar\left(\mathrm{d}a_{1(\uparrow 0)}(t)\right)/\mathrm{d}t \qquad \text{对应于} \qquad |\uparrow\rangle|0\rangle$$

$$Va_{1(\downarrow 1)}(t)=\mathrm{i}\hbar\left(\mathrm{d}a_{1(\uparrow 1)}(t)\right)/\mathrm{d}t \qquad \text{对应于} \qquad |\uparrow\rangle|1\rangle$$

检查这些方程，可以清楚地发现在$|0\rangle$和$|1\rangle$这两个态之间不存在耦合。没有耦合这一结果是因为有几种情况需要考虑。第一种情况是，如果亨利完全没有被探测到，也就是说他一开始与$|0\rangle$相关联并持续下去，所论情况就变得和他向下转移完全一样，于是他就可以相干地回到地面上去。

第二种有趣的情况是，当亨利处于一个完全叠加态时，他与传感器突然发生了纠缠。也就是说，刚过 $\Omega t = \pi/4$ 这一时刻，探测器就从 0 翻转到 1，这一翻转只针对地面亨利。这种因为与传感器纠缠而发生的“探测”通过完整态的以下变化来描述。

$$\sqrt{1/2}\,|\uparrow\rangle|0\rangle+\sqrt{1/2}\,|\downarrow\rangle|0\rangle=\sqrt{1/2}\,|\uparrow\rangle|1\rangle+\sqrt{1/2}\,|\downarrow\rangle|0\rangle$$

如果亨利继续按拉比按钮，就会展现一个戏剧性的事件：亨利的地面分身和矿井分身会完全解耦。换言之，它们会分开演化，这是因为亨利与传感器的纠缠导致他的两个分身不发生干涉了。$\Omega t = \pi/2$ 时的状态变成：

$$|\psi(t=\pi/2\Omega)\rangle=1/2|\uparrow\rangle|0\rangle+1/2|\downarrow\rangle|0\rangle+1/2|\uparrow\rangle|1\rangle+1/2|\downarrow\rangle|1\rangle$$

这里，由于探测到的和未探测到的部分分开演化，因此等号右边的前两项来自未探测到的$|0\rangle$部分的演化，而最后两项则是由于探测到的$|1\rangle$部分的演化而出现的。现在亨利有 50% 的机会既在地面上又在矿井里，而不是完全确定在地面上。后者是在他与伊芙的传感器退纠缠的情况下出现的。整个过程如图 9.9 所示。

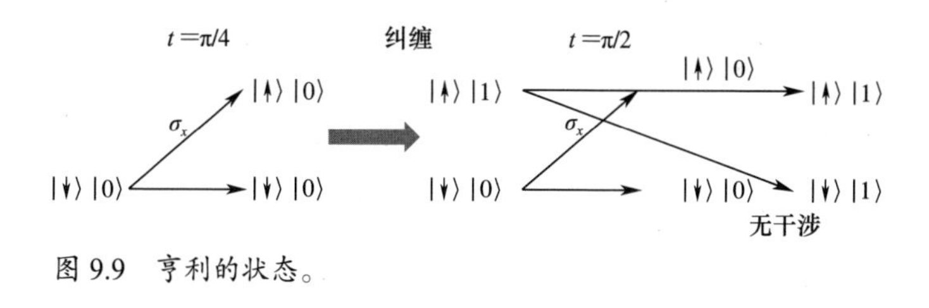

图 9.9　亨利的状态。

我们已经表明了一个量子系统的两个态之间由它们的外部驱动的哈密顿量引起的相干转移会导致拉比振荡，这是转移时间的正弦或余弦函数。这种振荡表现为两条通道之间的干涉，而这两条通道对应于两个不同的结果——保持初始状态或转移到另一个正交态。如果该系统（在这里是亨利）与一个外部系统纠缠，那么这一过程就会完全改变，这个外部系统在后文中会被称为环境（这里被称为传感器）。于是，在这种情况下，相干性消失，而通道之间的干涉也就不可能再持续下去了。这种因为与环境相互作用而发生的过程称为退相干。

在亨利的例子中，不是一个传感器与他发生强相互作用（这将导致二者发生完全纠缠），而是有许多发生弱相互作用的传感器，其中每个传感器都只与亨利发生轻微的纠缠。使这种情况复杂化的是，在弱纠缠之后有许多解耦的通道，每个传感器有一个通道，它们分别独立演化。

为了探索这种多通道场景的后果，我们引入一个非常重要的、到现在为止几乎一直被忽略的（除了第 6 章）扭转局面的关键因素，即所涉及的态之间的能量差。假设亨利在地面上和矿井中的状态具有不同的能量，把矿井亨利的能量取为 0，而地面亨利的能量取为 $E_{上} = \hbar\omega_{a}$。于是，表示整个系统能量的哈密顿量就由下式给出。

$$H = \hbar\omega_{a} |\uparrow\rangle\langle\uparrow|$$

再次应用薛定谔方程，得到：

$$\hbar\omega_a a_\uparrow(t)\left|\uparrow\right\rangle = \mathrm{i}\hbar\frac{\mathrm{d}a_\uparrow(t)}{\mathrm{d}t}\left|\uparrow\right\rangle$$

这个简单微分方程的解是 $a_\uparrow(t) = \mathrm{e}^{-\mathrm{i}\omega_a t}a_\uparrow(0)$。这一结果表明，较高（地面）态的多余能量只是在态的概率幅中引入了一个振荡相位。由于 $\left|\mathrm{e}^{-\mathrm{i}\omega t}\right| = 1$，因此这意味着概率不受振荡的影响。

让我们回顾一下亨利开始与大量传感器发生弱耦合的场景，现在假设每个传感器都有自己的能级。具有能量 $\hbar\omega_j$ 的传感器 j 用态 $\left|0\right\rangle_j$ 和 $\left|1\right\rangle_j$ 来表示。由于所有传感器都如此微弱地与亨利耦合，因此两个或更多传感器探测到他的可能性非常小，以后将被忽略。这样，亨利和传感器的完整状态可描述为：

$$\left|\psi(t)\right\rangle = a_{\uparrow 0}(t)\mathrm{e}^{\mathrm{i}\omega_a t}\left|\uparrow\right\rangle\left|0\right\rangle + a_{\downarrow 0}(t)\left|\downarrow\right\rangle\left|0\right\rangle + \sum\nolimits_j a_{\uparrow j}(t)\mathrm{e}^{\mathrm{i}(\omega_a+\omega_j)t}\left|\uparrow\right\rangle\left|1\right\rangle_j + a_{\downarrow j}(t)\mathrm{e}^{\mathrm{i}\omega_j t}\left|\downarrow\right\rangle\left|1\right\rangle_j$$

亨利与各个传感器之间的相互作用可以用一个简单的哈密顿量来表示，它类似于前面提到的哈密顿量 σ_x。这个哈密顿量导致从一种态到另一种态的转移，同时遵循能量守恒定律。也就是说，如果一个传感器被激发到其较高的能态，那么亨利就必须将其能量降低到 $\left|\downarrow\right\rangle$，反之亦然。这个算符的形式是：

$$H_{\mathrm{int}} = \sum_j \mu_j\left(\left|\downarrow\right\rangle\left\langle\uparrow\right|\left|0\right\rangle_j\left\langle 1\right| + \left|\uparrow\right\rangle\left\langle\downarrow\right|\left|1\right\rangle_j\left\langle 0\right|\right)$$

这里的 μ_j 是第 j 个传感器与亨利之间的相互作用的强度。等号右边的第一项表明，地面亨利失去能量，这些能量传递给了他的矿井态。与此同时，探测到了他的那些传感器爬升到了它们的较高的能态。等号右边的第二项具有相反的效果，即亨利的能量传递给他的地面态，同时传感器失去能量。如果要求哈密顿量是幺正的，那么第二项就是强制性的，也就是说没有任何一个转移方向优于其相反方向。

通过这种相互作用，能量从一个系统转移到另一个系统，在这里是从亨利转移到各个传感器，或者反过来。正如对 j 的求和所表明的，这种能量转移有许多通道——和传感器一样多。

根据薛定谔方程，我们得到以下方程组：

$$\frac{\mathrm{d}a_{\uparrow 0}(t)}{\mathrm{d}t} = -\mathrm{i}\hbar^{-1}\sum_j \mu_j \mathrm{e}^{\mathrm{i}(\omega_\mathrm{a}-\omega_j)t} a_{\downarrow j}$$

$$\frac{\mathrm{d}a_{\downarrow j}(t)}{\mathrm{d}t} = -\mathrm{i}\hbar^{-1}\mu_j \mathrm{e}^{-\mathrm{i}(\omega_\mathrm{a}-\omega_j)t} a_{\uparrow 0}$$

请注意，由于能量守恒，$a_{\downarrow 0}$ 和 $a_{\uparrow j}$ 不在其中出现。$a_{\downarrow 0}$ 的能量为零，这是不能改变的，而 $a_{\uparrow j}$ 具有最大能量 $\hbar(\omega_\mathrm{a} + \omega_j)$，并且没有失去它的通道。与前面场景中的耦合方程相比，这里的方程存在许多时间依赖性。尽管有这些多重性，但是我们可以对第二个方程积分，并将它代入第一个方程。这将导致：

$$\frac{\mathrm{d}a_{\uparrow 0}(t)}{\mathrm{d}t} = \int_0^t \mathrm{d}t' \mathrm{e}^{\mathrm{i}\omega_\mathrm{a}(t-t')} \sum_j \hbar^{-2}\mu_j^2 \mathrm{e}^{-\mathrm{i}\omega_j(t-t')} a_{\uparrow 0}(t')$$

一般来说，这是一个不可解的积分 – 微分方程。为了解这个方程，我们将做几个简化它的假设。第一个假设是 $a_{\uparrow 0}(t')$ 只随时间缓慢变化，这基于各个传感器与亨利弱耦合这一事实。这个假设使我们能够将 $a_{\uparrow 0}(t')$ 移到积分外面，从而得到下面这个极为简单的方程。

$$\frac{\mathrm{d}a_{\uparrow 0}(t)}{\mathrm{d}t} = -R(t)a_{\uparrow 0}(t)$$

其中

$$R(t) = \int_0^t \mathrm{d}t' \mathrm{e}^{\mathrm{i}\omega_a(t-t')} \sum_j \hbar^{-2} \mu_j^2 \mathrm{e}^{-\mathrm{i}\omega_j(t-t')}$$

第一个方程现在是一个简单的衰变方程，即概率幅 $a_{\uparrow 0}(t)$ 简单地以速率 $R(t)$ 衰变（减小到零）。虽然 $R(t)$ 看起来仍然很复杂，但这种分析带来的信息相当简单。每当亨利试图回到他的地面态时（其概率由 $|a_{\uparrow 0}(t)|^2$ 给出），他与许多传感器之间的能量守恒使他以速率 $R(t)$ 返回到矿井里。换言之，这些弱耦合传感器使亨利衰变回他的较低能态。因此，亨利失去能量的许多方式将不可避免地导致他“衰变”回矿井里。我们将在后面的章节中讨论 $R(t)$ 的结构及其意义。

在现实世界中，环境是由许多微观或纳米尺度的系统组成的，这些系统不断地与所考虑的量子系统发生纠缠。这种弱纠缠破坏了系统中原本可能发生的相干过程，从而使其退相干，并使其不再是“量子的”。实际上，使一个量子系统维持在一个相干激发态（其能量高于基态）是极其困难的，因为正如我们已经表明的，系统与不可控环境之间的相互作用会导致该系统衰变到它的低能态。

亨利被中断的婚礼
我们陷入困境了，强尼。伊芙的那些小装置让我失去了量子性。
伊芙会对我的报告感到满意……
伊芙的快照更糟。她可能会对你使用芝诺花招。
理解芝诺花招的工作原理了吗？频繁拍照会让你坍缩在伊芙需要的地方。
咔哒
我得睡一觉，留待明天再来琢磨这个芝诺花招了，它太简洁了，不可能是真的。

哦，天赐之福！亲爱的
伊芙马上就要和我结婚了！
我的爱人，拉比很快就
会将我们结合在一起！
1%
99%
快点，拉比，把我心爱的
人相干地转移给我！
咔哒
是什么把我
往后推?
哦，亲爱的，你走了，
是因为我说了什么吗?

伊芙，那是另一个你吗？别再测量我了，我渴望与你结婚！
那只是更好的我自己，亨利！我是邪恶的克隆人。都是你那该死的量子力学！
你又走了，亨利，有遗憾吗？
不！这些都是邪恶伊芙的花招！
回来吧，亲爱的！该死，我被永远困在下面了！
芝诺真是了不起！这将为我赢得诺贝尔奖，我早就该得了！

我不在伊芙的照片里了，终于自由了！
这只是一场噩梦，但我还是失去了对量子力学的热爱！现在我必须等待我们的重现。

第 10 章　量子测量能阻止变化吗

10.1　从未举行过的婚礼

亨利在矿井里遭遇的磨难深深地震撼了他。令他沮丧的是，伊芙的传感器使他的那套神奇的量子服变得毫无用处！亨利向他的良师益友强尼表达了他深深的恐惧：既然伊芙比他高明，那么他的量子服就完了。他的位置是受到他的量子服保护的可观测量，当暴露在她的小装置之下时，他的量子服就失去了量子性。这些小装置是伊芙安置在矿井里的传感器，或者是他在送鲍勃的公文包时，她在地铁里试图追踪他的那些监控摄像头（见第 4 章）。他的这位良师益友平静地反驳道："是的，但只是部分失效。这两个事件有很大的不同。矿井中的这些传感器与你发生弱纠缠，因此逐渐破坏了你相干转移出矿井的动力学过程。正如你所知，这是时间上的拉比振荡。相反，地铁里的那些摄像头把你的相干叠加态随机地突然坍缩成一个或另一个态（这些态叠加在一起形成了那个叠加态）。试着彻底弄清楚这种差别，解决你的问题的办法就在其中。我只能给你一个提示：你听说过芝诺的飞矢不动悖论和它的量子分身吗？"

亨利疲惫地叹了口气说："我没听说过。请让我查一查，然后考虑一个晚上，留到明天再解开你的谜语吧，强尼。"

一个难眠之夜，在广泛阅读和思考芝诺的悖论以及它的量子分身（我们稍后会讲到）后，亨利昏昏沉沉地睡着了。一个奇怪的梦惊扰了他的睡眠，令他思绪纷乱，勾起了他烦乱的过去——他即将和伊芙结婚，显然他们正处于热恋之中。"这是怎么发生的？"他努力回忆。正如在那种幸福的状态下他会预期的那样，他被相干地沿着走道送往伊芙身边。但正当他的身体的一小部分靠近她时，那部分就在一道闪光中消失了！剩下的是他自己，跟他最初与新娘的距离一样远。

在亨利的梦中，他通过一个相干过程接近新娘，类似于他在第 9 章中的拉比振荡。请回忆一下，这种振荡在那种情况下是两个在空间中分离的态之间的相干转移。这种连续的动态过程有一个作为特征的持续时间（时间段）。在这个过程的最初阶段，只有一小部分量子亨利处于幸福的已婚状态，紧挨着伊芙。然后，亨利的已婚量子分身突然消失了。

亨利心烦意乱，伤心欲绝。他没有相干地向新娘传播，而是突然坍缩成了一个经典的、单身的（双关语）亨利。更奇怪的是，他坍缩之前的那道闪光来自伊芙的快照，但它一定来自伊芙的另一个表现。亨利称她为邪恶伊芙，与他的新娘甜蜜伊芙截然不同。他感到疑惑："在这场对《化身博士》[1] 的拙劣的模仿秀中，究竟怎么会同时出现两个伊芙呢？她们的行为是经典的，因此她们不会形成一个叠加态。她们是彼此的克

[1] 《化身博士》（*Dr Jekyll and Mr Hyde*）是苏格兰作家罗伯特·路易斯·史蒂文森的经典小说，有多个中译本。书中的主角白天是善良的杰基尔博士，晚上会化身为邪恶的海德先生。——译注

隆吗？但是量子力学禁止克隆，所以这两个伊芙一定是我的梦魇里的虚构。但哪一个更接近真正的伊芙呢？”

亨利知道，拍快照就像一次测量，随机地将一个量子叠加态坍缩成构成它的各个态之一，其统计权重由各自的概率幅的平方决定。例如，当邪恶伊芙测量到 1% 已婚的亨利和 99% 单身的亨利的叠加时，亨利坍缩到甜蜜伊芙的怀抱中的概率只有 1%，而他坍缩到单身状态的概率为 99%，这正是他所经历的。

亨利一直试图与甜蜜伊芙结合成婚姻状态，而邪恶伊芙持续不断地给他拍摄照片，结果紧接着发生了一个恶性循环或一连串事件：亨利相干地出现在甜蜜伊芙身边，但这种概率很低；邪恶伊芙拍摄了他的照片；亨利坍缩到离他的新娘很远的地方。这一过程不断地进行下去。亨利觉得邪恶伊芙似乎连续拍了好几小时照片，最后他悲伤地在梦中意识到，只要邪恶伊芙继续拍照，他和甜蜜伊芙就结不成婚！当他醒来时，脑海中浮现出一个令人毛骨悚然的想法：他的量子现在是如何与他的经典过去交织在一起的，而他的经典过去以结婚戒指的形式摆在他的床头柜上？

十分奇怪的是，亨利的噩梦确实反映了物理现实！其中的要点是亨利与甜蜜伊芙之间连续的“和睦”——概率幅从一个（单身）状态到另一个（婚姻）状态的相干转移，这个过程被邪恶伊芙的快照反复中断。与在任何相干转移中一样，终态的概率幅以正弦波的形式随时间的推移而增大，其代价是初态的概率幅减小，因此服从拉比振荡（见第 9 章）。由于终态的概率是其概率幅的平方，因此如果没有被中断的话，它就会以正弦波的平方的形式演化。于是，转移就会在正弦平方波的半个周期内完成，我们称之为转移时间（见图 10.1）。

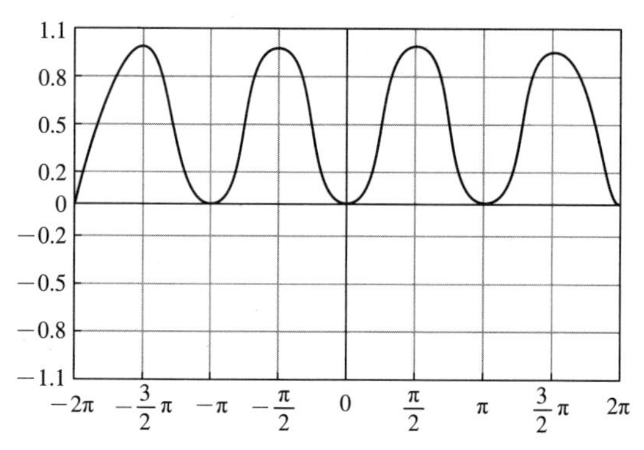

图 10.1　正弦平方函数：振幅对相位的依赖关系。

亨利和甜蜜伊芙的命运取决于邪恶伊芙给他拍摄照片的时间间隔与该转移时间相比的结果。如果拍摄两张照片的时间间隔（我们称之为拍照时间）比转移时间长，从而使第一张照片在转移完成后拍摄，那么亨利将幸福地和甜蜜伊芙结婚，因为快照将使亨利以 100% 的概率坍缩到婚姻状态。

相反，邪恶伊芙选择的拍照时间要比转移时间短得多，因此第一张照片是在相干转移过程的初期拍摄的，此时转移仅有一个非常小的概率。然后，她继续以很短的时间间隔拍照。邪恶伊芙故意这样做是为了利用以下事实：控制相干转移的正弦平方函数随着时间的平方变化，前提是这段时间远短于转移时间（见图 10.1）。在这种情况下，极短的拍照时间使得转移到终态的概率与拍照时间和自然的（不中断的）转移时间之间的平方比成正比。这意味着如果拍照间隔减小到原来的 1/10，而转移时间不变，那么转移概率就将减小到原来的 1%！

上面讨论的平方比是邪恶伊芙成功阻止转移过程的关键，我们现在可以对此做出解释了。当邪恶伊芙缩短拍照间隔时，在完整转移时间内拍摄的照片数量增加，但是增加的幅度不足以补偿由上述平方比引起的每张照片概率的减小。惊人的是，在这种情况下总的转移概率（每张照片的概率与拍摄的照片数量的乘积）随着拍照时间和转移时间之比的增大而减小。因此，亨利与甜蜜伊芙结婚的概率随着邪恶伊芙拍照速率的增大逐渐变小！

这个例子说明了量子芝诺效应的本质。如果一次测量以很高的概率将量子态坍缩到初态，那么高频率重复的测量可以几乎阻止此时的相干转移过程，也就是说几乎可以阻止该量子态的变化。即使总是有机会发生转移，其概率也将随测量速率的增大而急剧减小。

在第 10.3 节中，我们将解释这种效应的名字的来源：起这样的名字是为了使大家联想起公元前 5 世纪芝诺提出的飞矢不动悖论。根据这一悖论所倡导的逻辑，一支被观察的箭矢是不能飞行的。

这个场景还有另一个方面，我们称之为“照片里有什么”。到目前为止，我们考虑的都是邪恶伊芙拍摄的广角照片，其中记录了亨利的位置，因此相机确实测量到了亨利的位置。如果邪恶伊芙拍摄了一张特写照片（这类似于一次具有二元结果的测量），那么亨利在不在照片里？这次测量的结果之一是，他坍缩到一个在她拍照处的态。不过，还有另一种违反直觉的选择。如果邪恶伊芙为她自己的另一个分身甜蜜伊芙拍照，那么亨利就很可能不会出现在那里，因为他已经坍缩成单身，远离了甜蜜伊芙。尽管亨利不在照片里，但这样的一次测量揭示了亨利的地位，从而改变了他的状态。这种效应在本质上可通过测量来排除，即邪恶伊芙通过反复给新娘拍照来阻止亨利进入婚姻状态。

如果邪恶伊芙不知道亨利的初始位置，她就不能给亨利拍摄特写以“冻结”他。不过，如果她反复给新娘拍照，那么她仍然可以阻止他们结合成婚姻状态，即使她不知道亨利从哪里来。这是因为无论他处于什么样的初始态，相干转移发生的概率都很小，邪恶伊芙的照片将这种概率减小到零。

总结一下亨利的这个关于结婚的梦，所有的量子过程都是通过概率幅从一个量子态到另一个量子态的相干转移发生的。通过以比这个过程的“自然”时标（我们的故事中的转移时间）高得多的速率反复测量这个过程，本质上就可以“冻结演化”，并通过量子芝诺效应阻止量子态的任何变化。这个惊人的现象没有经典的类比，其含义将在本章中进一步讨论。

接下来，我们希望将这里的讨论扩展到更一般的场景，上面讨论的效果在这些场景中会表现出不同的特征。想象一下，亨利并没有向甜蜜伊芙相干转移，而是试图与环境耦合，通过衰变转移到他们的婚姻状态，如第 9 章所示。邪恶伊芙此时仍然可以通过反复测量亨利的状态，足够频繁地中断这种衰变，从而诱发量子芝诺效应。于是，量子芝诺效应的条件就相当于如此频繁的中断，以至于衰变过程与相干转移不可区分！因此，我们可以将衰变过程［这涉及环境（浴）中的许多微观振子模式的能量转移］替换为类似的、到单个振子模式的能量转移，其原因如下。如果中断频率很高，则不同振子模式之间的中断时间不足以使它们彼此失去协调性（尽管它们的频率不同），结果所有模式都保持同步演化，因此可以用一个单一模式来取代，该模式的布居数以正弦平方函数的形式振荡（见图 10.1）。

让我们想象一下，我们故事中的甜蜜伊芙由环境“浴”来代表。那么，频繁中断的过程涉及的只是两种状态之间的转移：一个被激发的（单身）亨利和一个未被激发的甜蜜伊芙，或者一个未被激发的（已婚）

亨利和一个被激发的（已婚）甜蜜伊芙。与前面的分析类同，邪恶伊芙可以利用量子芝诺效应，通过极其频繁的测量来强烈抑制他们结婚的可能性。然而，如第 10.2 节将解释的，如果事实上她的测量还不及导致量子芝诺效应的那些事件来得频繁，那么就可能产生相反的效应，即所谓的反芝诺效应——当邪恶伊芙缩短了测量间隔（拍照时间）时，亨利结婚的概率不会减小，反而会增大。量子芝诺效应和反芝诺效应都已在实验中毫无争议地被观察到了，并且都有着不同的实际应用，下文将对此进行讨论。

10.2　量子芝诺效应和反芝诺效应

如果一个孤立量子系统被置于哈密顿量的一个本征态（一个能态），那么即使这个态被激发，该系统也会无限期地保持在那个态。然而，用约翰 · 多恩的话来说，没有一个系统“是一座孤岛”[1]。正如第 9 章讨论过的，每个系统都与其环境（一个浴）相互作用并纠缠。因此，系统的一个本征态不是纠缠系统 – 浴复合体的一个本征态，而是一些系统 – 浴复合态的一个叠加态，其中某些态是激发态。这种叠加态是不稳定的，因为使其各组成态发生耦合的系统 – 浴相互作用会导致这些态之间的转移。在将这个叠加态对所有浴态求平均时（实验中做不到），我们发现一个量子系统的几乎任何初态都至少是部分激发的，因此它是不稳定的，于是它就必定要衰变到能量最低的基态。如果浴中没有量子（温度

[1]　约翰 · 多恩（1572—1631）是英国玄学派诗人、教士。《没有人是一座孤岛》（*No Man Is an Island*）是他的一篇布道词，美国作家欧内斯特 · 海明威（1899—1961）的长篇小说《丧钟为谁而鸣》（*For Whom the Bell Tolls*）即出自这篇布道词。——译注

为零），不能重新激发系统（见第9章），那么这种衰变就终止在这一基态。我们在这里提出的问题是：这种衰变的时间依赖关系如何？

E. 温格和德国的V. 魏斯科普夫（后移居美国）于1932年首先在量子力学框架内处理了这个问题。他们考虑的衰变过程是一个二能级系统（比如说一个原子）的退激发，该系统只因它与一个浴的耦合（比如说由电磁/光子或声学/声子模式构成的一个连续体，见第9章）而受到微弱的扰动。他们发现这个二能级系统的激发概率在很好的近似下随时间呈指数衰减，这实际上与马尔可夫的无记忆近似（见第11章）是一样的。

指数衰减是一个以恒定速率发生的过程。1935年，意大利的E. 费米（后移居美国）引入黄金定则来用以下普遍形式计算这个速率。

$$衰变速率 = 2\pi \times \mathrm{DOS}(\omega_0) \times (耦合强度)^2$$

其中，DOS是浴的态密度，即单位体积内的浴态数量。这个量和系统–浴耦合强度都是在ω_0下计算的，$\hbar\omega_0$是这个二能级系统的共振能（见第2章）。这个公式描述了各种各样的量子衰变过程的速率，例如从原子发出的光子的自发发射，以及固体中的一个缺陷的声子弛豫。

费米的黄金定则的另一个关键应用是量子粒子的波函数从一个空间区域的泄漏，它在这个空间区域中被势垒限制在描述粒子在势垒外运动的连续能态中。这个量子力学过程是由美国的G. 伽莫夫在1928年发现的，他将其称为隧穿（见第13章），其发生速率符合费米的黄金定则公式。放射性同位素的β衰变是这个过程的一个例子。放射性同位素的寿命是一个电子通过核势垒的逆隧穿速率的倒数。

在数十年中，人们一致认为，不稳定的量子态会按照黄金定则以指数形式发生衰变，衰变速率是自然赋予的、不可改变的。直到1958年，苏联的 L. 哈尔芬提出：在足够短的时间内，量子衰变可能是非指数形式的，即衰变速率可能与时间有关。然而，他没有提供一种明确的方法来将这种时间依赖性与系统－浴相互作用的特征联系起来。

意大利的 L. 丰达在 1972 年提供了这样的一种方法，尽管该方法很粗糙。他将衰变的减缓与衰变发射的量子（比如说一个光子）穿越系统（比如说一个原子或分子）所需的时间联系起来。只要发射的量子在系统内，二者就相互关联，构成一个实体。只有发射的量子离开系统之后，它们的关联才会消失，而不稳定状态的真正衰变才会发生。根据丰达的说法，非指数衰变的持续时间大致就是这个关联时间。

丰达在衰变的讨论中引入了另一个概念：频繁的投影测量对衰变状态的影响。尽管投影测量的主要目的在于对量子态提供信息，但它们对量子态还有另一个影响，即通过对其演化阶段的随机化来中断其量子态的演化。丰达推测，如果这些测量在关联时间内使演化反复中断，那么由此产生的衰变就会减慢。不过，他在提议非指数衰变能在不可忽略的、实验上可探测的时标上发生的那些过程方面遇到了困难，下文将讨论这个问题。

美国的 B. 米斯拉和 E. C. G. 苏达山在 1979 年提出了一种完全不同的方法来研究不稳定量子系统的衰变。他们发现了量子（幺正）演化的一条普遍规律：在足够短的时间内，一个未被置于某一个能态的封闭系统的能量扩散随着时间的平方而加强（见本章附录）。根据这一规律，当投影测量足够频繁地使演化中断时，一个引人注目的效应就会被揭示出来，米斯拉和苏达山称之为量子芝诺效应（见第 10.3 节和本章附录），并认为这是普遍的（测量越频繁，衰变就越慢）。更准确地说，量子芝诺效应使衰变速率与相继测量的时间间隔成比例。因此，如果两次测量的时间间隔极短，而其极限情况对应于系统被连续测量，那么它的衰变速率就为零，演化被冻结！

米斯拉和苏达山关于量子芝诺效应的普遍性及其（在原则上）能够冻结演化的结论在20世纪80年代和90年代被广泛接受，特别是在美国的W. M. 板野等人于1990年给出了这一效应的实验证明之后。这个演示的平台是一个三能级原子，其中用一个场驱动跃迁来作为“度量计”［用E表示，即环境（environment）］，频繁测量另一个缓慢振荡跃迁［用S表示，即系统（system）］的演化（见图10.2）。每当“度量计”的高能级通过光子发射自发衰变到最低能级时，“度量计”的这一跃迁就进行一次测量。实验表明，随着“度量计”的测量速率的增大，监测到的振荡变成单调的衰变并逐渐变慢（见图10.2）。对量子芝诺效应的这一明确证实巩固了关于其普遍性的共识。

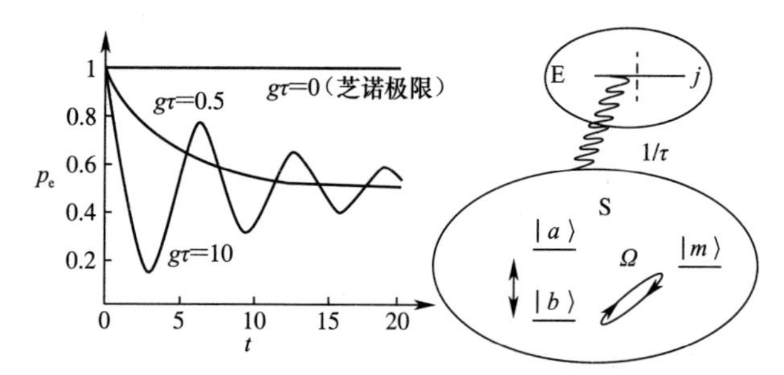

图10.2　板野等人的实验结果（左，数值经过定标，单位略）及量子芝诺效应实验装置示意图（右）。随着测量（监测）速率的增大，S中的$|b\rangle$和$|m\rangle$之间的近正弦拉比振荡转变为$|m\rangle$的近指数衰变。当监测速率$1/\tau$远高于拉比振荡速率Ω（测量的间隔时间τ足够短）时，量子芝诺效应就出现了。

不过，也有不同的声音。英国的A. S. 莱恩在1983年提出，频繁测量不仅会导致衰变速率减小，而且在适当的条件下会加速衰变。然而，解释这两种对立趋势的起源和条件的机制仍不清楚。这样的一种机制以及因此产生的条件是由以色列的A. 考夫曼和G. 库里茨基提出的（1996年、2000年和2001年）。他们采取了一种与他们的前辈根本不同的方法，他们有区别地处理系统和浴，这不同于米斯拉、苏达山以及其他许多人。考夫曼和库里茨基的处理方式也给出了通用公式（见本章附录），该公式推广了费米的黄金定则，因为它对频繁的干预（不仅是对系统的测量，还包括系统–浴耦合中的相位或振幅变化，见第11章和第12章）进行了说明。

考夫曼和库里茨基分析的基础图像是一个由无限多个振子模式组成的浴，其中每个振子模式都具有不同的频率，它们耦合成一个简单的系统，比如说一个二能级系统。经过很长的时间，如果有一些浴模与该二能级系统共振，那么这个二能级系统的一个初始激发可能就会不可逆地转移到浴中。相比之下，经过比较短的时间，此共振条件被放松，一些频率非常不同的浴模也可能被激发，这是因为时间–能量不确定性关系（见第6章）使得随机移动的二能级系统的跃迁能量可与处于相同能量状态的浴模匹配（即与之发生共振，见图10.3）。

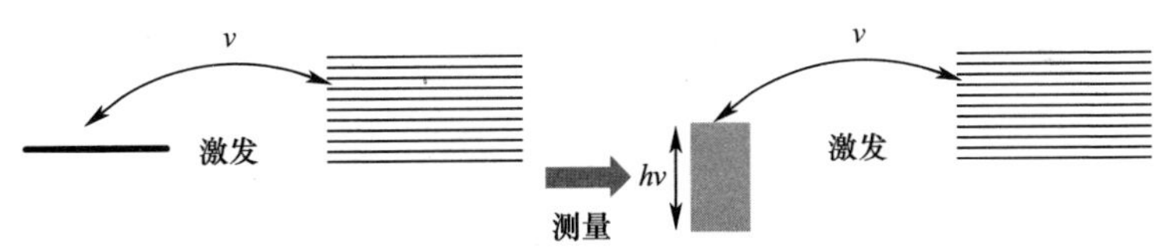

图 10.3　测量使一个激发能级变宽，类似于通过以速率为 v 的碰撞产生相位随机化，从而极大地改变了向浴中衰变的能级。

如果测量间隔是如此短暂且频繁，以致根据时间–能量不确定性关系，该二能级系统的能谱要比浴模的能量范围宽得多，此时就会出现一种极端情况。在这种情况下，展宽的（随机的）二能级系统能谱

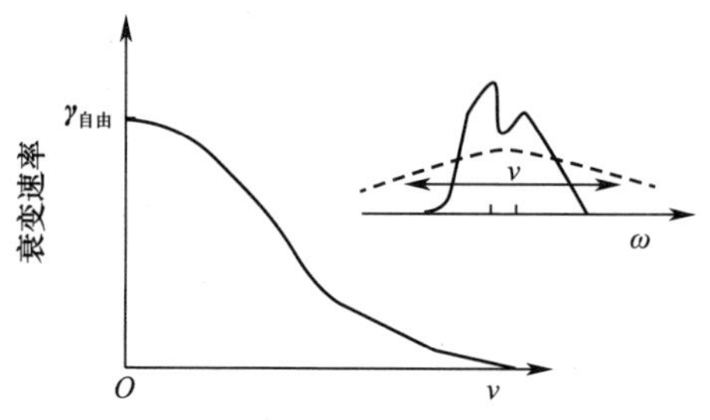

图 10.4　量子芝诺效应中衰变速率与测量速率 ν 的函数关系。随着测量速率 ν 开始超过浴的能谱宽度，衰变速率相对于未测量的（正常）速率而减小。

与浴能谱之间的重叠会被抑制，使得大多数浴模与二能级系统的能量不匹配（不发生共振），因此它们就不能被激发。这种情况属于衰变减速范围，即量子芝诺效应（见图 10.4）。

频率较低的测量速率使得二能级系统与浴光谱的重叠被展宽增强，在这种情况下会出现相反的趋势。这种趋势（考夫曼和库里茨基称之为反芝诺效应）导致衰变速率增大（衰变加速）。更确切地说，由反芝诺效应支配的衰变速率随着两次测量的时间间隔的倒数（$1/\tau$）的增大而增大，而由量子芝诺效应支配的衰变速率随着两次测量的时间间隔（τ）的增大而增大，由此就可以驳斥所谓的量子芝诺效应的普遍性（比较图 10.4 和图 10.5 中右上方的小图）。

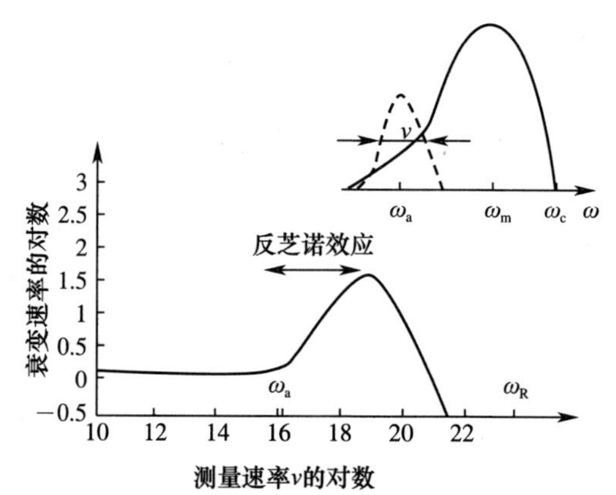

图 10.5　反芝诺效应与衰变速率的依赖关系。小图表示反芝诺效应的条件，主图描述了归一化衰变速率的对数 $\log_{10}(\gamma/\gamma_{自由})$ 对于一个自发发射类氢态的 $\log_{10}\nu$ 的依赖关系。原子跃迁频率为 $\omega_a=1.55\times10^{16}s^{-1}$，而相对论截止频率为 $\omega_R=7.76\times10^{20}s^{-1}$，玻尔频率为 $\omega_B=8.50\times10^{18}s^{-1}$。反芝诺效应的范围标注在图中。

值得注意的是，人们发现反芝诺效应比量子芝诺效应更常见（普遍存在）！原因是：量子芝诺效应（而不是反芝诺效应）所需的非常频繁的测量对应于二能级系统的一个能量分布范围，而这一范围可能大到无法实现。此分布中那些较高的能量可能无法满足量子芝诺效应所要抑制的物理过程！

几乎没有多少例子可以用于阐明量子芝诺效应所受的这些限制。一个例子是一个被激发的原子通过自发的辐射衰变。在这种情况下，根据丰达的考虑，预计适当的关联时间为 10^{-18} 秒，这等于原子 – 电子轨道的大小（见第 1 章）除以光速。然而，量子芝诺效应需要比这短得多的时间间隔，因为辐射的发射还涉及电子的高能（相对论性）运动，而其摆动的时标比原子 – 电子轨道周期要精细得多。由时间 – 能量不确定性关系得出，当频繁测量的装置在发射电子中引起约 100 万电子伏特的能量分布范围时，就可能会出现量子芝诺效应。根据爱因斯坦的相对论公式 $E = mc^2$（其中 m 在这里表示电子的质量，c 是光速），这些能量分布范围与电子的全部能量相当。根据量子电动力学，如此巨大的能量分布范围会导致从一无所有（真空）中产生电子 – 正电子对。因此，当发射电子受到频繁测量的装置以与量子芝诺效应相容的速率扰动时，它可能不是减缓其衰变，而是终结于一个完全不同的过程——电子 – 正电子对的产生（见图 10.6）。当在能导致量子芝诺效应的时标上探测来自原子核的一个电子的 β 衰变时，也可能会产生类似的对产生效应。相比之下，要产生反芝诺效应，测量装置需要在慢得多的时标上探测系统，因而导致较小的能量分布范围，这样就不会破坏衰变过程的结果。这就解释了为什么反芝诺效应比量子芝诺效应更普遍。

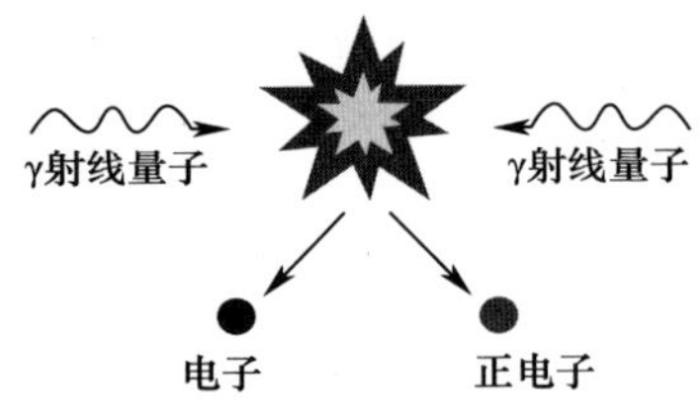

图 10.6 减缓原子中受激电子衰变的量子芝诺效应所需要的测量速率如此之大，以至于它们落在γ射线的频率范围内。两个γ射线量子可以通过一种被称为对产生的量子电动力学过程转换为一对电子（粒子）和正电子（反粒子）。但是，这样的过程与通过量子芝诺效应来减缓衰变不相容，于是量子芝诺效应在这种情况下失效。

尽管量子芝诺效应具有这些固有的局限性，但它仍然是控制衰变的一种用途极广的工具。特别有用的是量子芝诺效应的一种推广类型，它不仅可以保护单个态，还可以保护这个态所在的整个流形（子空间）。另一个同样有用的应用与广义反芝诺效应相关联，这种效应可以增强浴对一个衰变态或一个子空间的作用。用于一个与其环境耦合的系统的、类似于类量子芝诺效应或类反芝诺效应的控制方法，适用于退相干减速或加速。这些方法是以色列的 G. 戈登、A. 考夫曼和 G. 库里茨基（2000—2008 年）以及意大利的 P. 法基和 S. 帕斯卡齐奥（2002 年）提出的关于衰变和退相干控制的两种互补范式。近年来，这些控制范式应用的多样性迅速增加，我们将在第 11 章和第 12 章中加以说明。

10.3 时间（或改变）是一种幻觉吗

人类经验的核心是我们被时间所奴役，时间为我们的生存设定了限制，治愈了我们的伤痛，并讨还我们因快乐而欠下的债。我们有办法逃脱这种奴役吗？为此目的所采取的一条路线是挑战时间的真实性。几千年来，西方和东方的哲学与宗教都蔑视时间现象的随机性和不连贯性，因为这与人们对永恒真理的崇敬是背道而驰的。斯宾诺莎的观点就是一个很好的例子，他认为时间是一种微不足道的现实模式，它使人们产生不值得的感觉——恐惧、遗憾和希望。因此，根据斯宾诺莎的说法，我们的理性必须超越或忽视时间。但是，这有可能吗？很可能只有极少数人能上升至斯宾诺莎所要求的精神高度。

我们至少可以期待从物理学的视角对时间的真实性给出一个清晰的表述吗？唉，可以公平地说，自古希腊哲学发展的早期（公元前 5 世纪）以来，关于时间就一直存在着各种对立学派，而物理学至今尚未在这些学派之间做出选择。这些学派包括以弗所的赫拉克利特和巴门尼德及其弟子埃利亚的芝诺，前者把时间的流逝比作“我们不能在一条河里洗两次澡”，因为稍纵即逝的瞬间是唯一的现实，而后者则完全否认了时间的真实性，并将任何变化都视为一种幻觉。为什么物理学如此难以确定这两种观点中的哪一种是正确的？部分原因是时间的定义难以捉摸。我们在此处讨论的选项是将时间的流逝等同于物体的位置或属性的变化。

赫拉克利特的观点可以与德谟克利特的原子论（见第 7 章）关联起来，后者将时间变化归因于原子之间的不规则碰撞。这种原子论在现代的对应理论由统计物理学表述，既有经典形式也有量子形式，其中原子构成的大系综通过碰撞不断发生变化，但它们的各种平均性质保持不变。相比之下，巴门尼德和芝诺的立场是基于纯粹抽象的逻辑论证。它依赖格言“存在者存在，不存在者不存在”。这句格言只会与任何真正的变化产生矛盾，因为这样的一个变化意味着不存在的东西开始存在了，反之亦然。

芝诺通过一些质疑运动可能性的悖论来努力证实这一准则，其中最深刻的莫过于飞矢不动悖论。他说，我们越频繁地观察正在飞行中的一支箭矢，其相继位置就越接近彼此，因此如果观测的时间间隔为零，那么这支箭矢就会被定格在空间中的一个点上，而且它必定会无限期地停留在那里！图 10.7 给出了更详细的说明。为了从 A 点出发到达 B 点，箭矢必须通过它们的中点 C，而为了到达点 C，箭矢必须通过介于 A 点和 C 点之间的 D 点，以此类推。因此，必定有两个点彼此如此靠近，以至于它们合并成了一个点，而箭矢必须越过这两个点之间的区域。因此，人们不得不得出这样的结论：这支箭矢完全不动，或者通俗地说“被注视着的箭矢不会飞”。有一个与此相似的悖论是关于希腊跑得最快的阿喀琉斯和一只乌龟的。如果让乌龟先跑一步，那么按照与上述相同的论证，阿喀琉斯永远赶不上它。

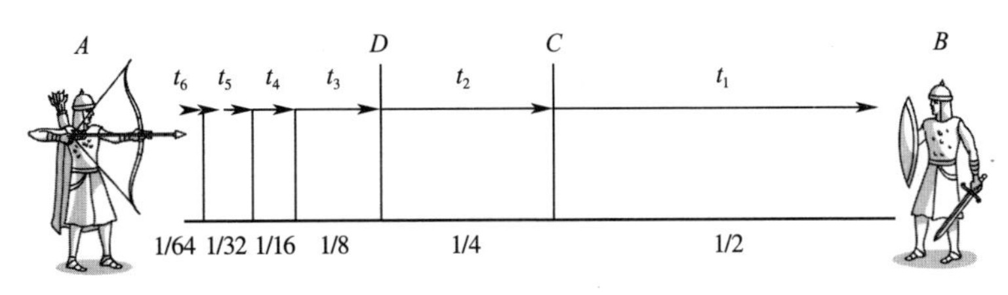

图 10.7　芝诺的飞矢不动悖论。

在 17 世纪牛顿和莱布尼茨引入了微积分以及 19 世纪魏尔斯特拉斯引入了极限之后，这些悖论被正式驳倒。这些概念表明，将一段有限距离分割为无数多个片段，仍然可以产生一个有限的结果。在前面讨论过的这些悖论中，这个结果是有限的非零速度，它是距离关于时间的导数。反过来，即使箭矢所遍历的每个无穷小间隔的长度都为零，这些间隔之和（或阿喀琉斯与乌龟之间的无穷小距离之和）就是一个对应于一段有限距离的积分。微积分的拥护者是这样总结的：箭矢会飞，阿喀琉斯会超过乌龟。

这种严格的驳斥本应结束芝诺关于改变的不可能性的那些悖论，然而它们在某些圈子里还阴魂不散。杰罗姆 · K. 杰罗姆在他的《三人同舟》

（*Three Men in a Boat*）[1] 中说："一个被注视着的锅不会沸腾。" 博尔赫斯（文学家和博学者）也被芝诺悖论之美迷住了。

令人惊讶的是，40 年之后，美国的 B. 米斯拉和 E. C. G. 苏达山以量子芝诺效应的形式重述了芝诺的立场，据此通过足够频繁的观察，变化几乎被"冻结"，而且这一预言已得到实验的证实（见第 10.2 节）。量子芝诺效应是否意味着如果密切地加以观察，箭矢就可以被锁定在空中？我们详细讨论了量子芝诺效应的一些基本原理，这些基本原理已由以色列的 A. 考夫曼和 G. 库里茨基以及意大利的 P. 法基和 S. 帕斯卡齐奥的理论研究阐明，并得到了美国的 M. 雷曾的实验证实。这些研究工作（见第 10.2 节）强调了有必要将被观察的量子系统视为与其环境是耦合的：从本质上讲，任何一个系统都是一个开放量子系统（见第 9 章）。由此得出的结论是：将连续观测描述为系统与度量计之间的间歇耦合的量子力学方法必定会干扰该系统的状态到环境的自然衰变，因为系统－度量计耦合和系统－环境耦合相互竞争（不对易）。这种竞争的结果是系统状态能量的随机分布，其分布范围随观察速率的增大而变大。这一能量分布是时间－能量不确定性关系所带来的结果，其中有关的时间是观察的间隔时间。当能量分布范围变得如此之大，以至于系统的各种状态与环境的各种状态完全失去协调性（不发生共振）时（见图 10.4），量子芝诺效应开始起作用，而系统状态的衰变被抑制。这也是一个限度，其中系统－度量计耦合的变化如此强烈，以至于系统没有时间与环境发生相互作用，此时环境的影响会及时被平均。从某种意义上讲，这证实了芝诺的观点：（由环境引起的）变化是一种幻觉，因为它取决于观察

[1]　此书中译本有商务印书馆 1995 年版和人民文学出版社 2016 年版，前者将书名译为《三人同舟》，后者译为《三怪客泛舟记》。——译注

者是否通过适当的观察来阻止它。

不过，量子芝诺效应是有代价的，而这种代价是芝诺以及量子力学出现之前的任何物理学家都不知道的。观察一个与环境耦合的系统会消耗能量，因为这些观察必须将系统与环境分开，也就是将二者解耦。在时间－能量不确定性原理的作用下，消耗的能量随着系统状态的能量分布范围变大而增加。因此，芝诺悖论的完全实现（这对应于无限频繁的观察，因此也就对应于无限的能量分布范围）是非物理的。任何物理系统都无法容纳这么大的分布范围，并且这会要求观察者拥有无限的能量资源。

对于许多自然衰变过程（例如开放空间中受激原子的辐射衰变以及核放射性衰变）来说，对应于间歇性的系统－度量计相互作用的一系列脉冲的能量消耗对于采用现有技术的量子芝诺效应而言太大了。然而不久之后，我们就可能会见证减缓这种衰变过程的能力，而在前面提到的那些理论预言之前，这些过程一直被认为是不可改变的。

量子芝诺效应及其衍生理论开辟了控制系统－环境相互作用的一条颇有希望的途径，我们将在第 11 章和第 12 章中探讨这一点。但是，它们的主要寓意是观察者在量子力学中不可避免地扮演着积极的角色。我们已经看到这个角色很活跃（见第 4 章），因为观察者必须选择要测量的是哪个可观测量——这一选择可能会对结果产生深刻的影响。现在我们看到，这个角色的作用还扩展到观察者必须根据观察速率而投入的能量。粗略地解释一下红皇后对爱丽丝的建议（见《爱丽丝镜中奇遇》），我们可以得出这样的结论：如果你希望保持静止（即不发生演化），你就必须尽你的最大努力使你得到探测（观察）。这一结论与巴门尼德的观点并不矛盾，他认为变化（或不变化）取决于我们作为观察者的人类，因此变化（或不变化）是主观的（虚幻的），而不是客观的（见图 10.8）。

图 10.8　芝诺和威廉·退尔[1]观察空中的一支箭矢时所看到的芝诺效应和反芝诺效应。

芝诺之箭

阿喀琉斯，伟大的运动员，他是如此自负：

他让乌龟先跑一步，作为诱饵。

但是，瞧啊！他们之间的距离一次又一次地被测量，

注定了他们要陷入永恒的僵局。

箭已射出，却不会飞，

只因有人看到了它的进程，

时空的奥秘随之展现，

大自然催促观察者服从。

[1]　威廉·退尔是瑞士民间传说中的英雄，他领导瑞士人民反抗哈布斯堡王朝的统治。13 世纪的史书对此有所记载，席勒的剧本《威廉·退尔》（1804 年）和罗西尼的同名歌剧（1829 年）使他闻名世界。——译注

附录：减缓演化

本附录分为两部分：一是对相干转移的量子芝诺效应的简单解释（在第 10.1 节开头介绍的亨利的婚礼梦中有过描述），二是衰变过程的量子芝诺效应（在第 10.1 节的最后一部分中有过描述）。

1. 相干转移的量子芝诺效应

拉比按钮可在两种状态之间产生相干转换。在我们的故事中，如果将亨利的单身状态表示为向上的箭头，将他的已婚状态表示为向下的箭头，则表示亨利向甜蜜伊芙转移的整个状态具有以下形式：

$$\left|\psi(t)\right\rangle = a_1{\uparrow}(t)\left|\uparrow\right\rangle + a_1{\downarrow}(t)\left|\downarrow\right\rangle = \cos(\Omega\tau)\left|\uparrow\right\rangle + \sin(\Omega\tau)\left|\downarrow\right\rangle$$

这两种状态的概率幅分别以余弦和正弦形式振荡。邪恶伊芙在很短的时间 τ 之后拍了一张快照，此时 $\Omega\tau \ll 1$，因为这样就能阻止亨利走向甜蜜伊芙，下文说明这一点。对于如此短暂的时间，$\sin\Omega\tau \approx \Omega\tau$。因此，当邪恶伊芙给亨利拍摄照片时，他坍缩到甜蜜伊芙身边的概率为：

$$p_{结婚} = (\Omega\tau)^2$$

经过每一次失败的尝试之后，亨利获得幸福婚姻的机会降低到零，因此他必须“从头”开始。完全不间断转移的总持续时间为 $T = \pi/(2\Omega)$，而如果伊芙保持拍照的时间间隔固定不变，那么她就有可能中断转移 T/τ 次。于是，在整个仪式进行的过程中，结婚的总（累计）概率就变为：

$$p_{结婚} = (\Omega\tau)^2 \times \pi/(2\Omega\tau) = \Omega\tau\pi/2 \propto \tau$$

其中，第一个等号右边的第一个因子是每次尝试（在时间间隔 τ 之后被中断）的成功概率，第二个因子是此转移过程中的中断次数。$\Omega\tau\pi/2\propto\tau$ 表示得到的结果正比于拍照的时间间隔。这一结果意味着拍摄照片的频率越高，即中断的时间间隔越短，亨利结婚的累计概率就越小。

如上所述，任何涉及通过一个恒定耦合（这确定了拉比频率）在初态和终态之间进行相干转移的量子过程都由正弦和余弦振荡来描述。因此，它们的短时二次形式是通用的，而如果被频繁的测量中断，则允许出现量子芝诺效应。事实上，每当实验人员希望停止或减缓由那些不必要的力所产生的动态过程时，他们就可以利用这种效应。这将在下文中进行讨论。

2. 衰变过程的量子芝诺效应

亨利的梦是关于走道上的相干转移的，而量子系统通常发生的衰变或退相干过程是由它们与环境（浴）的相互作用引起的。如第 9 章所述，衰变可能是由于量子系统与大量可激发的微型探测器（故事里是伊芙的传感器）耦合而发生的。我们通常用探测器表示浴的微观 / 纳米级振子模式。让我们回顾一下那些相关的方程：

$$\frac{\mathrm{d}a_{\uparrow 0}(t)}{\mathrm{d}t}=-R(t)a_{\uparrow 0}(t)$$

$$R(t)=\int_0^t \mathrm{d}t'\mathrm{e}^{\mathrm{i}\omega_\mathrm{a}(t-t')}\sum_j \hbar^{-2}\mu_j{}^2\mathrm{e}^{-\mathrm{i}\omega_j(t-t')}$$

这里的第一个方程描述了系统初始激发态的概率幅的变化，它对应于环境（浴）的第 0 个未激发态。初始状态概率幅 $R(t)$ 随时间的变化率由两个因子的积分来确定：第一个是系统的激发态与基态之间跃迁能量的振荡指数，第二个是对所有浴模的求和，包括浴模频率的各个振荡指数，其权重为相应系统–浴耦合强度的平方。在芝诺的体系中（当测量或其他类型的中断间隔很短的时间时），t 远小于要么与系统能级相关要么与浴模频率相关的指数相位的振荡，因此 $\omega_a t \ll 1$，$\omega_j t \ll 1$。在这一范围中，我们可以近似估计振荡指数：$e^{i\omega_a(t-t')} \approx 1 + i\omega_a(t-t')$，$e^{-i\omega_j(t-t')} \approx 1 - i\omega_j(t-t')$。由于 t 非常小，因此 t^2 更小，所以它可以忽略不计。因此，在计算 $R(t)$ 时，积分内的各项满足 $1 \gg \omega t \gg (\omega t)^2$，这意味着我们确实可以只考虑在每个指数函数中要么等于 1 要么与 t 成线性关系的那些项。这就给出了简单的衰变速率：

$$R(t) = \sum_j \hbar^{-2} \mu_j^{\,2} t = \Gamma^2 t,\quad \Gamma = \frac{1}{\hbar}\sqrt{\sum_j \mu_j^2}$$

其中，Γ 是瞬时衰变速率，由系统与浴的耦合强度的平方确定。将这个近似表达式代入激发态概率幅的微分方程中，我们得到：

$$\frac{da_{\uparrow 0}(t)}{dt} = -\Gamma^2 t a_{\uparrow 0}(t)$$

该方程的解为：$a_{\uparrow 0}(t) = e^{-\frac{\Gamma^2 t^2}{2}} a_{\uparrow 0}(0)$。根据 $\Gamma t \ll 1$ 这一假设，我们可以对该指数函数再次做如下近似：

$$a_{\uparrow 0}(t) = \left(1 - \frac{\Gamma^2 t^2}{2}\right) a_{\uparrow 0}(0)$$

这个表达式与相干转移对应的表达式具有相同的二次形式，在那个表达式中也有相似的近似余弦和正弦项。正如我们在第 10.1 节中所论证的那样，这证明了频繁中断的衰变的确与类似中断的相干转移不可区分。因此，关于相干转移的量子芝诺效应的相同结论对于与其对应的衰变也成立。也就是说，如果系统受到足够频繁的测量或其他中断，那么它保持在其初始激发态的概率就非常接近 1。

不过，衰变怎么会表现得与相干转移类似呢？这里的衰变是由系统耦合到处于各种频率的大量环境（浴）模式（通道）导致的，而这里的相干转移只涉及单个耦合通道。仔细检查一个系统 – 浴模的相互作用，结果证明了第 10.2 节中提出的图式论证。在足够短的时间间隔内，尽管所有浴模的频率各不相同，但它们会发生同相振荡，因此它们都在同一时间间隔内呈现对时间的二次依赖关系。这意味着在这个非常短暂的阶段，组合的系统 – 浴复合体表现出相干性（见图 10.9）。因此，在发生相干转移的一个简单系统中导致状态演化“冻结”的相同论证也适用于组合的系统 – 浴复合体。这表明量子芝诺效应是衰变和相干转移所共有的。仅当各种浴模开始发生不同的振荡（异相）并因此获得相位差异 [出现在（$\omega_j - \omega$）$t \approx 1$ 的阶段] 时，这个浴就不再被视为单个相

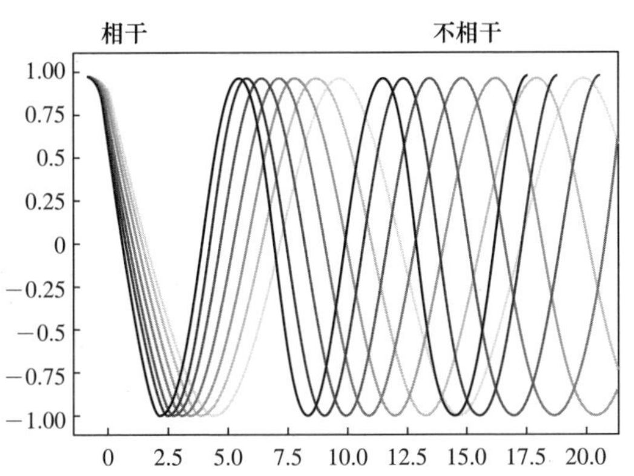

图 10.9 具有不同振荡频率（以不同的灰度表示）的许多振子模式的振幅随时间变化的函数关系。在短时间内（在本例中小于 2.5），所有振荡频率都遵循相似的演化模式，因此它们的振幅是同步的，或者可以等效地说是相位相干的。随着时间的推移，具有不同频率的振子的各相位越来越彼此偏离，它们的振荡变得不相干了。

干实体。实际上，此时各种浴模趋向于发生彼此异相的振荡，以致在此阶段中断衰变可能加剧系统–浴复合体偏离相干性，从而导致比正常情况更快的衰变。这种比量子芝诺效应更为普遍的趋势就是反芝诺效应（见第10.2节）。

测量把亨利烧灼和冷冻
拉曼教授，您能将量子晶体塑造成完美的形状。
只有心灵纯洁的人才能传承这些储存着原始之光的纯粹晶体。
去你的唯灵主义，你会后悔拒绝我的提议。
轰

精神与科学研究中心
这个地方确实人迹罕至。这是什么味道？不是熏香！

拉曼教授，我有一些量子水晶。你能把它们变成量子放大器吗?
是的，我将运用我的全息原理，但是没有火就不会有烟啊!
火!!!
我感受到了伊芙的邪恶行为。拉曼，你先走。
亨利真是心灵纯洁!
量子地狱！消防出口倒塌了！救我!
救救我的朋友的心灵!

伊芙，很高兴见到你！
我太惭愧了！亲爱的，我会救你！
请监测我的能量！
尽可能频繁地利用量子芝诺效应！
亲爱的，需要多频繁？
我要被活活烤焦了！什么问题？
我会降低速率，量子芝诺效应不解决问题！怎样了？
太好了！我现在凉下来了。
看到了吧？反芝诺效应才是解决方法。
我永远感激你，伊芙！
我被什么黑暗力量附身了？再做朋友吧，亨利？
真高兴你回来了！
爱之火净化了她的心灵！

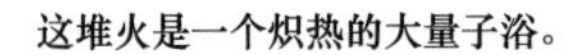

这堆火与我发生相互作用，这一相互作用使这堆火与我发生了纠缠。

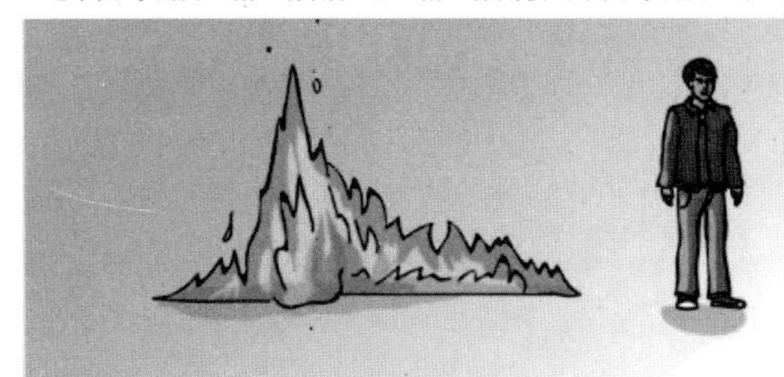

如果我被测量，那么这种纠缠就会消失，其能量作为热量被释放。

第 11 章　量子测量能控制温度吗

11.1　冷却一段火热的关系

亨利渴望将他的珍贵的量子晶体制成一个透镜，使它能赋予光前所未有的量子特性（我们将在第 14 章中介绍）。为此，他决定寻求量子物理学家拉曼教授的帮助，拉曼教授已成为一位精神导师，但仍在从事量子光学和量子材料的研究，在这些领域中拥有独特的（“整体的”）专业知识。当亨利到达拉曼教授的精神与科学研究中心开始与其讨论量子晶体的加工时，他沮丧地发现伊芙已经去过那里，并且在得知拉曼关于量子晶体的新想法后，刚刚愤怒地离开这个地方。盛怒之下，伊芙用力甩门，导致圣殿的一盏枝形吊灯掉下来，把这个地方点燃了。（或许她所做的不仅仅是甩门而已？我们说不上来。）亨利设法在消防扶梯倒塌之前把拉曼教授领到了那里。拉曼教授因此得以逃到了安全的地方，但是亨利仍然被困在燃烧着的大楼中。量子力学效应能把亨利从火中营救出来吗？

要回答这个问题，我们首先必须重新审视量子世界中有关热和温度的概念（见第9章）。根据亨利带着他的量子火箭在比萨斜塔中的冒险历程（见第6章），我们知道量子态可以对应于不同的能级，因此系统必须消耗能量才能从较低能级跃迁到较高能级，就像亨利用他的火箭所做的那样。一个具有给定温度的量子系统处于各种状态的统计“混合”，这些状态对应于具有固定概率的不同能级。在高温下，系统占据较高的能级的概率很大，而在低温下，它才有相当大的概率处于较低的那些能级。拉曼教授的中心起火，可以用量子力学语言将其描述为形成了一个高温环境，这种环境由许多微小的分子组成，它们又以很大的概率填充各个高能级。

亨利怎么会被这种“量子火”烧灼呢？亨利是一个处于可能的最低温度的量子系统，因为他的量子态对应于最低能级。当大火要吞噬他时，环境开始与他发生相互作用，从而导致他从较低能态向较高能态转移。组合系统的初始状态可分为热环境状态和冷亨利状态。随着相互作用的进行，亨利与环境的一个纠缠联合状态出现了，其中热分子的各态与亨利的各量子态纠缠在一起。这种越来越纠缠的状态对于亨利来说是不祥之兆。由于联合系统的各初态和各终态之间保持能量守恒，因此亨利的高能量子态由于从环境分子那里获得能量而越来越多地被占据。不用多久，亨利的分子的生理功能甚至结构就会被破坏，无法修复。可以借助量子力学采取什么措施来避免这种灾难吗？

亨利不知所措。在绝望之中，一个奇怪的想法掠过了他的脑海：只有伊芙能使他摆脱困境！他孤注一掷，给她发送了一条消息：“救我，SOS，救我！”看到她在千钧一发之际赶来救他，他松了一口气。

如前所述（见第9章），这里描述的纠缠过程是在各初始量子态和各最终量子态之间激发的一次相干转移。在这一事件中，各初始量子态是可分离的，而各最终量子态是纠缠的。如第 10 章所述，这种转移是用概率幅的振荡来描述的，这些概率幅逐渐增大至最大值，然后回落到零。事实会证明，该过程的这种振荡性对亨利的生存至关重要。

亨利还向伊芙发送了另一条消息“QND”。作为一位称职的量子物理学家，她明白亨利是在恳求她以一种被称为量子非破坏（quantum non-demolition，QND）测量的方式来测量他的能量，这种测量不会改变或破坏他的能态，也不会影响环境（火）的状态，对其不发生作用。因此，亨利的能态会保持与测量前完全相同——危险的炽热状态。但是，正如亨利和伊芙所知道的，量子非破坏纠缠会破坏环境与系统之间的纠缠。虽然亨利仍处于炽热的量子态，但他不再与火纠缠了。伊芙进行了所需的量子非破坏测量，但是他们都意识到他仍然处于危险之中，因为在测量结束后，大火与亨利之间的纠缠过程重新开始，这就导致亨利的温度再次上升！

紧接着，亨利又发来一条信息“QZE”（量子芝诺效应）。就像亨利的婚礼梦（见第 10.1 节）那样，亨利和伊芙想到的主意是进行频率极高的测量，他们希望能以此保护亨利，避免他进一步升温。这么做的理由如下：如先前讨论过的，燃烧过程是各初始量子态和最终量子态之间的概率幅的相干交换或转移，因此他们可以利用量子芝诺效应进行救援，希望通过足够高速地测量亨利来冻结他的状态（双关语）。

为了实现量子芝诺效应，伊芙试图极其快速地连续进行（连发）量子非破坏测量，但令她和亨利沮丧的是，他甚至比测量之前更热了！因此，频率极高的量子非破坏测量会导致所谓的芝诺加热。

亨利注定要被烈火吞噬了吗？有希望实施另一次量子救援吗？刻不容缓，因此他们匆忙寻找解决办法，直到……发现了一种方法！他俩都想起了亨利的量子态的加热是振荡式的：亨利有时会变得更热，有时又会瞬间变冷，尽管到振荡结束时，他总的温度会上升。因此，调整测量间隔，使之适应亨利的冷却时间是有可能的！伊芙所要做的就是降低量子非破坏测量的速率，以便在那些“冷”的瞬间测量亨利。她进行了一系列较慢的连环量子非破坏测量，然后问亨利：“……怎样了？”亨利回答道：“太好了！我现在凉下来了！”经过多次这样仔细选择时间间隔的连环测量之后，伊芙注意到亨利开始在熊熊火焰中颤抖！伊芙决定，是时候停下来让他出去了。随着亨利从火海中跳出来来到伊芙的身边，一场温柔的和解发生了……

我们需要更仔细地研究这个使伊芙取得这一惊人壮举的量子动力学过程。在经过第一次量子非破坏测量实现退纠缠之后，亨利与环境的结合态又立即开始纠缠，从而导致亨利升温。不过，形式随后发生了转变。这一次，环境与亨利之间的热量流动方向反过来了，环境开始升温，而亨利开始降温。造成他们在很短的时标上纠缠的基础的能量转移的振荡性质就是亨利冷却的原因，因为伊芙已设法在恰好合适的时间（即在他比先前更冷的瞬间）对亨利进行了量子非破坏测量。由于量子非破坏测量并没有改变亨利的能态，他将保持较低的温度，直到与环境的振荡纠缠过程恢复。如果伊芙以正确的速率重复测量，那么每次这样与火的相互作用实际上都会让亨利凉下来。这种效应与芝诺加热相反，因此被称为反芝诺冷却。

伊芙的这次违背直觉的量子援救过程与第 10.1 节中阻止衰变的过程只是部分相似。这种相似性缘于量子力学的时间 – 能量不确定性关系（见第 6 章）：伊芙实施测量的时间间隔越短，系统（亨利）的各个态的能量分布范围就越宽，于是与亨利的态共振的环境各态的范围也就越宽。因此，当伊芙对亨利进行过度频繁的测量时，环境中的那些高能态就会将它们的能量倾注到亨利的态中，从而导致他过热。为了实现冷却而不是加热，伊芙就必须正确选择量子非破坏测量的时机（见图 11.1）。如果所有测量都是在亨利与火之间的能量振荡交换之际的适当时刻进行的，即在他处于最冷状态的每时每刻进行，那么结果就是亨利的温度越来越低。

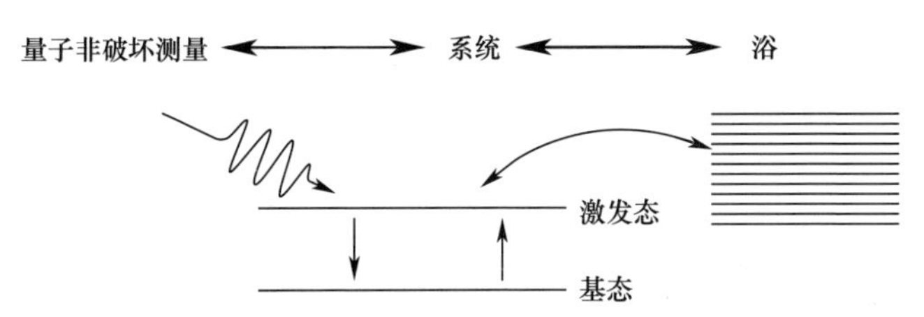

图 11.1　二能级系统和浴之间的能量交换受到系统能量量子非破坏测量的干扰。

这种违背直觉的反芝诺冷却效应已被实验证实（见第 11.2 节）。在我们的故事中，亨利由于这种效果而凉了下来，他和伊芙之间水火不容的状态也缓和了。

11.2　量子芝诺加热和反芝诺冷却

如第 10.2 节所讨论的，如果量子系统受到量子芝诺效应或反芝诺效应中频繁测量的干扰或被中断，那么该系统激发到零温浴中的衰变就可以被减缓或加快。以色列的 N. 埃雷兹、G. 戈登和 G. 库里茨基（2008 年）分析了尝试反复观察或测量一个浸没在热浴中的系统（比如一个二能级系统）的温度时会发生什么情况，由此对这一主题预言了一种奇怪的变化。他们的分析表明，如果测量极为频繁，从而导致量子芝诺效应出现（即弛豫减慢），那么令观察者大为惊讶的是，从一次测量到下一次测量，观察到的温度将继续升高，即系统将逐渐升温。同样令人惊讶的是，当测量不太频繁时，反芝诺效应出现了（即弛豫加速）。在这种情况下，温度将随着测量次数的增加而不断降低，即系统将逐渐冷却（见图 11.2）。

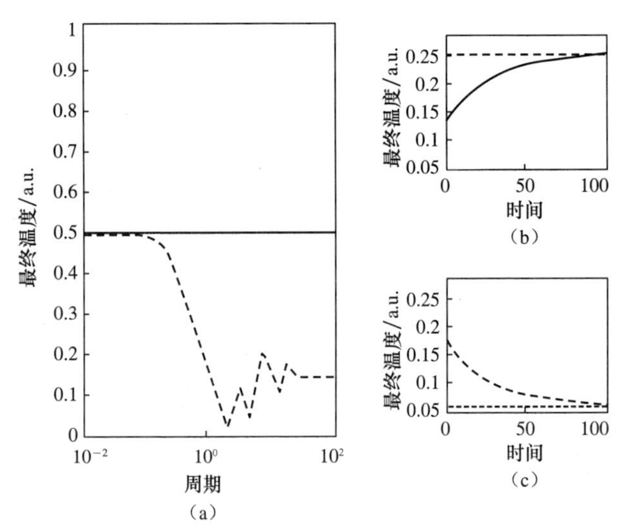

图 11.2　二能级系统的温度与测量速率之间的函数关系。（a）最终达到的温度与两次测量的时间间隔（周期）的函数关系。温度一开始降低，然后升高，然后再次降低，并继续振荡，直至达到长时间极限。（b）在量子芝诺效应加热的情况下温度演化与时间的函数关系。（c）在反芝诺效应冷却的情况下温度演化与时间的函数关系。图中的任意单位（arbitrary unit，a.u.）分别对应于二能级系统的能量（对于温度）及其倒数（对于时间）。

为了理解这些效应的异常之处，即它们与标准热力学法则的明显不相容性，我们重新讨论平衡热力学的概念。让我们具体考虑与一个浴平衡的二能级系统的一个系综，表征该系综的是温度 T。这个温度的含义可以通过比较激发（向上）跃迁速率和小得多的退激发（向下）跃迁速率来理解，其中激发是指该二能级系统吸收来自浴的量子，而退激发是指该系统的较高能级发射量子。这两个速率的比值称为该平衡系综的玻尔兹曼因子。这个因子由二能级系统的能量除以它的（用能量单位表示的）温度 T 确定。如果这个二能级系统的能量比 T 大得多，比如说是 T 的 10 倍，那么玻尔兹曼因子就可以忽略不计（非常小），因此该二能级系统的高能级布居数也可以忽略不计。这是低 T 值极限，其中只有较低能级具有较高的布居数。相比之下，当二能级系统的能量与 T 几乎相等，两个能级的布居数也几乎相等（即玻尔兹曼因子接近 1）时，则得到高 T 值极限（见本章附录）。

关于平衡，我们可以预期什么？根据热力学第一定律，只要二能级系统持续与浴接触，那么其温度就必定保持恒定。根据热力学第二定律，对二能级系统－浴平衡状态的任何扰动都必定会增加总熵。在标准热力学假设下，浴的熵不发生变化，而二能级系统－浴耦合可以忽略不计，那么任何扰动都必定增加该二能级系统的熵。也就是说，我们可以预期此二能级系统会升温！

在埃雷兹、戈登和库里茨基（合称 EGK）所考虑的情况下，以上预期均不成立！测量二能级系统温度（相当于测量其能量）的一个结果是，该二能级系统一开始升温，然后冷却，然后再次升温，导致其熵或热流振荡。这种行为显然与前面所述的热力学第一定律和第二定律矛盾。实际上，违反的不是这些定律，而是二能级系统－浴耦合可以忽略这条标准假设！尽管它们的耦合很弱，但是会产生一些（通常被忽略的）后果，主要是它们在平衡时发生纠缠（见第 9 章）。因此，通过观察和测量此二能级系统的能量，可以影响二能级系统和浴的联合的、不可分的状态，从而破坏它们的平衡，使它们开始演化。这导致了该二能级系统的交替升温和冷却。这种影响的代价是，观察者在二能级系统测量中必须投入的能量至少要等于二能级系统–浴的平均耦合能量，从而在测量过程中有效地将它们解耦。

因此，二能级系统经测量后偏离平衡状态这一意料之外的结果需要基于非常规的热力学考虑，以解释测量所导致的系统–浴纠缠的变化。EGK 的分析所得出的令人惊讶的结果是依赖测量速率而发生的熵振荡，这一结果缘于以下相关效应：即使浴非常大且仅与二能级系统发生弱耦合，浴态也不会改变这一标准热力学假设也被违反了。二能级系统与浴的平均耦合能量的变化会导致熵和热流在它们之间振荡，从而使它们各自在不同的时间间隔中交替升温和冷却，这在一定程度上是以观察者投入的能量为代价的。

更仔细地检查频繁测量所造成的二能级系统升温和冷却，可以将这些影响与第 10.2 节中讨论的二能级系统能级的展宽联系起来。这种展宽可以改变二能级系统中激发态和基态的布居数之比，这缘于以下两种在量子芝诺效应和反芝诺效应范围内发挥不同作用的效应的组合。在量子芝诺效应范围内，二能级系统的吸收速率和发射速率均降低（减慢），详见第 10.2 节。当其中的两个能级极度展宽以至于无法区分时，这两个比值变得几乎相等（见图 11.3）。由于在较低的温度下，几乎所有粒子都处于较低能态，因此吸收过程将较多的粒子转移到激发态，而发射过程将较少的粒子转移到基态，这就是二能级系统升温的原因。相比之下，在反芝诺效应范围内，发射速率和吸收速率都提高了。但是，由于此时频繁测量造成的能级展宽远小于在量子芝诺效应范围内的情况，因此低

T值极限下的吸收速率远小于发射速率，向下转移的粒子数多于向上转移的粒子数，这就导致了测量诱导的二能级系统的冷却！EGK 的这些预测带来了热力学的独特量子方面：它们绘制出一个新的前沿领域，称为耦合量子系统的观察下的热力学或测量控制热力学。

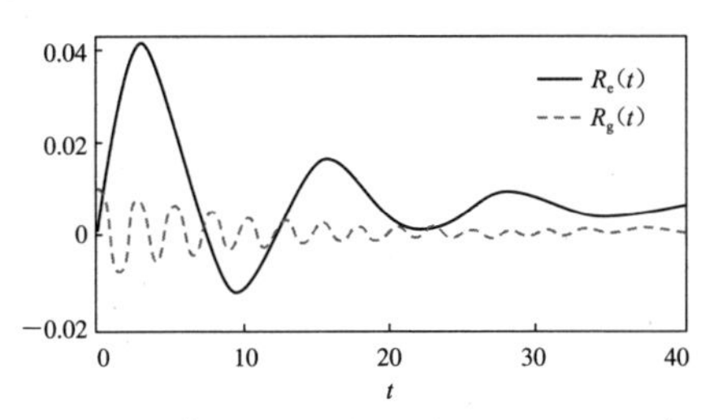

图 11.3　在一个二能级系统与一个具有 40 个不同频率的振子模式的浴耦合的情况下，该系统的吸收速率（R_e）和发射速率（R_g）与时间（以该二能级系统的频率的倒数为单位）的函数关系。

EGK 的预测得到了以色列的 G. 阿尔瓦雷斯、D. D. B. 拉奥、L. 弗里德曼和 G. 库里茨基的实验的证实（2010 年）。在此实验中，二能级系统是一个自旋为 1/2 的碳核，而浴则由三个质子组成，它们同样是自旋为 1/2 的二能级系统（见图 11.4）。通常，两个子系统之间不发生任何激发交换，这是因为它们的自旋彼此不共振。但是，当碳核的自旋能量被频繁地测量时，碳与三个质子之间的激发交换就发生了，从而导致各个子系统的累积升温或冷却，是升温还是降温取决于测量速率。这种效应的意义远不只体现在它的奇异性上，它使我们能够加热或冷却活体组织的核自旋，方法是以适当的速率作用于与这些自旋邻近的自旋探针，即使它与组织中的这些自旋不共振。在未来几年中，对组织中核自旋的这种有自旋选择性的、高度局域化的冷却可以显著提高磁共振成像的灵敏度。

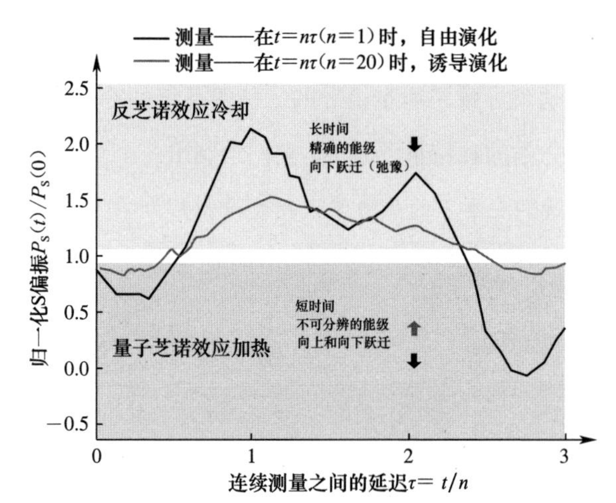

图 11.4　与浴（三个质子自旋）耦合的系统（碳自旋）在量子芝诺效应条件下加热（自旋去偏振），在反芝诺效应条件下冷却（自旋偏振增加）。G. 阿尔瓦雷斯、D. D. B. 拉奥、L. 弗里德曼和 G. 库里茨基的实验结果（2010 年）。

11.3　摆弄时间之箭：反常热力学

热力学第二定律很可能是物理学中最普遍的定律。从亚原子尺度到宇宙学尺度，它有着惊人的广泛应用领域。它被爱因斯坦和费曼等人誉为最历久弥坚的自然法则。同样值得注意的是，热力学第二定律能够经受住从经典物理学到量子力学的转变而不发生变化，因为这一转变主要涉及对现实的微观描述，而不是针对热力学的（或者说统计平均的）宏观描述。因此，根据热力学第二定律，与热浴接触的一个开放量子系统的冯·诺依曼熵会增加（或保持不变），正如它的对应经典概念（玻尔兹曼 – 吉布斯熵）一样。这表示信息缺乏程度（或系统无序程度）增大（见第 9 章）。因此，开放量子系统和它们的经典类似系统一样，时间的方向性也由热力学第二定律定义。

尽管热力学第二定律及由此给出的时间方向性可能坚如磐石，但它们也基于某些假设：时间之箭作为热力学第二定律的一种表达形式是以时间粗粒化（有限时间间隔平均）为条件的，而这个条件可能会失效。粗粒化背后的关键假设是我们不试图在每个瞬间检查系统，而是允许在连续两次观察之间有一段时间。这使我们能够忽略本征态或其可观测量的一些快速振荡叠加，并跟随系统减缓达到与浴热平衡（即达到浴的温度）的趋势。热力学第二定律与这一平衡趋势是同义的，然而对于量子芝诺效应和反芝诺效应有效范围内的开放系统而言，这种平衡趋势是不成立的，同样粗粒化也不成立（见第 10.2 节）。

我们在第 11.2 节中看到了此类失效的一个例子。在那里，我们试图通过将一个二能级系统与一个能量度量计耦合，反复观察这个嵌入热浴中的二能级系统的能量。在这种情况下，时间间隔足够长的连续观察总会产生相同的平均能量，这个能量对应于浴的温度。但如果我们重复观察的各时间间隔与该二能级系统能量的倒数相当，那么随着时间间隔的变化，其平均能量在较高（较热）值和较低（较冷）值之间交替变化。二能级系统的熵（态的纯度）也是如此，而与浴的温度无关。这样的交替意味着时间之箭在摆动，而不是具有严格的方向性。时间的严格方向性表现为根据热力学第二定律，如果浴不变，那么二能级系统的熵就会稳定（单调）地增加。事实证明，这种反常行为是时间 – 能量不确定性关系导致的一个结果：二能级系统的能量分布范围在如此短的时间间隔内变得太大，因而不符合热力学的平衡趋势。二能级系统与度量计的快速耦合和解耦主导着动力学，并压过了二能级系统 – 浴耦合的竞争效应。从本质上说，如果二能级系统的能量分布范围超过了能级之间的能量差，那么（在测量之前）一个能级是“高”能级还是“低”能级就变得不清楚了。与通常的热力学假设相反，量子发射可以使二能级系统向上跃迁（从“较低”态到“较高”态），从而导致其升温，反之亦然。量子吸收可以使二能级系统向下跃迁，导致其冷却。

关于上述通过反复测量所探查到的超短时标上的温度和熵的反常现象，可以套用《麦克白》（*Macbeth*）中女巫们的话总结为*热即是冷，冷即是热*[1]。有人可能会问：是否有必要借助频繁的测量以及它们所诱导的动力学来揭示这些偏离平衡的反常现象？唉，量子力学让我们别无选择，只能像我们所做的那样明确指定观察程序，其目标是尽量减少侵入（非破坏性）。要试图挑出系统的一个可观测量，并在短时标上忽略其环境，反常动力学就是一个不可避免的代价。从信息的角度来说，弛豫是由于信息从系统泄露到环境中而进行下去的，但是频繁的检测会导致信息在系统、环境和度量计之间来回流动。这就是时间之箭在这些情况下失去意义的原因。

推测与量子芝诺效应和反芝诺效应相关的反常现象在*原初宇宙*中的作用是很有趣的。时间之箭表示了自大爆炸以来宇宙的熵的增加，但大爆炸之前可能发生什么呢？是否可能存在这样的一个阶段，平均时间和能量摇摆不定，并产生了我们所知道的大爆炸？我们也许永远也不会知道这种猜测的答案。前面的讨论可能会使巴门尼德更加确信他的观点（见第 10.3 节）是正确的。如果不存在这样的一个观察者（他不仅可以控制时间流动的速率，甚至还可以控制时间流动的方向），那么定义时间就根本没有意义了。时间完全是由我们的想象或思维虚构出来的。

[1] 莎士比亚的《麦克白》中女巫们的原话是“Fair is foul and foul is fair”，意为“美即是丑，丑即是美”。——译注

万物流动

万物流动，赫拉克利特写道，

现在在这里的，永远不会再回来。

但我们的科学正在挑战这句话：

在小尺度上，万物都可以倒退！

想象一下，如果我们能找到方法让致命的时光倒流，

当我们心中熄灭的快乐的火焰

在重新释放出古老而又温暖的光辉时，

生活将会发生怎样的变化。

附录：中断加热过程

在本附录中，我们详细阐述系统–环境的相互作用及其变化引起的量子动态，具体如下。

① 重温系统与环境相互作用的哈密顿量（见第 9 章附录），并考虑它对于各量子过程中能量守恒的不寻常含义。

② 检验对应于亨利–火耦合（而不是亨利或火）的平均相互作用能，并且表明这个能量是负的。

③ 集中讨论亨利的量子态，这由他的密度矩阵来表示。

④ 介绍量子非破坏测量，它具有一些与前面讨论过的可区分度和可见度（见第 8 章）有关的特征，并表明这种测量消除了亨利–火的相互作用能。

⑤ 详细讨论亨利被测量后的动力学，并证明这确实能使他冷却。

在第 9 章附录中，我们引入了亨利与伊芙的各个传感器之间的相互作用哈密顿量。其中，环境代表火，可以从高能态 $|1\rangle_j$ 开始，而不是像

以前一样只从低能态开始。第 9 章附录中的哈密顿量只有两个能量守恒项，分别对应于在提高环境能量的同时降低亨利的能量，以及反过来。用一个更完整的描述，在相互作用的哈密顿量中还有另外两项，它们违背经典的能量守恒定律，但不违背量子能量守恒定律。于是，整个系统与环境的相互作用就是：

$$H_{\text{int}}=\sum_j \mu_j\Big(|\downarrow\rangle\langle\uparrow||0\rangle_j\langle 1|+|\uparrow\rangle\langle\downarrow||1\rangle_j\langle 0|+|\downarrow\rangle\langle\uparrow||1\rangle_j\langle 0|$$
$$+|\uparrow\rangle\langle\downarrow||0\rangle_j\langle 1|\Big)$$

其中，最后两项似乎违背了能量守恒定律，因为它们要么同时减少系统和环境的能量（第三项），要么同时增加二者的能量（最后一项）。亨利和火怎么能同时获得能量呢？这些能量从何而来？在量子力学中，能量守恒只适用于期望值或平均值。正如第 6 章在时间 – 能量不确定性关系的背景下所讨论的，能量也是一个量子算符。虽然只有最后一项真正违背了能量守恒定律，但第三项（它对于保持哈密顿量的幺正性是必需的）弥补了这一点。因此，平均而言，它们一起使能量守恒。

最一般的亨利 – 火状态由下式给出：

$$|\psi(t)\rangle=a_{\uparrow 0}(t)\mathrm{e}^{\mathrm{i}\omega_{\mathrm{a}}t}|\uparrow\rangle|0\rangle+a_{\downarrow 0}(t)|\downarrow\rangle|0\rangle$$
$$+\sum_j\Big[a_{\uparrow j}(t)\mathrm{e}^{\mathrm{i}(\omega_{\mathrm{a}}+\omega_j)t}|\uparrow\rangle|1\rangle_j+a_{\downarrow j}(t)\mathrm{e}^{\mathrm{i}\omega_j t}|\downarrow\rangle|1\rangle_j\Big]$$

回顾能量的测量方法（见第 6 章），我们可以通过取相互作用哈密顿量的期望值来计算相互作用能量：

$$E_{\text{int}}=\langle\psi|H_{\text{int}}|\psi\rangle=\sum_j\mu_j\Big[a_{\downarrow 0}a_{\uparrow j}\mathrm{e}^{\mathrm{i}(\omega_{\mathrm{a}}+\omega_j)t}+a_{\downarrow 0}a_{\uparrow j}\mathrm{e}^{-\mathrm{i}(\omega_{\mathrm{a}}+\omega_j)t}$$
$$+a_{\downarrow j}a_{\uparrow 0}\mathrm{e}^{-\mathrm{i}(\omega_{\mathrm{a}}-\omega_j)t}+a_{\downarrow j}a_{\uparrow 0}\mathrm{e}^{\mathrm{i}(\omega_{\mathrm{a}}-\omega_j)t}\Big]$$

由于 $e^{ix}+e^{-ix}=2\cos x$，因此仔细考虑前两项组合和后两项组合后，可以给出以下相互作用能：

$$E_{int}=\langle\psi|H_{int}|\psi\geqslant 2\sum_j\mu_j\left[a_{\downarrow 0}a_{\uparrow j}\cos\left(\omega_a+\omega_j\right)t\right.$$
$$\left.+a_{\downarrow j}a_{\uparrow 0}\cos\left(\omega_a-\omega_j\right)t\right]$$

该能量在某些特定时间内可能有负值，视振荡频率而定。

接下来，我们希望求出亨利的密度矩阵。为此，我们使用第 8 章中介绍的求迹算符求出火的迹。这以一种更清晰的方式给出了亨利的态：

$$\rho_H=\langle 0|\psi\rangle\langle\psi|0\rangle+\sum_j\langle 1|\psi\rangle\langle\psi|1\rangle_j$$

因此，亨利的态由以下四部分构成：

$$\rho_H(t)=\rho_{\uparrow\uparrow}(t)|\uparrow\rangle\langle\uparrow|+\rho_{\downarrow\uparrow}(t)|\downarrow\rangle\langle\uparrow|+\rho_{\uparrow\downarrow}(t)|\uparrow\rangle\langle\downarrow|+\rho_{\downarrow\downarrow}(t)|\downarrow\rangle\langle\downarrow|$$
$$\rho_{\uparrow\uparrow}(t)=|a_{\uparrow 0}(t)|^2+\sum_j|a_{\uparrow 1}(t)|^2$$
$$\rho_{\downarrow\downarrow}(t)=|a_{\downarrow 0}(t)|^2+\sum_j|a_{\downarrow 1}(t)|^2$$
$$\rho_{\downarrow\uparrow}=\rho^*_{\uparrow\downarrow}=a_{\downarrow 0}a_{\uparrow 0}e^{-i\omega_a t}+e^{-i\omega_a t}\sum_{j,j'}a_{\downarrow j}a_{\uparrow j'}e^{-i\left(\omega_j-\omega_j'\right)t}$$

可以看出，密度矩阵的对角项之和是正的，分别代表亨利处于热态和冷态的概率。亨利的非对角项是那些对相互作用能有贡献的项，它们来自只有非对角项和的那一相互作用哈密顿量。

我们接下来检验伊芙通过量子非破坏测量所展开的营救，这种测量的原理已在第 8 章中介绍过。这种测量在于构建一个由（亨利 –）探测器态组成的完全纠缠系统，然后对所有的探测器态取平均值。在我们的例子中，这个系统所告诉我们的只不过是当亨利处于 $|\uparrow\rangle$ 态时，探测器

处于被探测到的态$|d\rangle$，而当他处于$|\downarrow\rangle$态时，探测器处于未被探测到的态$|u\rangle$。因此，联合的系统－探测器密度矩阵就是亨利的密度矩阵的简单扩展：

$$\rho_{\mathrm{H+D}} = \rho_{\uparrow\uparrow}|d\rangle|\uparrow\rangle\langle\uparrow|\langle d| + \rho_{\uparrow\downarrow}|u\rangle|\downarrow\rangle\langle\uparrow|\langle d| + \\ \rho_{\uparrow\downarrow}|d\rangle|\uparrow\rangle\langle\downarrow|\langle u| + \rho_{\downarrow\downarrow}|u\rangle|\downarrow\rangle\langle\downarrow|\langle u|$$

对探测器的各态求平均就是对探测器求迹。由于这一过程完全忽略探测器的终态，因此被称为非选择性测量。然而，在联合密度矩阵中对探测器求迹时，会产生一种不寻常的效应：

$$Tr_{\mathrm{D}}\rho_{\mathrm{H+D}} = \langle d|\rho_{\mathrm{H+D}}|d\rangle + \langle u|\rho_{\mathrm{H+D}}|u\rangle = \rho_{\uparrow\uparrow}|\uparrow\rangle\langle\uparrow| + \rho_{\downarrow\downarrow}|\downarrow\rangle\langle\downarrow|$$

这里，联合密度矩阵的非对角项消失了，除此以外什么都没有发生！由于对角项决定亨利的温度，因此非选择性测量本身并不能帮助亨利降温。不过，它确实消除了他与火的相互作用能。这种相互作用能只由非对角项决定，而它现在消失了，不管它早先的值是多少。最重要的是它将亨利－火纠缠重置为零。亨利在经过（短暂的）测量之后，立即不再与火耦合，尽管火还在那儿！随后，相互作用重新开始了。

这种量子非破坏测量是如何把亨利从量子火海中解救出来的？这幅拼图的最后一片在于测量后的动力学。亨利的对角项遵循的规则与亨利衰变到矿井中的规则非常相似。跳过细节，亨利的较高能态和较低能态的布居数的变化率具有以下形式：

$$\frac{\mathrm{d}\rho_{\uparrow\uparrow}(t)}{\mathrm{d}t} = -\frac{\mathrm{d}\rho_{\downarrow\downarrow}(t)}{\mathrm{d}t} = R_{\downarrow}(t)\rho_{\downarrow\downarrow}(t) - R_{\uparrow}(t)\rho_{\uparrow\uparrow}(t)$$

我们观察到存在着总布居数守恒现象，因此两个布居数的变化速率相互平衡。至于亨利在第 8 章中的衰变，$-R_{\uparrow}(t)\rho_{\uparrow\uparrow}(t)$项是亨利从高能态衰变为矿井中的低能态的速率。在燃烧着的大楼中，它代表亨利的冷却速率。不过，这个动态方程中还有另一项 $R_{\downarrow}(t)\rho_{\downarrow\downarrow}(t)$，它代表亨利升温的速率。升温速率和降温速率的系数分别是：

$$R_{\uparrow}(t)=\mathrm{Re}\int_0^1 \mathrm{d}t'\mathrm{e}^{\mathrm{i}\omega_{\mathrm{a}}(t-t')}\sum_j \hbar^{-2}\mu_j^2\mathrm{e}^{-\mathrm{i}\omega_j(t-t')}$$

$$R_{\downarrow}(t)=\mathrm{Re}\int_0^1 \mathrm{d}t'\mathrm{e}^{\mathrm{i}\omega_{\mathrm{a}}(t-t')}\sum_j \hbar^{-2}\mu_j^2\mathrm{e}^{\mathrm{i}\omega_j(t-t')}$$

这里，积分前面的符号 Re 表示“实部”，因为与概率幅速率相反，变化的概率速率的系数不能是复数。尽管这两种速率看起来相似，但它们的环境振荡指数的符号不同。结果，冷却速率由以下事实决定：其指数是 $\omega_{\mathrm{a}}-\omega_j$，而不是加热速率的 $\omega_{\mathrm{a}}+\omega_j$。

让我们更深入地研究由前几个方程所描述的测量后的动力学。在测量后的甚早期，只要量子芝诺效应占优势，速率系数就随着时间线性增长，即 $R(t)\sim t$，与 ω_{a} 和 ω_j 无关。因此，在这段时间里，我们有 $R_{\downarrow}(t)=R_{\uparrow}(t)=R_{\mathrm{QZE}}$，这意味着亨利正在冷却，冷却速率与他的升温速率相同！由于当时冷的亨利比热的亨利多（只要亨利没有被完全烧焦，就有 $\rho_{\downarrow\downarrow}(t)\rangle\rho_{\uparrow\uparrow}(t)$），于是我们发现：

$$R_{\downarrow}(t)\rho_{\downarrow\downarrow}(t)-R_{\uparrow}(t)\rho_{\uparrow\uparrow}(t)=R_{\mathrm{QZE}}\left[\rho_{\downarrow\downarrow}(t)-\rho_{\uparrow\uparrow}(t)\right]\rangle 0$$

这意味着尽管（或由于）有芝诺效应，但亨利正在变热！

不过，在测量之后有一个时间间隔，在此期间速率系数 $R(t)$ 的振荡不仅影响它们的大小，甚至可以使它们变成负的。如果选出相继测量之间的正确时间间隔，那么 $R(t)$ 的这些量子相干振荡将导致经典上不可能的结果，正如伊芙发现的。

$$R_{\downarrow}(t)\langle 0, R_{\uparrow}(t)\langle 0$$
$$R_{\downarrow}(t)\rho_{\downarrow\downarrow}(t)-R_{\uparrow}(t)\rho_{\uparrow\uparrow}(t)\langle 0$$

在这个时间间隔内，能量流向“错误”的方向，即与热力学所规定的方向相反——从较冷的亨利流向较热的火！由于亨利和火之间的量子相干性，因此这种现象的效果只能在他们被量子非破坏测量干扰之后才能出现。

总结一下这个相当复杂的救援场景。我们已经看到亨利与火最初纠缠在一起，具有随时间变化的相互作用能。伊芙进行量子非破坏测量，设法通过消除这种相互作用能而暂时将亨利与火解耦。这种做法本身并不能使亨利冷却，但会重新启动相互作用或重置其时间。在随后的初始阶段，亨利与火再次由于他们之间重新开始的相互作用而相干振荡。选择适当的时刻，当亨利的振荡能量接近其最深的低谷时（见图 11.2 和图 11.4），亨利与火之间的能量或热流被暂时逆转，这导致亨利冷却，代价是火被加热。这不是通常所预期的。重复这些测量的结果是亨利被冷却到一个安全的温度。

亨利在半空中退相和复相
Happy HOUR
我知道另一个地方可以把量子晶体加工成量子放大器，但你必须飞越敌人控制的地盘。
我们要碰碰运气。
我会低空飞行躲避雷达。
亲爱的，很高兴再次和你成为搭档!

探测到危险，我要量子化了。
该死的！他们的导弹仍然击中了我们!
弹射
必须复合才能到达我的降落伞!
记住，亨利，相位是可以反转的!

我不能以随机
相位复合!
想到了！伊芙说我
可以反转它们!
终于在靠近降落伞
的地方复合了!

向总部报告，飞机坠毁，两名间谍正在跳伞!
把他们带进来审问。
亲爱的，在他们杀死我们之前，你知道这都是为了爱，对吗?
我知道，亲爱的，你提示我相位可以反转，又救了我一命！别担心，我们会摆脱这个困境。

第 12 章　退相是可控的吗

12.1　亨利控制他的退相降落

在亨利和伊芙决定撇开恩怨的一段时间之后，伊芙驾驶着她的飞机与亨利飞越了壮观而不祥的雨林。他们肩负着将量子晶体转变成放大器这项危险任务，要飞越敌人控制的地盘。他们试图躲避雷达探测，但随后……突然发生的爆炸（来自炮弹或导弹？）严重损坏了飞机！糟糕，原来该晶体的威力不足以抵挡爆炸！亨利和伊芙跳伞逃生，但是当伊芙绑好降落伞准备安全降落时，亨利发现自己处于危险之中，因为他的量子服由于高功率放电而不可控地将他分成了四个量子分身，其中只有一个能够抓住降落伞。为了生存，他的所有分身必须准确地在降落伞所在的位置复合，否则就会分别着地。

亨利是一位熟练的量子物理学家，并且经历过多次量子冒险。他迅速考虑了他的选项。他可以要求伊芙测量他，这样就会使他坍缩到一个地方。但是，他知道没有办法预先知道他会坍缩到哪个状态。由于亨利有 75%的可能性会坍缩到错误的地方，远离降落伞，面临悲惨的结局，因此他决定不冒险。他寻求的是一个确定性而非概率性的过程，以确保自己将作为一个完整的、经典的亨利出现在正确的位置。

他回想起自己骑摩托车逃离伊芙监视的情景（见第3章），当时他利用相长干涉和相消干涉，确定性地控制自己的最终位置。在亨利看来，这是他的最佳选择，因此他按下了复合按钮，期望这四个分身复合，并在降落伞附近形成一个完全经典的亨利。但是可惜，经过复合操作后，他再次分成自己的四个量子分身！

为什么复合按钮不起作用？就像在第3章中一样，亨利指望用相消干涉来消除他不想要的分身，用相长干涉来使经典的自己出现在降落伞附近。现在，这些效应都失灵了，他在大劫之前只剩下最后一个机会了。

亨利知道，要使干涉正常发挥作用，他的所有量子分身的相对相位都必须完全受控。然而，亨利从飞机上弹射出来的过程扰乱了他的相位，使它们面目全非，因为某些分身显然比其他分身聚集了更多的相位。由于无法控制这些相位，因此他无法确定性地引导其中一个分身成为经典分身，而其他分身则通过相消干涉消失。

亨利所经历的是一种称为退相的退相干形式，这在量子系统中极为常见，其背后的机制总是可以追溯到系统与其环境的纠缠。然而重要的是，它们似乎是随机的，并且被叠加的各量子态之间相对相位的这种随机化阻止了它们的受控干涉。亨利没有希望了吗？

正当亨利越来越恐慌时，他突然听到伊芙大喊："你的各相位都是线性的！"于是，他回想起了一个几乎完全被遗忘的关于退相的见解，这在他的脑海中点燃了一丝希望。尽管这些相位看起来是随机的，但他也许仍能控制它们，从而成功地复合！虽然他不知道每个状态的相位，但他和伊芙一样，猜想这些相位随着时间线性增长，这在退相过程中是典型的。关于退相的那些被遗忘已久的课程的其余部分瞬间在他的脑海中浮现出来：通过翻转他的各量子分身的相位（即仅改变这些相位的符号），如果他等待的时间长到足以使它们退相，那么他的各量子态就会恢复到它们的原始相位，而累积的随机相位也会相互抵消。亨利迅速将其所有量子分身的相位调节盘都拨到相反的符号，并等候从他们最初退相开始的确切时间，然后……成功了！他所有的量子分身都恢复到同一个相对相位！他们以 100%的概率在他可以绑上降落伞的地方复合为一个经典亨利，就在千钧一发之际。

亨利的这次惊心动魄的冒险给了我们一个非凡的启示。如果一个系统经历了退相，其每个量子态都累积了一个与时间成线性关系的随机相位，那么我们就可以执行一个使所有相位都反转的量子操作，从而撤销随机退相，即使对这些相位一无所知！不过，这些相位仅在一个特定时刻返回其原始值，而到达这一时刻的时间是初始退相周期持续时间的两倍（见图 12.1）。如果不抓住这一时机，退相将继续随时间线性增长。

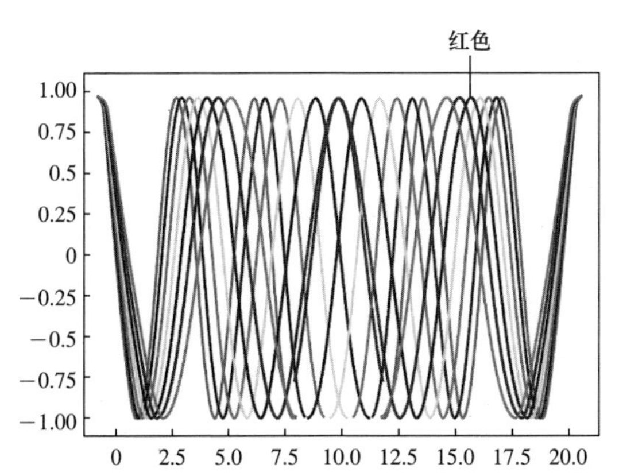

图 12.1　许多具有随机频率差的振子的相位随时间线性增长（以红色振子的四分之一周期为单位），由此造成退相。在 $t=10$ 时，所有相位都反转了；在 $t=20$ 时，它们都恢复了（同一）初始值，从而撤销了退相。

为了有效地对抗这种退相干效应，就必须重复执行相位翻转操作。这种周期性的重复——必须足够频繁以防止随机相位随时间变为非线性——让人联想到第 10 章和第 11 章介绍的量子芝诺效应。不过，量子芝诺效应要调用破坏相干性的测量，而与此相反，周期性的相位翻转操作是相干的，因此就保证了相对相位为零（只要过程与时间成线性关系）。

由于许多量子系统都以从一个或另一个源退相的形式经历退相干，因此这里描述的对抗这种效应的技术是普遍存在的。亨利依靠这项技术才活了下来，因为这使他得以及时抓住了降落伞。这项技术在核自旋共振测量中是必不可少的，尤其是在磁共振成像中，因此许多接受磁共振成像检查的病人都受惠于它。它的流行名称之一是 *bang–bang*，这是根据这种操作脉冲式的、重复的性质而命名的。它最初的名称是自旋回波，因为相位翻转后的动态与此操作之前的动态相呼应。

12.2 退相干及其控制

亨利从飞机上弹出时的剧烈震动扰乱了他的叠加态的相位，然而类似的叠加态的相位被破坏的过程在任何我们感兴趣的量子系统（例如量子位）中都自然地、不可避免地发生着。如果我们及时跟踪其状态，则它与周围环境的相互作用迟早会导致其丧失量子相位相干性，即发生退相干。

退相干的概念是由冯·诺依曼（见第 3、4、9 章）在 1932 年出版的那本关于量子力学基础的开创性著作中引入的。这个概念源于他对量子测量的各种效应的讨论（见第 5 章）：一次理想的测量将一个量子叠加态投影到一个本征态，从而破坏叠加的各本征态之间存在的相位相干性。此过程构成了在最强烈意义上所说的退相干，其发生的原因是系统和测量设备因为进行测量而发生了纠缠，然后测量设备被忽略，从而导致系统的量子态混合或变得不纯，没有相位相干性。

不过，退相干的概念具有局限性，其动力学上的描述（美国的R. 茨万兹希和日本的久保在20世纪50年代和60年代）表明，它是逐渐发生而不是突然发生的，其发生的时标称为环境记忆时间。在此时标内（可能很短），退相干的影响可以被“撤销”，因为系统与环境可以通过适当的幺正操作而发生退纠缠。这样的操作是去相干动力学控制的本质，这将在后文中进行讨论。

在大多数实际用途中，退相干不需要用与环境的纠缠来描述（这可能是一项非常苛刻的任务），而是可以归因于由环境引起的随机噪声这一更为简单的影响。对于任何过程，如果其影响只能在一个系综上进行统计描述，而对于任何单个系统，其影响都是未知的，那么这个过程就是噪声。

让我们详述后一种描述模式，它是本章所述故事的基础。随着核磁共振光谱学的出现，F. 布洛赫和I. 拉比提出了退相干是由噪声引起的概念（见第3章）。他们将从一个脉冲磁场作用下的大量核自旋样本中得到的相干信号的快速衰减归因于噪声。这样的一个磁场会导致自旋绕着与其同向的静磁场的轴发生进动（见第10.2节）。如果该过程是相干的，那么这个进动就会是有规律的，从而产生一个周期性信号。不然的话，此信号则趋于在布洛赫和拉比称为T_2的时间内衰减。他们确定了这种衰减的两种可能机制。一种是样本在空间上的不均匀性：各自旋分别暴露在不同的磁场中，因此它们以不同的、未知的速率发生进动，从而随时间积累出实际上随机的相位。因此，这种过程与静态噪声有关。另一种噪声源称为“动态的”噪声源，磁场按时间的波动导致磁对准的自旋以不可预测的方式摇摆和抖动，从而引起时间上的相位随机性。这两种噪声源中的任何一种都有可能处于主导地位。

多年来，由 T_2 过程引起的退相干（称为*退相*）一直被认为是不可改变的。然而在 1950 年，美国的 E. 阿恩通过一种简单、巧妙的方法（他称之为*自旋回波*）表明了由静态噪声引起的退相是能够克服的。他后来因此获得了诺贝尔奖。通过这种方法，在时间间隔 T 内已经被随机化的所有自旋的相位被一个短脉冲反转，使得它们在经过一个相等的时间间隔 T 之后都恢复到其初始值，从而消除了退相。它们在第二个时间间隔中的演化与第一个时间间隔中的演化相呼应。这就是在我们的故事中亨利 · 巴尔所采取的方法。1954 年，美国的 H. 卡尔和 E. M. 珀塞耳以及以色列的 S. 梅布姆和 D. 吉尔扩展了这种方法，通过更频繁地施加回波脉冲来对抗动态噪声。

从那时起，人们引入了更复杂的回波脉冲序列来对抗核磁共振波谱中的退相。基于美国的 S. R. 哈特曼于 1964 年发现的自旋回波在光学中的类似现象，类似的方法已被用于保护原子中电子状态之间的相干性。这些方法是更近期（自 20 世纪 90 年代起）的一些应用的基础，这些应用涉及在量子信息处理和通信协议中保护其相干性，免受环境影响，例如隐形传态（见第 14 章），因为这些协议极易受到退相干的影响。然而，量子信息处理和通信应用程序的要求非常苛刻，需要很长的相干时间，因此需要比回波方法更高级的一些动态噪声控制概念。

这一综述可能会给读者留下这样的一种印象：对退相干的理解及其控制已经触手可及。然而，仍然存在着一些尚待解决的概念性问题。

如第 3 章所述，基于干涉的量子操作的结果取决于处于量子叠加态的各本征态之间的相对相位。在某些情况下，相位的任何微小变化都会极大地改变实验结果。但是真正的灾难性情况是，由于系统受到噪声的影响，因此对于每次叠加的实现，这种相位变化实际上都是随机的，其结果称为退相。在伊芙攻击亨利的相干性这个例子中，它可能会完全破坏基于干涉的那些量子操作的功能性。

接下去，我们对退相提出一些物理上的深入见解。然后，我们简单地解释称为自旋回波的技术，该技术旨在对抗来自两类一般噪声源的退相。这些源是缓慢波动的场和非均匀自旋系综。

有关前一类退相的情况是，（例如）当自旋量子位由磁场实现时，该磁场将与其两个本征态相关的两个能量本征值分开。如果该量子位是通过一个原子中对磁敏感的核自旋态或原子中的电子自旋态实现的，那么磁场就会导致与磁场同向或反向的自旋能级朝相反的方向移动。噪声磁场中的一个不可预测的变化（波动）会导致能级间隔的一个相应变化，从而导致各本征态的相对相位发生变化。这种相对相位的变化可能会随时间累积。如果相位波动缓慢，相位在单次实验（实现）期间保持不变，但在各次实验之间发生变化，那么这种退相就可以通过自旋回波技术来抵消，下文将对此进行描述。

另一类退相通常会在探测嵌入固体或液体中的自旋的那些方案中遇到。它是由许多自旋系统组成的样品的空间不均匀性引起的。在这些装置中，许多实现不需要多次重复实验，而是在多个系统上同时进行单次实验，然后探究由这些系统组成的统计系综的密度矩阵，并在单次实验中获得对应于系综平均值的一个信号。这些系统完全相同的情况极少，并且由于本地环境的各种差异，它们可能具有不同的能级间隔。因此，在单次实验中，每个自旋系统构成了一次实现，该实现获得一个不同的、预先未知的相位，从而再次满足了应用自旋回波技术的条件。

在这两种情况下，各自旋系统在每个实现过程中都保持量子相干。如果相位在所有实现中都是重复的，那么就可以通过测量得出的状态确定其相位并作用于该系统，以逆转其影响而将其抵消。然而，由于每次实现都会遇到不同的、实际上随机的相位，因此重复实验并不能提取有用的相位信息。

为了理解自旋回波技术的本质，请考虑到退相与作用时间为 t 的静态噪声有关。在这种情况下，自旋回波受到磁场的一个短脉冲的影响，该脉冲将所有相位改变了 180°。这一演化过程与赛道上的跑步者之间存在着一个有用的类比。在第一声哨响起时，他们一起出发，试图保持他们的相干性（同步性），但这种同步性由于他们的步伐差异而逐渐丧失。当最前面的跑步者跑完半程时，第二声哨响起，所有的跑步者都转过身来，这样第一名现在成了最后一名。在各位跑步者都经过一个相同的时间间隔之后，他们将一起完成比赛，正如回波方法所预期的那样。

12.3 生与死的量子控制：变化是一种幻觉吗

近年来，指导退相干控制发展和实施的主要努力在于保护量子相干性、纠缠和量子信息，即它们在旨在服务于量子技术的那些系统中的存储、处理和通信。这些新兴技术包括量子计算、量子密码学和量子隐形传态，第 14 章和第 15 章将对此做详细的讨论。

这确实是一项令人望而生畏的工作，因为这些量子技术特别是量子计算要求极高的保真度，同时需要复杂的系统来实现它们，二者都要求对退相干具有极高的灵敏度（见第 9 章和第 12 章）。

尽管这一努力可能很有挑战性，但退相干控制也许还有一个更为深远的潜在目标：我们有朝一日能用它来影响新陈代谢甚至死亡过程吗？经典热力学不允许代谢过程的逆转，因为在每一个基本步骤中它们都是不可逆的。这样的过程在所有时间尺度上都严格遵守经典热力学方程吗？近年来，人们进行了广泛的（主要是理论上的）研究，目的是要确定最简单的代谢过程——光合作用中的各种量子效应。这些研究目的是由美国的 G. 弗莱明在 2002 年获得的那个发现引发的，该发现称光合作用反应中心内的能量转移可能是量子相干的。如果这样的一个过程或相关的一些过程确实被发现表现出量子性，那么我们就可以开始寻找它们的量子控制方法。如第 11 章所示，热力学第二定律和随之而来的能量转移不可逆性在极短的时标上会被打破。因此，这里的问题就是：我们能否设计出拉长这些时标的量子控制，从而使它们影响新陈代谢过程？没有什么根本的理由表明不该是这样！

在控制代谢过程方面可能会遵循下列量子控制的方向。

1. 动态类量子芝诺效应控制（见第 10 章和第 12 章）

动态类量子芝诺效应控制正在快速发展，能在越来越复杂的系统中减缓多体退相干，前提是这些系统与具有有限记忆时间的热浴或噪声源耦合，从而产生非马尔可夫动力学。令人鼓舞的是，控制速率并不随着系统自由度的增加而过快增长。正如以色列的 G. 戈登和 G. 库里茨基在 2011 年发现的，控制速率的增长远远慢于其他速率。一旦我们确定了新陈代谢背后的那些量子机制，就有可能设计和实施动态控制，从而在与自然寿命相比大大延长的时段内防止生物体死亡。这将证明芝诺的断言是正确的，所有的变化（包括死亡）都是一种幻觉。

2. 用无退相干子空间保护量子相干和纠缠

有一个前景良好的控制方向取决于这样一个事实：具有生物活性的分子复合物（如承担各代谢过程的那些）是由相同的分子单元组成的。这些过程的动态控制可以利用浴和许多分子单元之间的相互作用振幅的不可区分性，因为它们与公共浴发生耦合。这种不可区分性是实现相长干涉或相消干涉的关键，即取决于各个单元位置的振幅相加或相减（见第 7 ~ 9 章）。

这种现象最初是由美国的 R. 迪克在 1956 年发现的，后来法国的 S. 阿罗什（1983 年）和美国的 M. O. 斯库利（2006 年）研究了许多全同的原子和分子的短时间、瞬态发射（见图 12.2）。这些过程表现为超辐射（通过相长干涉集体增强的自发发射）或亚辐射（通过相消干涉集体抑制的发射的逆过程）。以色列的 G. 戈登、W. 尼登楚和 G. 库里茨基（2006 年、2018 年）的工作表明，这种集体增强或抑制可以一直持续发生，并以某种方式进行动态控制，从而使许多原子或分子的某些子空间（状态集）由于它们的相消干涉而与浴解耦（见图 12.3）。这些解耦的子空间（被称为无退相干子空间）或暗子空间已被意大利的 P. 扎纳尔迪（2002 年）和美国的 D. 利达尔（2004 年）确定为具有抵抗破坏量子纠缠或量子信息的强大能力。

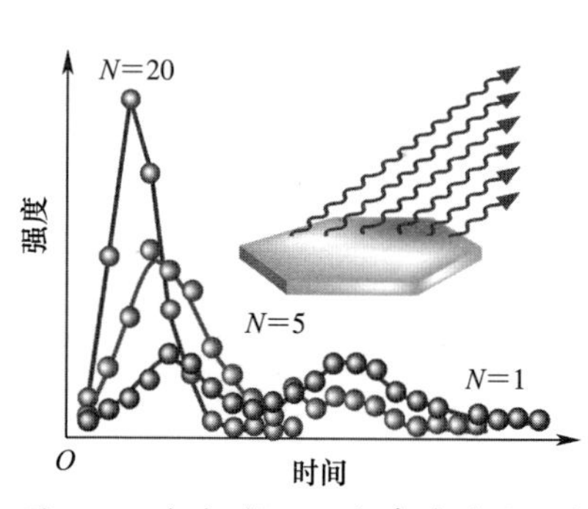

图 12.2 超辐射。一个有序（晶体）阵列中的 N 个全同原子发生同相的自发发射，即集体以 N 倍的增强速率发生自发发射，这被称为迪克超辐射。N 个原子的超辐射强度与时间的函数关系表明，原子数越多，辐射发生得就越快（强度峰向较短的时间移动）。

利用无退相干子空间进行动

态控制，可能会为保持大型生物活性分子复合物中的量子性开辟道路，从而为更广泛的量子控制生物过程开辟道路。不过，无退相干子空间的适用领域要广泛得多，实际上是通用的。原因在于，一组全同的系统总是具有一定的对称性。因此，当交换这些系统中的任何两个时，它们与一个公共浴的相互作用的幅度要么保持不变，要么翻转它们的符号，这两种情况分别对应于相长干涉和相消干涉——后者就是无退相干子空间的一种情况。无退相干子空间的这种通用性可以用来解释为什么多粒子系统的某些相互作用会被其组成部分之间的保护性相消干涉所抑制或掩盖。大自然可能穿着一件“隐身斗篷”，这是以弗所的赫拉克利特提出的想法。他在约公元前 450 年敬献给自然女神伊希斯（阿耳忒弥斯）[1] 的箴言是“大自然喜欢隐藏自己”。这句箴言仍然痛切地总结了揭示大自然奥秘的困难。

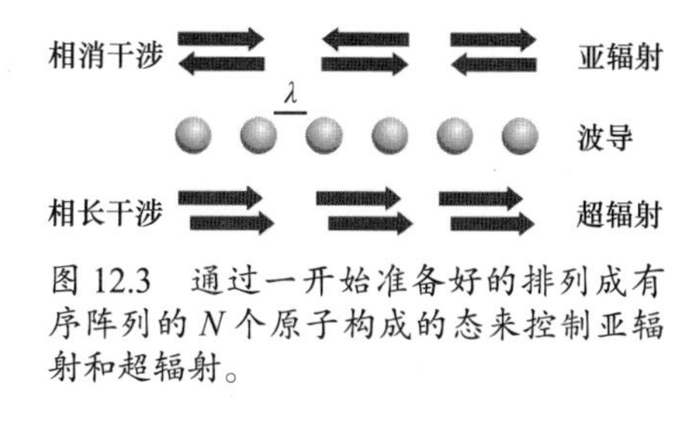

图 12.3　通过一开始准备好的排列成有序阵列的 N 个原子构成的态来控制亚辐射和超辐射。

附录：bang - bang 作为退相控制

在第 12.1 节中，亨利的危险是一种被称为退相的退相干效应（在各量子态的时间演化中出现随机相位）引起的。这里，我们要记住“经典随机”相位，这些相位对于我们来说是未知的，但只要我们跟踪作用在系统的每个自由度上的力，它们在原则上就是可知的。相比之下，原则上未知的“量子随机”相位缘于系统状态（波函数）与环境纠缠而发生

[1]　在希腊神话中，伊希斯和阿尔忒弥斯有时是等同的。——译注

坍缩，然后对环境求迹（见第 9 ～ 11 章）。我们为退相及其通过 bang–bang 或自旋回波方法的控制提供一个简单的数学解释。

让我们研究一个极其简单的亨利，他向左移动或向右移动，这用他的两种可能状态来表示，即$|\leftarrow\rangle$和$|\rightarrow\rangle$。一开始，他的状态是二者的相等叠加：$|\psi\rangle=\sqrt{1/2}\left(|\leftarrow\rangle+|\rightarrow\rangle\right)$。亨利希望复合，最好是在降落伞所在的位置复合。在没有退相干的情况下，只需简单地按下复合按钮就足够了。然而，当亨利迅速向地面跌落时，他的一个分身每过一秒就获得一个随机相位 δ。因此，他的状态演化为：

$$|\psi\rangle=\sqrt{1/2}\left(|\leftarrow\rangle+\mathrm{e}^{\mathrm{i}\delta t}|\rightarrow\rangle\right)$$

亨利现在陷入了一个危急的困境。如果他知道 δ 的话，那么他就可以选择时间 $\delta t=\pi$，这将导致一个精确的状态。通过按下复合按钮，这个状态就可以再次恢复为一个经典的（完整的）亨利。更妙的是，通过选择适当的时间，他还可以控制他会复合成的状态，就像第 3 章中他所采取的干涉行为。

不过，由于亨利不知道 δ，因此他使用了一个重要的概念——相对相位。在量子力学中，只有相对相位才是重要的。他明白，翻转他的各个状态会类似于逆转累积的相位。让我们看看这是如何做到的。

如果亨利翻转他的各个状态，那么他的状态就会变成：

$$\begin{aligned}|\psi\rangle=\sqrt{1/2}\left(|\rightarrow\rangle+\mathrm{e}^{\mathrm{i}\delta t}|\leftarrow\rangle\right)&=\sqrt{1/2}\left(\mathrm{e}^{\mathrm{i}\delta t}|\leftarrow\rangle+|\rightarrow\rangle\right)\\&=\sqrt{1/2}\mathrm{e}^{\mathrm{i}\delta t}\left(|\leftarrow\rangle+\mathrm{e}^{-\mathrm{i}\delta t}|\rightarrow\rangle\right)\end{aligned}$$

由于只有相对相位才是重要的，因此括号外的 $\mathrm{e}^{\mathrm{i}}\delta t$ 没有物理意义，可以去掉，结果得到他的翻转状态为：

$$|\psi(t)\rangle=\sqrt{1/2}\left(|\leftarrow\rangle+\mathrm{e}^{-\mathrm{i}\delta t}|\rightarrow\rangle\right)$$

亨利继续下降并累积相同的随机相位速率 δ。这意味着再经过时间 t 之后，状态 $|\rightarrow\rangle$ 乘以因子 $e^{i\delta t}$，从而完全抵消了亨利在前一个时间间隔 t 中累计的负相位因子。

$$\begin{aligned}|\psi(2t)\rangle &= \sqrt{1/2}\left(|\leftarrow\rangle + e^{-i\delta t}e^{i\delta t}|\rightarrow\rangle\right)\\ &= \sqrt{1/2}\left(|\leftarrow\rangle + |\rightarrow\rangle\right)\end{aligned}$$

令人惊奇的是，不管 δ 的值如何，已累积的相位都会消失。这与亨利以前的努力形成了鲜明的对比。那时他为了控制他的量子态，需要完全了解他的相位。在目前的情况下，虽然亨利对他的相位一无所知，但是他知道如何通过翻转状态和改变累积相位的符号去实际上逆转时间。

随机退相与量子系综的概念相关，此时系统处于用指标 j 标记的不同量子态中的许多全同复本。系综是用量子密度矩阵表征的，该矩阵描述了如何同时测量所有系统。它具有以下形式：

$$\rho = \sum_j |\psi\rangle_j \langle\psi|$$

如果将描述亨利向左移动或向右移动的类型的许多退相系统放在一起考虑，那么这个系综就具有以下形式：

$$\rho = \frac{1}{2}\sum_j \left(|\leftarrow\rangle\langle\leftarrow| + |\rightarrow\rangle\langle\rightarrow| + e^{i\delta_j t}|\rightarrow\rangle\langle\leftarrow| + e^{-i\delta_j t}|\leftarrow\rangle\langle\rightarrow|\right)$$

前两项与 j 无关，分别描述处于状态 $|\leftarrow\rangle$ 和 $|\rightarrow\rangle$ 的概率。后两项取决于随机相位 δ，可以表示为：

$$\rho_{\rightarrow\leftarrow}(t) = \rho^*{}_{\rightarrow\leftarrow}(t) = \frac{1}{2}\sum_j e^{i\delta_j t}$$

这些项被称为密度矩阵的相干性。从图 12.4 中可以看到，虽然相干的每个（第 j 个）贡献都以其全振幅随时间振荡，但所有贡献的总和由于它们的随机相位而衰减为零。

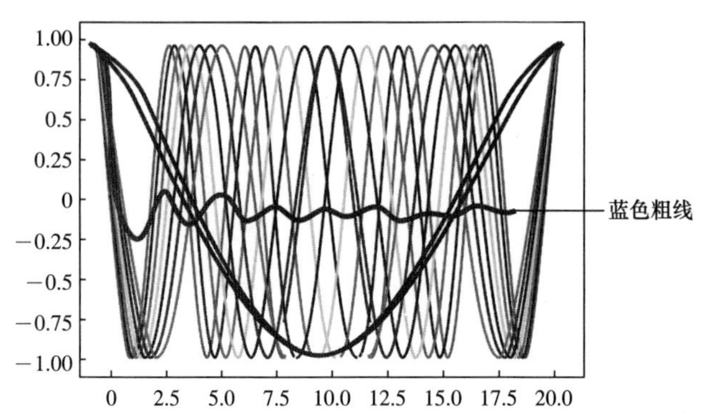

图 12.4　许多随机失谐振子的组合振幅随时间的变化（蓝色粗线）。

组合振幅经历阻尼振荡，直到稳定在零（基态）为止。这种行为可以用密度矩阵的相干性所满足的一个微分方程来描述：

$$\frac{\mathrm{d}\rho_{\rightarrow\leftarrow}(t)}{\mathrm{d}t}=-R_{\rightarrow\leftarrow}(t)\rho_{\rightarrow\leftarrow}(t)$$

这个表达式让人想起概率幅由于它与环境的相互作用而衰减的速率（见第 9 ~ 11 章）。这种相似性显示了两种类型的退相干（即衰减和退相）之间的密切关系。前者与激发态和基态之间的跃迁有关，从而导致激发态概率幅衰减，而后者与一个态的相位变化相关，从而导致各态之间的相干项衰减。

在退相的情况下，经过足够长的时间，相位被完全扰乱后，系综的密度矩阵由下式给出：

$$\rho=\frac{1}{2}\left(|\leftarrow\rangle\langle\leftarrow|+|\rightarrow\rangle\langle\rightarrow|\right)$$

这是具有两个正交量子态的系统的完全非相干态。因此，随机退相导致了一个没有量子相干性的系综，而这实际上就是一个经典的系综。

在量子系统的大型系综中出现的这种现象可通过 bang–bang 或自旋回波控制来对抗。无论相位值如何，整个系综中重复的、周期性的相位翻转会消除各特定时刻的随机相位，从而使整个系综再次相干。

第 3 部分

量子复杂系统与技术

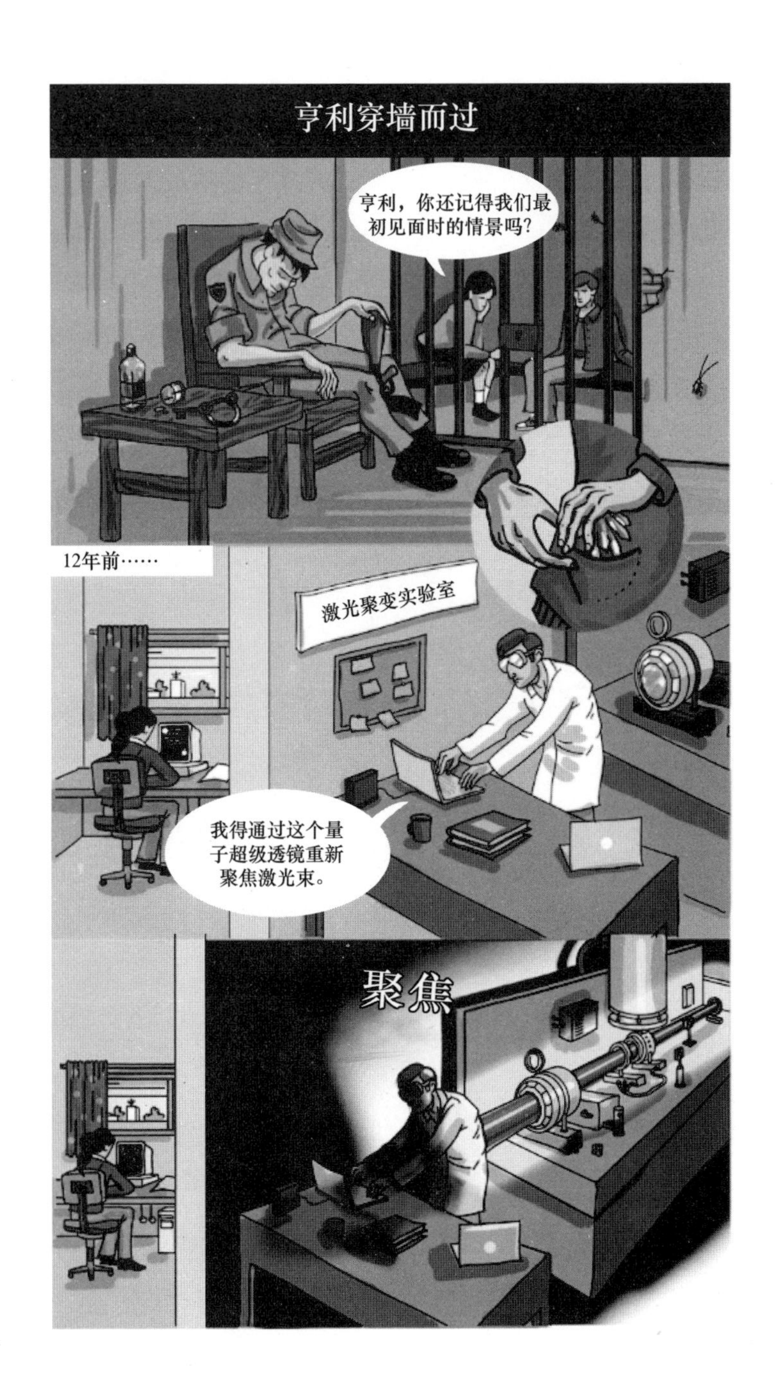
亨利穿墙而过
亨利，你还记得我们最初见面时的情景吗?
12年前……
激光聚变实验室
我得通过这个量子超级透镜重新聚焦激光束。
聚焦

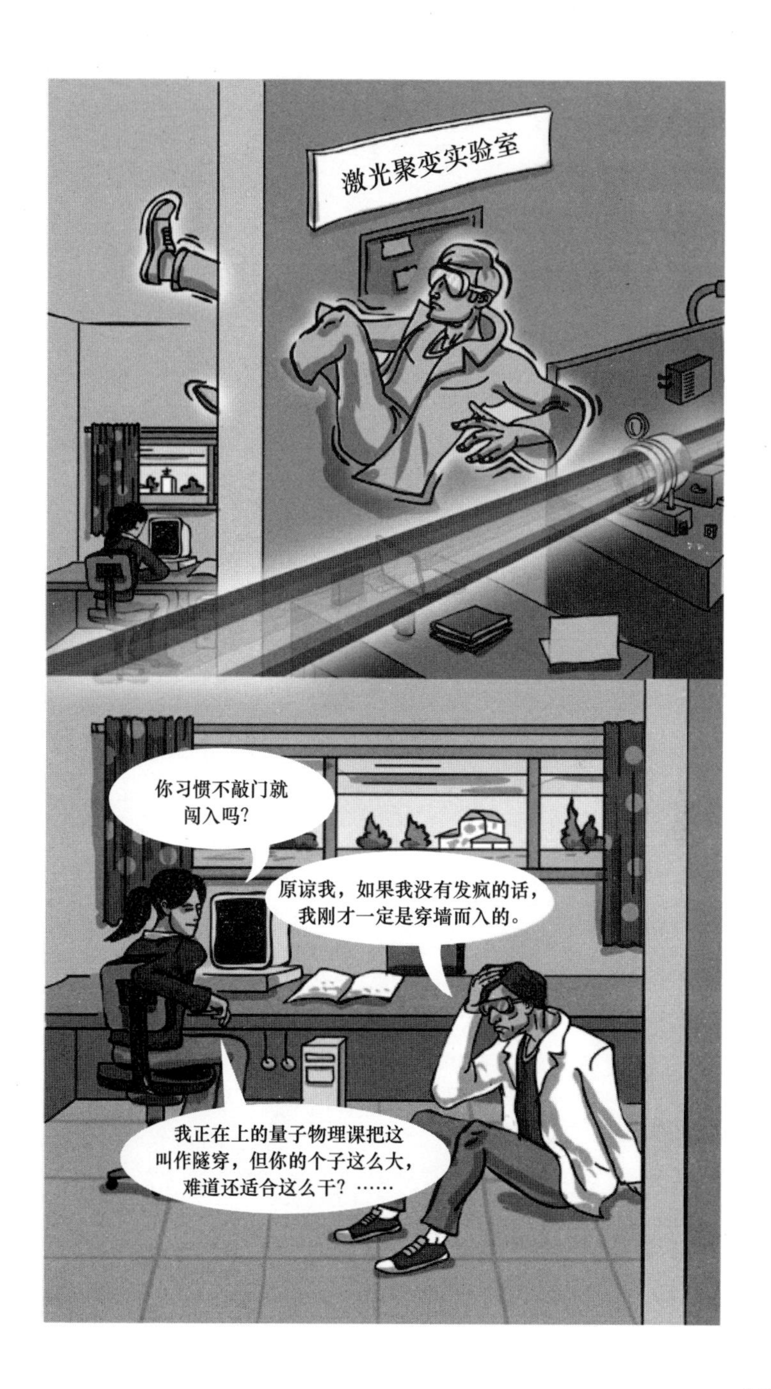
激光聚变实验室
你习惯不敲门就闯入吗?
原谅我，如果我没有发疯的话，我刚才一定是穿墙而入的。
我正在上的量子物理课把这叫作隧穿，但你的个子这么大，难道还适合这么干？……

回到阴郁的现在……
我知道伊芙的意思了！我以正确的速率调制自己和这些栅栏，就可以隧穿出去了！真幸运，我把水晶藏了起来，它能为我的量子服提供能量！
穿不过去……再试一次……再来一次……太好了，我隧穿成功了！
让我们冲向集合点吧，伊芙！
一个月后……
我们终于有了量子超级透镜，比我当学生时在实验室中用的要好得多！
我们会用它来制作量子纠缠器和做其他伟大的事情，亲爱的！
全息透镜公司
这是我们通往量子革命的入场券！

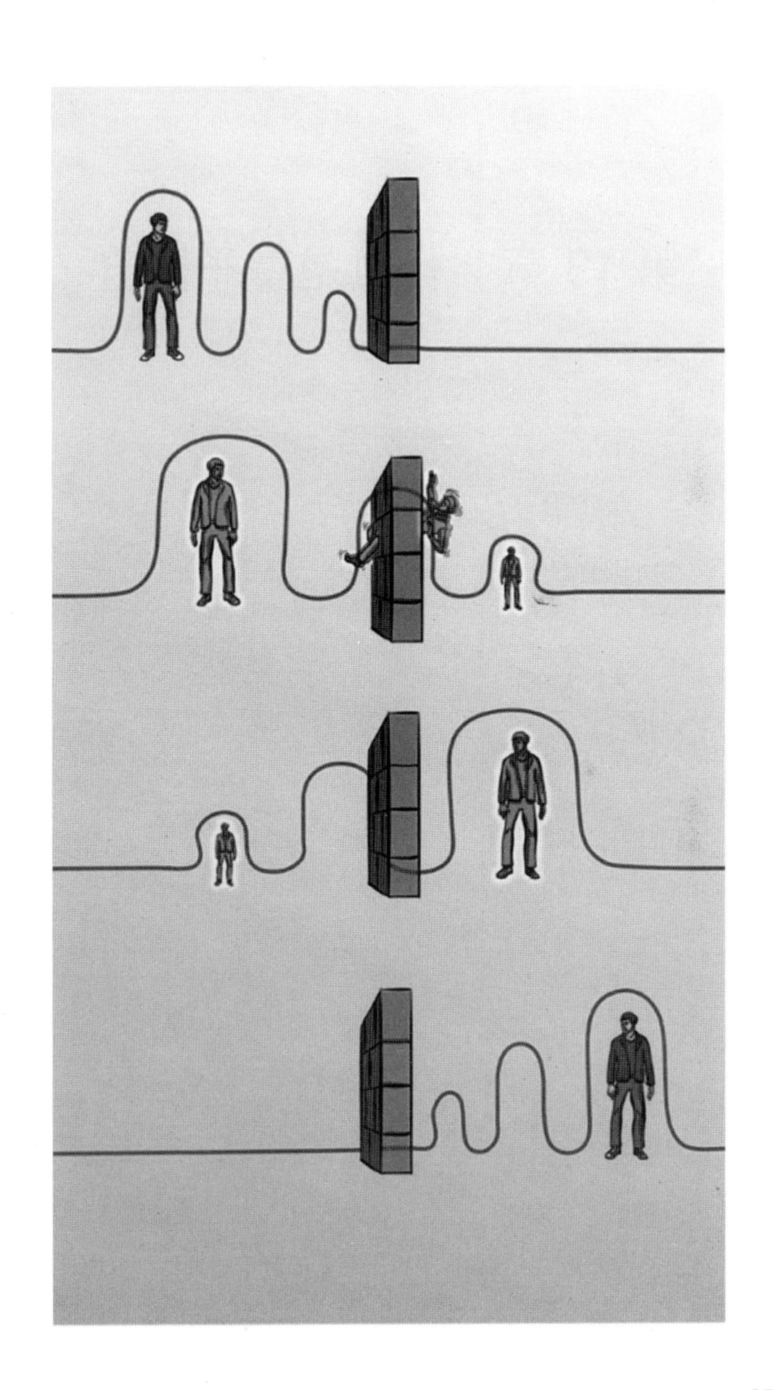

第 13 章　什么是量子隧穿

13.1　亨利挑战铜墙铁壁

亨利和伊芙被关在监狱里，牢房里的阴暗暗示着他们近乎绝望的心情。他们能指望抓捕他们的人宽大为怀吗？突然，一段往事扰动了伊芙的思绪。“亨利，你还记得我们最初见面时的情景吗？”她低声说，尽量不吵醒正在打瞌睡的警卫。亨利对她不合时宜地回忆起他们的第一次相遇感到惊讶，但他很快就意识到这与他们目前的困境有关。

亨利清楚地记得 12 年前使他们相遇的那件事。当时他还是一名学生，受雇于一个保密的激光聚变实验室。当他努力将机器发射的多束激光聚焦到目标上时，一不小心踏入了这些光束的聚焦区域，然后……他发现自己坐在隔壁办公室的地板上，一名女学生正坐在那间办公室里的一张办公桌旁。她问道：“你习惯不敲门就闯入吗？”“原谅我，如果我没有发疯的话，我刚才一定是穿墙而入的。”他喃喃地说着，完全困惑了。她觉得非常好笑，说道：“我正在上的量子物理课把这叫作隧穿，但你的个子这么大，难道还适合这么干？你看起来可不像从原子核里钻

出来的 α 粒子，不是吗？”她轻声笑起来，令他无言以对。这场离奇的邂逅促成了他们的友谊及最终的合作，他们的合作目标是要理解并可能重现亨利非凡的量子隧穿经历。

量子隧穿的一个主要例子是原子核的放射性衰变，原子核释放出一个由两个质子和两个中子组成的 α 粒子。在衰变之前，这个 α 粒子是原子核的一部分，而原子核本身是由质子和中子组成的。如果 α 粒子没有足够的能量，原子核的边界就起到了反射势垒的作用，阻止 α 粒子逃逸。如果这个粒子是经典的，那么它将永远被困在原子核中。为什么量子粒子的行为会不同呢？

回想一下，量子物体在空间中从来都不是完全局域化的，根据不确定性原理（见第 5 章），它的位置在空间中“晕开”得越大，它的动量的不确定性就越小。位置的“晕开”是由其量子波函数的分布范围决定的。在亨利的几次冒险中，他的量子服都使他能够实现非局域化或在多个地点叠加（见第 2 章）。在当前的这次冒险中，有一个新的转折点需要我们解决。当量子波函数遇到一堵墙，即一个经典的不可穿透的障碍时，会发生什么？它会在墙的边界处消失吗？ G. 伽莫夫对这个问题进行了仔细的分析（见第 13.2 节和本章附录），这使他得出了这样的结论：尽管这种波函数的绝大部分会被墙反射回来，但它仍会有一个微小的“尾巴”穿透到墙内，尽管它的振幅随墙的厚度增大呈指数衰减（见图 13.1）。伽莫夫将这种对经典禁区的微小穿透性称为*量子隧穿*。值得注意的是，尽管穿透振幅很小，但我们还是清楚地观察到了它。它的平方就是 α 粒子从单个衰变核中隧穿（逃逸）的概率，我们可以由这个概率推断出所讨论元素的放射性衰变速率。相关的隧穿效应在纳米级、原子级或亚原子级物体中很常见（见本章附录）。

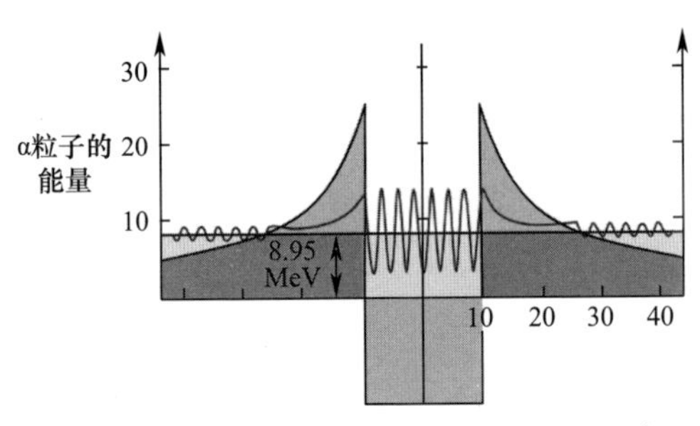

图 13.1　伽莫夫在 1928 年提出的 α 衰变方案。α 粒子的波函数受到核势的限制，但是会作为一列隐失波隧穿势垒。

但是，你能想象出对于像亨利这么大的宏观物体也会产生类似的效应吗？这种可能性似乎极小，因为一个量子物体的隧穿概率随着其质量和势垒厚度的增大而减小。我们可以估算出，亨利隧穿几厘米厚的一堵墙的概率是如此之小，以至于在宇宙年龄这么长的时间里也不足以看到它以较高的概率发生。尽管如此，极不可能发生的事件却仍然可能发生，它们被称为奇迹。亨利的经历是个奇迹吗？也许是，但有几个缓解因素可以极大地帮助亨利隧穿，大大增加其可能性。

与 α 粒子相反，亨利并没有逃逸到开放的空间中，而是到了另一个封闭的空间中，也就是伊芙的办公室。亨利的波函数在两个房间之间来回跳动。波函数获得了一个驻波的形状，类似于一根中点被摁住的吉他弦以共振频率振荡。两个房间构成的空间类似于双势阱，这两个势阱被势垒隔开（见图 13.2）。隧穿决定了将定域在两个势阱中的两个波函数部分耦合在一起的微小振幅。不过，增强这种耦合振幅是有可能做到的。事实上，多束高功率激光意外击中了年轻的亨利，这就大大增强了他的两个局域化波函数的部分耦合，使他能够进入伊芙的办公室。

明显提高隧穿概率的方法是用一个具有隧穿共振频率的周期性的

力（即双势阱的两个相邻态之间的能量差）来驱动物体或势垒（见图13.2）。这样的一个过程类似于两个能态之间的相干拉比转移，亨利在到矿井和回来的途中曾利用过这个过程（见第9章）。

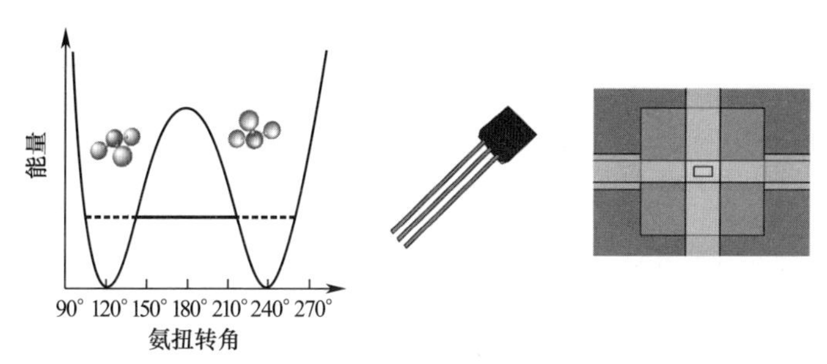

图13.2 （左）第一个量子辐射（微波）放大器（称为微波激射器，基于氨分子）的工作原理是通过双势阱之间的势垒发生隧穿。双势阱描述了两种可能的分子构型（它们的区别是扭转角不同）的能量。（中）一个半导体晶体管和（右）一个超导约瑟夫森结，二者的工作原理都基于量子隧穿。

另一种提高转移概率的方法是在物体试图发生隧穿时频繁测量它的能量。这些测量应以产生增强势阱间转移的反芝诺效应的速率重复，类似于衰变概率的反芝诺效应增强（见第11章和第13.2节）。

周期性驱动和通过周期性测量的反芝诺效应原则上都可以使隧穿速率大到可观测的程度。可以采取一种组合策略，首先将物体激发到一个尽可能接近势垒顶端的能级，从而使隧穿率最大化。然后以匹配隧穿共振的速率实施驱动和/或测量，从而进一步增强势阱间的转移。这一策略可以通过精细调节激光脉冲来实现。年轻的亨利当时并不知道这样的一种策略，然而由于一个不可思议的巧合，他盲目摆弄强大的激光，却造就了适当的条件，大大增强了他隧穿到伊芙的办公室的概率。

现在，12年过去了，亨利已经掌握了量子技术的原理，因此当伊芙暗示他那次由于粗心大意而造成的隧穿事件时，他很快就意识到了可以让他们逃离监狱的举措。由于牢房的栅栏远没有坚固的墙那么令人生畏，因此所需的隧穿增强可以通过他的量子服来实现。幸运的是，亨利成功地将他们新发现的量子晶体藏在了他的口袋里，这块晶体为量子服提供了能量。然后，他激活了与拉比转移模式结合的火箭激发模式，这类似于他在去矿井的途中使用的模式，只是现在调到了监狱栅栏的隧穿共振频率。量子晶体辐射出一系列强脉冲，使牢房的栅栏以这个频率振荡，同时激发亨利的波包达到能量最大的状态。亨利一次又一次地试图隧穿栅栏，直到……好哇！他出来了！当警卫还在平静地打鼾时，亨利和伊芙有机会偷偷潜到集合点，在那里强尼的机组人员一接到命令就可以用飞机把他们送出去。

关于他们在艰难而危险的回家之旅中经历的那些惊心动魄的事件的细节，我们按下不表。最后，他们完成了任务。他们与拉曼教授一起将他们获得的强大的量子晶体加工成了他们长期以来向往的设备——量子超级透镜。这个透镜应该会使新的、奇妙的量子技术成为可能，正如我们的两位主角所相信的那样，这些技术将促成量子革命。但是，难以对付的种种意外还在前方……

13.2 量子隧穿和波包干涉

亨利和伊芙的最新冒险揭示了我们在第 2 章和第 3 章中讨论过的量子力学的一个基本方面——波包干涉。本章中的新转折是量子波包进入经典禁区的能力。隧穿理论上是 1928 年由 G. 伽莫夫发现的，R. 格尼和 E. 康登也独立发现了这一理论。这种效应解释了放射性原子通过发射 α

粒子而分裂的原因。隧穿的思想是允许一个量子粒子（在伽莫夫分析的实验中是一个 α 粒子）从它一开始被限制的区域逃逸出来，尽管这种逃逸在经典情况下由于粒子的能量不够而被禁止。在图 13.1 中，粒子从原子核内的一个狭窄的低势能区域（势阱）通过一个狭窄的高势能区域（势垒）逃逸出来。这种效应只能用量子力学来做如下解释：根据海森堡的位置－动量不确定性原理（见第 5 章），粒子被限制在一个狭窄的势阱中，这就使得粒子有可能具有足够大的动量，从而有足够大的动能穿过经典情况下被禁止的势垒（见图 13.1）。不过，这种解释有点过于简单化了，因为它没有揭示隧穿过程的动力学原理。我们可以根据第 10 章的介绍来设计这样的一种解释：阱中的粒子占据一个不稳定的能态，该能态通过势垒以低速率衰变到一个空的“浴”（相当于一个未填充的能态连续体）。通过势垒的衰变速率非常低，因为它是由势阱中的受限波函数和势垒外的延展自由粒子波函数之间的微小空间重叠决定的（见图 13.1），势垒越厚越高，衰变速率就越低（或者反过来说，受限粒子的寿命就越长）。

在用隧穿成功地解释了 α 粒子的放射性之后，人们发现隧穿是一种普遍现象，适用于各种各样的过程，包括中子在放射性核中的 β 衰变、作为晶体管功能基础的半导体结中的电子隧穿、实现超导结的电子对隧穿，以及氨分子势的两个阱之间的电子隧穿。这是被称为微波激射器的量子辐射（微波）放大器的工作原理，以上只列举了其中的几个例子。近年来，人们观察到了相当大、相当复杂的多原子系统的隧穿现象，尽管它们还没有我们的故事中的亨利那么大、那么复杂。也许有一天，我们的奇幻故事不会太牵强。

让我们扼要地重述一下伽莫夫的分析，以此开始解释隧穿背后的物理学原理。他通过匹配势垒内外薛定谔方程的解，解释了隧穿率取决于初始（受限）波函数和最终（准自由）波函数的空间重叠这个事实。这一匹配表明，受限波函数的一个小“尾巴”穿透了经典情况下被禁止的势垒——这个尾巴随着势垒变宽呈指数规律减小。通过给波函数的每个具有特定实动量的分量加上一个虚部，就可以得到同样的、按指数规律递减的波函数尾部（见本章附录）。这种虚动量加上实动量，就产生了隧穿效应的薛定谔方程的一些数学有效解，并且完全类似于对光具有不同不透明度的介质之间的界面处的隐失波解（见图 13.3）。远在量子力学出现之前，在经典的光波动方程的背景下，人们就发现了后者。然而，这样的虚波或隐失波解在物理上是不透明的[1]（双关语），因为物理上的可观测量（如动量）必须具有实本征值（见第 4 章）。

不过，有一种方法可以揭示隧穿波包的物理本质。这种方法由美国的 R. 费曼在 20 世纪 40 年代提出，称为量子力学的路径积分表述。薛定谔发现，与经典粒子相比，一个量子粒子并不遵循一条在时间上明确定义的轨迹或路径，因为这样的路径违背海森堡的位置－动量不确定性原理。费曼假设一个量子粒子的演化是由初始波包沿着通向一个共同终点的所有可能路径同时传播决定的，每条路径都用其相应的概率幅加权。所以，我们

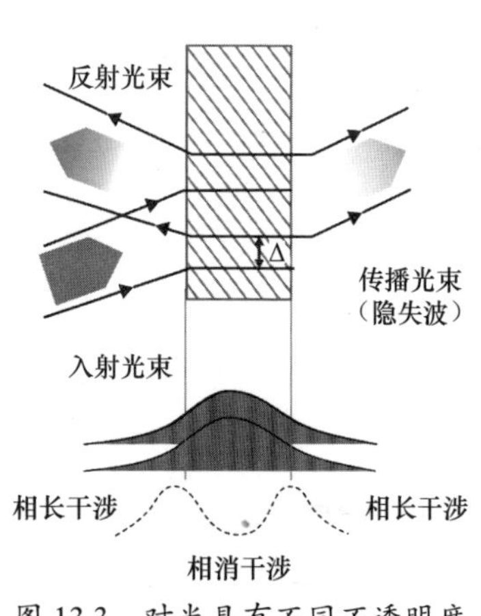

图 13.3　对光具有不同不透明度的介质之间的界面处的隐失波解。

[1]　原文用的是 transparent 一词，它既可表示“透明的”，也可表示“明白无疑的”。——译注

必须考虑的不仅是在经典力学中粒子有足够能量通过的那些路径，还要考虑在所有其他经典情况下禁止出现的路径。对它们的用概率幅加权的路径求和，就构成了在第一部分中讨论的同样的干涉模式，例如在亨利的冒险中波包的分裂和复合（见第 2 章和第 3 章）。

费曼的方法可以用来解释隧穿效应，即在势垒内达到峰值的那些波包之间主要发生相消干涉，从而在该区域中对波包加以强烈的整体抑制。同时，这些波包延伸到势垒之外的各部分的前向的尾部可以具有适当的相位，以发生相长干涉。因此，这些前向的尾部可能会相互加强，并比在此区域中沿单一轨迹的一个波包要更深地穿透势垒（见图 13.4）。

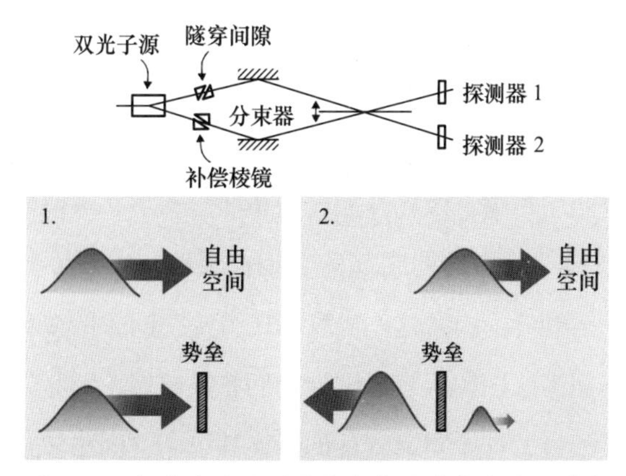

图 13.4　上图为用于测量晶体中同时产生的一对光子的路径长度之差的乔–斯坦伯格–奎亚特装置。一个光子穿过自由空间，而另一个穿过相同距离的光子遇到一个由光栅制造的势垒。在后一个光子隧穿势垒并记录下双光子重合的罕见事件中，隧穿光子比自由空间中的粒子通过的路径要短（下图）。那么，我们能说隧穿光子比自由空间中的光子传播得更快，即以超光速传播吗？

费曼的方法也可以解释另一种反常现象：穿透势垒的速率似乎比光快得多！美国的 R. Y. 乔、A. 斯坦伯格和 P. 奎亚特在 1990 年用实验演示了这种反常现象。他们的光源产生成对的光子，其中一个光子穿越空的空间，而另一个光子则穿越相同的距离，但要通过一个作为隧穿势垒的装置（见图 13.4）。在大多数实验中，图中上方路径上的光子不能穿透势垒而被反向反射，但在少数几次实验中，光子发生隧穿的速度远远快于图中下方路径上穿过空的空间的光子。为了实现这两个光子的同时性，记录隧穿光子到达的探测器的位置必须比响应另一个光子到达的探测器远。这一反常现象是否违反了爱因斯坦的狭义相对论所推崇的禁止信号传输速率比光速快（超光速）的因果律？如果是这样的话，它就会在世界上造成极大的混乱。就像许多关于时间机器的科幻小说所描述的那样，超光速信号可以被用来制造逻辑上的悖论。

幸运的是，正如以色列的 Y. 贾法和 G. 库里茨基根据费曼的方法所指出的，有一种方法可以绕过这样的悖论。每个光子以图 13.3 所示的波包形式在势垒中传播，因此其穿过势垒部分的形状被改变，势垒区域中分裂的各波包部分向前的尾部发生相长干涉，离开势垒时产生了整个波包的一个表观峰。由于这一表观峰比自由空间中的波包峰到达探测器的时间要早得多，因此很容易诱导我们将其归因于隧穿光子的超光速（见图 13.4）。不过，这个提前到达的峰比其自由空间中波包的前向的尾部被探测到的概率小，因为它被势垒多次反射而减弱。因此，表观上超光速光子的尾部不会比空的空间中的光子先将信号送达。我们也可以考虑向势垒发射的由许多光子构成的一个系综。如果我们考虑到由自由空间波包的时间 – 能量不确定性确定的到达时间的分布范围，那么在这种情况下，只有极小一部分光子会隧穿通过势垒，因此探测器在较早的时候产生的嘀嗒声比由相同数量的光子构成的自由空间系综中的光子产生的嘀嗒声要少。

将隧穿解释为势垒内部的相干波包干涉就意味着退相干会破坏隧穿。也就是说，它会将试图穿透势垒的波包变成看起来几乎是经典的各波包部分的一个非相干混合体。如果这些混合体的平均能量超过势垒的势能，那么它们就会穿过势垒，否则就会被反射回来（见图 13.5）。这一特性可用于通过与量子芝诺效应、反芝诺效应或第 11~12 章讨论的动态回波控制相似的各种方法，动态地控制穿过与环境耦合的势垒区域的隧穿。由于量子芝诺效应和动态回波控制的目的是抑制环境衰变和退相干，因此如果成功，它们就可以恢复势垒处的相干干涉，从而以无环境的形式产生隧穿效应。相比之下，增强衰变和退相干的反芝诺效应控制可能会通过使环境效应占主导地位并消除粒子在通过势垒的传播过程中的相干干涉，从而完全破坏隧穿效应。

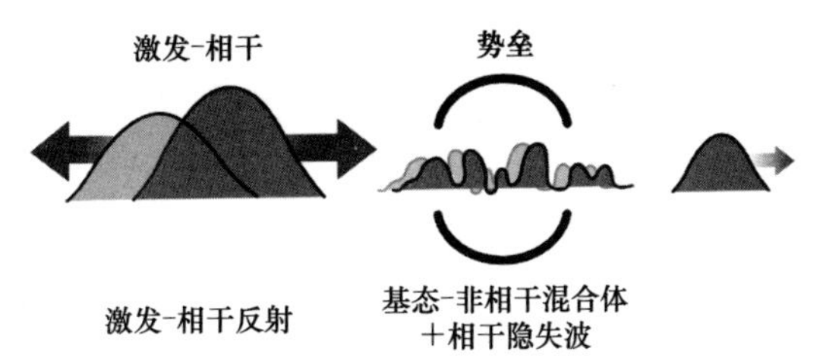

图 13.5　在一个受激原子波包受光子发射影响的势垒中的隧穿控制，这会模糊原子能量，并破坏其相干干涉。由此产生的基态波包是非相干的，并且以混合体的形式起作用，其能量较低的部分被反射，而能量较高的部分则像一个经典粒子那样穿过势垒。对光子发射的动态控制可以抑制这种衰变和由此产生的非相干波包扩展（在量子芝诺效应机制中），也可以增强它（在反芝诺效应机制中）。

对这些退相干效应的另一种看法是，动态控制导致能量扩散到粒子的运动中。这种扩散通过“晕开”波包的平均能量，使其在势垒之下或之上变得不确定，从而模糊了经典情况下禁止的隧穿和经典情况下允许的传播之间的区别。动态控制可以极大地增大或减小穿透势垒的概率，这要视由环境引起的粒子能量的扩散与由控制引起的粒子能量的扩散之间的相互影响而定。

13.3 量子力学中的运动及其局限性

薛定谔在一篇科普文章中将量子力学的本质等同于轨迹概念的瓦解。由此，他将我们的注意力集中到给定一个量子粒子的当前（已观察或测量）位置时其未来位置的不可预测性这一点上。这种不可预测性可能缘于与单粒子量子波包有关的位置–动量不确定性关系。如果波包通过介质传播而引起多次接近完全的反射，就像隧穿的情况那样，那么坐标分布范围就会随着每次反射而增大，从而使其未来的位置更加不确定。费曼的方法（一个量子粒子通过多条干涉轨迹传播）是关于轨迹概念在量子力学中失效的一种等效陈述。

量子力学中的许多效应没有经典的对应，从这个意义上来说，它们揭示了量子力学中运动的“矛盾”本质。因此，在两个粒子纠缠的情况下，每个粒子的不确定性取决于对另一个粒子的测量精度。“鬼成像”（ghost imaging）方法（见图 13.6）由俄罗斯的 D. 克雷什科在 1995 年提出，美国的 Y. 施在 1995 年进行了实验验证。该方法表明，利用两个纠缠的“伙伴”之间的空间相关性，能够操纵一个“缺失的”（未探测到的）粒子的波包。量子芝诺效应和反芝诺效应（见第 10 章）可能会极大地改变一个量子粒子的局域性，将其排除在某个区域之外或限制在该区域之内，以及通过互换一个粒子的过去和将来而改变时间之箭。最后，以 10^{-20} 秒或更短的时间间隔进行极其频繁的测量会导致巨大的能量扩散 [大于 100 万电子伏特（1 MeV）]，以至于可能从真空中产生一些新的粒子，即电子–正电子对（见第11章）。

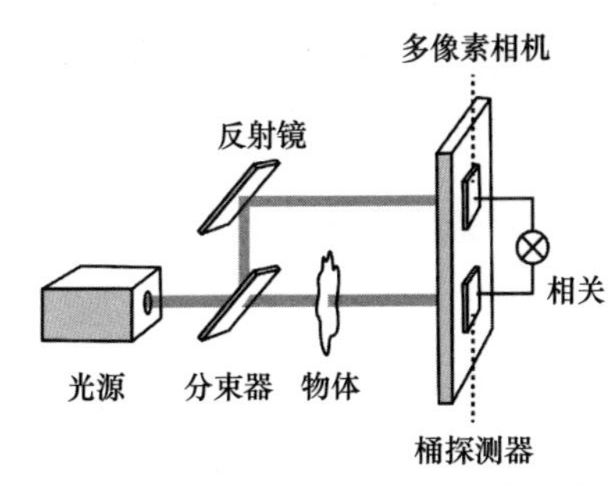

图13.6　“鬼成像”方法。仅当下方的桶探测器发出嘀嗒声时，上方的多像素相机才会记录图像。因此，即使上方路径上的各光子从未与物体发生相互作用，上方的相机也会记录下该物体的影像。

这里所讨论的这些奇异效应意味着量子力学可能不仅已从根本上改变了运动的概念，而且改变了我们对空间、时间和存在的整体把握。18世纪德国的康德将它们视为我们对世界感知的几个不变的范畴。宇宙学的各量子方面为希腊哲学问世以来所讨论的问题提供了答案，这一问题是芝诺悖论的基础（见第10章）。空间和时间是否可以被无限地分成越来越小的间隔？

这一问题的答案可以由普朗克长度的概念给出。普朗克长度是量子力学和广义相对论（如果二者取得一致的话）所允许的最小空间间隔。有趣的是，普朗克长度也是一个黑洞通过霍金辐射的蒸发能够缩小到的最小尺度。这个尺度还被推测为大爆炸发生的瞬间原始宇宙的大小。因此，宇宙的初始尺度就是其最小物体的终极尺度，小于这个尺度的空间概念毫无意义。

有关空间、时间和因果律这些根深蒂固的范畴的瓦解，可能会深刻地影响到人类的生存。取代它们的新范畴或新范式可能会重塑我们关于什么是小、什么是大的基本概念，并以一些现在还无法想象的方式帮助我们连接时空中的距离。这些预期的新范式也可能使我们面对依赖观察者的时空结构，以及控制我们生存的这些关键方面的能力。这种无所不能的能力会使我们比现在更有自我意识、更自负吗？也许这样的危险可以解释为什么撰写了《密什那》[1]（巴勒斯坦，公元 2 世纪）的犹太圣贤们禁止提出下列问题：上方（世界以外）和下方（世界之下）是什么，世界形成之前是什么，世界结束之后又将会是什么。

墙

我们多久会遇到一堵坚固的墙，

它挡住我们的生活道路、我们的抱负，

并诱使我们放弃这一切，

屈从倦怠和绝望？

现在，科学启发了我们：并非一切都丧失了！

巨大的障碍仍然可去迎战，

只要找到它的弱点，并以巨大的代价进攻，

直到它在我们的意志前倒塌。

附录：隧穿和薛定谔方程

到目前为止，我们在考虑薛定谔方程（见第 6 章和第 9 章附录）时仅讨论了波函数的时间依赖性，而没有讨论它在给定的能量和势的形状等约束条件下的空间变化。我们将在量子隧穿的情况下讨论这种空间变化。

当势能中有一个空间变化时，量子隧穿就会发生：从低势能（监狱的牢房或亨利以前的实验室）到高得多的势能（牢房的栅栏或墙）。亨利的能量决定了他在哪里会是经典形式的。如果他的能量高于势能，那

[1] 《密什那》是犹太教的经典之一，是由当时所有关于律法的评论汇集成的一部希伯来文巨著。——译注

么他就可以自由地漫游，但他不能（以经典方式）穿透一个“势垒”——一个势能高于他自己的区域。所以，如果爬上一堵墙所需的能量超过了亨利所具有的能量，那么在经典情况下，他就不可能成功。

然而，正如我们从亨利的上一次冒险中所知道的，量子力学对于什么是可能的以及什么是不可能的有一个不同的概念。为了处理这种情况，我们需要引入薛定谔方程的空间一维定态形式，即波动方程。

$$-\frac{\hbar^2}{2m}\cdot\frac{\mathrm{d}^2\psi(x)}{\mathrm{d}x^2}=\left[E-V(x)\right]\psi(x)$$

这个方程看似令人生畏，但我们以前已经遇到它的每个组成部分了。$\hbar$（亨利的徽记）表示普朗克常量；m 是物体的质量（在我们的例子中就是亨利的质量）；$\frac{\mathrm{d}^2\psi(x)}{\mathrm{d}x^2}$ 是波函数关于空间坐标 x 的二阶导数，它表示波函数的一阶导数随 x 的变化（例如从监狱牢房穿过栅栏到外面）有多快。在这个方程的右边，我们再次看到了 $\psi(x)$，即波函数。因此，这个方程表示波函数在空间中的变化方式与它在空间中每个点的值之间的关系。这种关系由 $E-V(x)$ 这一项决定，其中 E 是亨利的能量，而 $V(x)$ 是亨利周围的势能变化情况。只要 $E > V(x)$，亨利就具有比势能大的能量，因此他可以自由地四处移动。我们现在提出的问题是：当 $E < V(x)$ 时会发生什么？也就是说，在亨利没有足够的能量以经典方式出现的那些地方，他的波函数看起来会是怎样的？

这个方程的最一般形式的解是极其复杂的，因此我们将考虑一个简化的形式，其中的势能 $V(x)$ 是分段恒定的。也就是说，它在牢房内具有较低的恒定值，在栅栏内具有较高的恒定值，而在牢房外又具有较低的恒定值（见图 13.7）。对于一个恒定势能 V，由 $\frac{\mathrm{d}}{\mathrm{d}x}\mathrm{e}^{kx}=k\mathrm{e}^{kx}$ 这一关系能得到该方程的解，并且这个解变得非常简单。

$$\psi(x)=A\mathrm{e}^{\mathrm{i}kx}+B\mathrm{e}^{-\mathrm{i}kx}，\ k=\sqrt{\frac{2m(E-V)}{\hbar^2}}$$

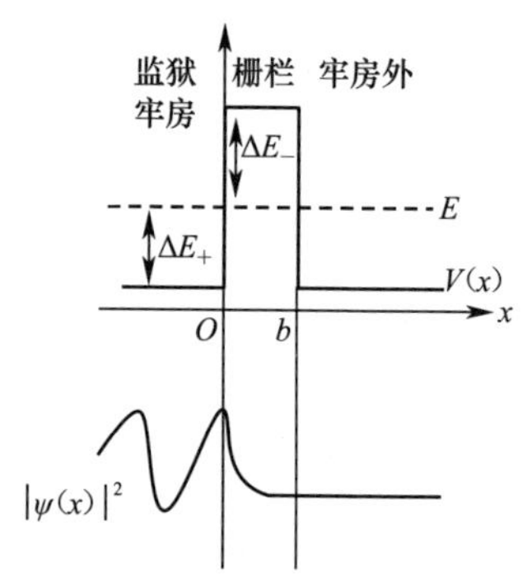

图 13.7 关于能量分布（上图）和波函数（下图）随 x 变化的描述。

这里的 A 和 B 是常量，我们稍后会解释它们；k 是波数，它决定了波函数变化的空间尺度。有两种性质不同的情况，其中第一种是 $E>V$。让我们定义 $\Delta E_+=E-V$，它与根号下的表达式成正比。当该表达式为正时，波函数表现为向右传播的行波 $\mathrm{e}^{\mathrm{i}kx}$ 与向左传播的行波 $\mathrm{e}^{-\mathrm{i}kx}$ 之和，其中 $k=\sqrt{\frac{2m\Delta E_+}{\hbar^2}}$。正如我们以前已经看到的（见第 3 章附录），如果 $A=B$，那么这些行波就会受到干涉形成驻波，并在空间中以 $\cos kx$ 的形式发生振荡；如果 $A=-B$，这些行波就以 $\sin kx$ 的形式在空间中发生振荡。这些驻波描述了被势的一些外边界反射的一个量子粒子。因此，当亨利所具有的能量大于该势能时，他的波函数就表现为一个自由粒子的波函数，他可以在 $E>V$ 的空间范围内自由漫游。第二种是 $E<V$。让我们定义 $\Delta E_-=V-E$。在这种情况下，$k=\mathrm{i}q$，$q=\sqrt{\frac{2m\Delta E_-}{\hbar^2}}$。现在，波函数的振幅表现为 e^{qx} 和 e^{-qx} 的和。由于对波函数有归一化的约束，它不能激增到无穷大，因此 e^{qx} 没有物理意义。物理上唯一允许的波函数的振幅在负能量差的那个限制区域内以 e^{-qx} 形式减小。如果 $qx\gg1$，那么这个振幅可能会非常小，

但是对于有限的 x，这个振幅可能不会为零。因此，亨利的波函数在栅栏内具有非零的概率幅。

现在，我们可以在足够近似的情况下写出亨利的波函数的整个解。

在监狱牢房内，$x \leqslant 0$：$\psi(x)=\mathrm{e}^{\mathrm{i}kx}+B_{牢房}\mathrm{e}^{-\mathrm{i}kx}$，一列向左和向右传播的波。

在栅栏内，$0 \leqslant x \leqslant b$：$\psi(x)=B_{栅栏}\mathrm{e}^{-qx}$，一个衰减的振幅。

在监狱牢房外，$x \geqslant b$：$\psi(x)=A_{自由}\mathrm{e}^{-\mathrm{i}kx}$，一列向右传播的波。

为了确定所有的 A 和 B，我们须满足以下物理要求：波函数 $\psi(x)$ 及其空间导数必须连续。这就给出了在不同区域的边界处的约束。

$$x=0,\ \psi(x):\ 1+B_{牢房}=B_{栅栏} \qquad (\mathrm{I})$$

$$x=0,\ \frac{\mathrm{d}\psi(x)}{\mathrm{d}x}:\ \mathrm{i}k-\mathrm{i}kB_{牢房}=-qB_{栅栏} \qquad (\mathrm{II})$$

$$x=b,\ \psi(x):\ B_{栅栏}\mathrm{e}^{-qb}=A_{自由}\mathrm{e}^{\mathrm{i}kb} \qquad (\mathrm{III})$$

$$x=b,\ \frac{\mathrm{d}\psi(x)}{\mathrm{d}x}:\ -qB_{栅栏}\mathrm{e}^{-qb}=\mathrm{i}kA_{自由}\mathrm{e}^{\mathrm{i}kb} \qquad (\mathrm{IV})$$

解这四个有四个变量的方程相对来说比较简单，重要的问题是：自由部分会发生什么？也就是说，亨利能否隧穿栅栏来到牢房外面？牢房外的波函数的概率幅与 $A_{自由}$ 成正比，由式Ⅲ可知，它与 e^{-qb} 成正比。

$$|\psi(x)|^2 \sim \mathrm{e}^{-2qb}$$

因此，栅栏越粗（即 b 越大），它就越难通过（ΔE_{-} 越大），亨利成功越狱的可能性就越小。在我们的情境中，由于亨利的质量 m 很大，因此这一概率小到可以忽略不计。不过，根据我们在第 13.1 节中的解释，亨利的由一块量子晶体提供能量的量子服具有穿透这一势垒的巨大能力，这是由于该晶体提供了大量可控的能量，从而大大减小了 ΔE_{-}。

总结一下，在经典情况下无法穿透的势垒在量子力学中仍然允许有隧穿的可能性。也就是说，有一个概率幅能穿透势垒，尽管这个概率幅很小。如前几节所讨论的，隧穿实际上在诸如放射性衰变等现象中无处不在，而且是设计像半导体晶体管、超导量子干涉装置和隧道电子显微镜这样的器件的关键（仅举几例，见图 13.2）。不过，要像亨利那样在宏观上实现这种效果，现在我们的能力仍然不及。

亨利和薛瑞德援救一位远方的朋友
薛瑞德，老伙计，现在你和伊芙发生了纠缠，你的两个分身都想念她吗？她在世界的另一端参加一个会议，你知道的……
咕噜咕噜
威基基王宫
欢迎
物理学家！
我们刚刚到达威基基王宫，我们的演示时间很快就要到了。
亨利，亲爱的，我的两个分身都拥抱你！薛瑞德好吗？

亨利，我们被袭击了！
我会把自己隐形传态！保持手机畅通！
你能帮帮我们吗，亨利？你离得那么远！
量子隐形传态室
我们去救伊芙吧，薛瑞德！我的球棍应该能把这个小混混吓跑！
我们正在变成亨利，真有趣！

让我开心一下吧，
小混混！快跑吧，
胆小鬼！
你好，薛瑞德。我比原计划
早到家了。我们的隐形传态
演示得有点早了。
我的英雄！

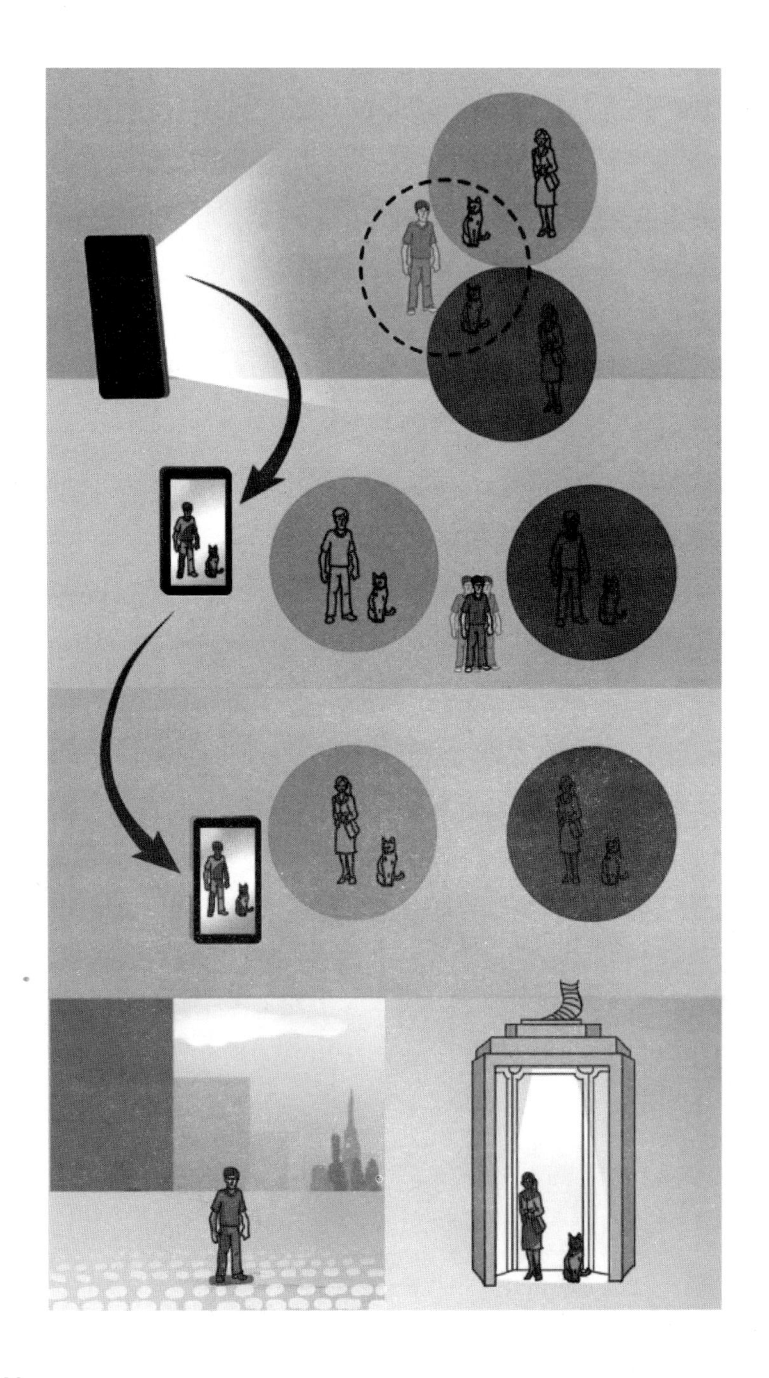

第 14 章　什么是量子隐形传态

14.1　隐形传态三重奏

亨利、伊芙和拉曼教授所制造的强大的超级量子透镜使他们能够制造出一些令人生畏的新量子装置，这要感谢这种超级透镜所结合的多种功能。它能产生量子系统之间的量子相关性（也称为纠缠，见第 7 章），通过相干控制防止退相干或退纠缠（见第 12 章），进行量子测量（见第 4 章）。

亨利、伊芙和他们的爱猫薛瑞德确信他们的一种新型量子装置即将完成，因此在实验室里庆祝他们的成功。他们都穿着量子服，并且安装了所有的新量子配件。为了纪念这一时刻，伊芙先使自己与薛瑞德纠缠，然后去参加在夏威夷威基基举行的量子会议，她将在那里展示他们的最新成果。

第二天，当处于分身量子状态的伊芙即将进入会场时，一个奇怪而不祥的事件发生了。一个骑着摩托车的险恶暴徒试图撞倒她，也可能想要绑架她。伊芙勉强摆脱了这次袭击，她仍然担心自己的生命会再度受到威胁，于是打电话给亨利。糟糕，亨利离得太远，鞭长莫及。他能帮上忙吗？他意识到唯一的机会就是尝试他们的最新发明，他与分身的薛瑞德一起迅速进入量子隐形传态室……然后，奇迹发生了！转瞬之间，暴徒面对的已不是伊芙，而是手持球棍的亨利！暴徒退缩了，骑着摩托车飞驰而去，于是对峙结束。与此同时，在伊芙和亨利的家乡，距威基基数千千米的地方，伊芙和薛瑞德在隐形传态室里出现了。我们的主角可以为他们的成功欢呼了，这是对生物进行量子隐形传态的首次展示。尽管亨利和伊芙相距遥远（数千千米），但他们在薛瑞德的帮助下几乎瞬间交换了位置！

现在让我们解释一下量子隐形传态协议的本质。它的目标是将量子态从一个系统传态（转移）到另一个系统，而不管这两个系统相距多远。隐形传态协议的关键在于，一开始亨利处于他自己的状态，薛瑞德和伊芙处于一个纠缠态，而在此过程结束时，亨利与薛瑞德纠缠，伊芙的物质得到亨利的状态（于是变成了亨利），而亨利的物质则得到伊芙与薛瑞德的纠缠态（于是变成了伊芙）。

该协议需要由处于一个已知纠缠态的两个系统组成一条量子纠缠通道，其中一个是位于量子态发送者附近的辅助系统，另一个是位于接收端的量子系统。在我们的情况下，薛瑞德和伊芙构成了量子纠缠通道，其中薛瑞德是与发送者亨利处于同一地点的辅助系统，而伊芙处于接收地点。亨利和薛瑞德进入量子隐形传态室，他们在这里经受了以人与猫的纠缠态为基础进行的一次联合测量。亨利将测量结果发送到伊芙的电话中，她通过一个适当的操作旋转她的状态，结果编码了整个亨利的亨利状态出现在伊芙的状态所在的地方，而伊芙出现在薛瑞德所在的地方，他们在这里发生纠缠，就像一开始那样。

隐形传态协议中的事件链如下。

该协议从对量子态发送者和辅助系统的一次二分测量开始，二者在纠缠态的基础上被联合测量。该测量结果导致它们的联合波函数坍缩（投影）到这两个系统的一个纠缠态。在我们的情况下，亨利和薛瑞德在量子隐形传态室中被联合测量。因此，对亨利和薛瑞德的测量是同时进行的，这与我们迄今为止遇到的一次测量一个系统的情况不同。在通常情况下，一次测量是在一个可分的基础上进行的，这就使我们能问薛瑞德是在这里还是在那里，或者亨利是在这里还是在那里。相比之下，在目前以纠缠态为基础进行的联合测量中，可能的结果有：第一个纠缠态，（薛瑞德在这里，亨利也在这里）和（薛瑞德在那里，亨利也在那里）；第二个纠缠态，（薛瑞德在这里，亨利在那里）和（薛瑞德在那里，亨利在这里）；另外还有两个纠缠态，我们跳过其详细细节（见第 14 章附录）。这一测量的结果是随机的，因为这四个纠缠态中的哪一个已被投影出来是未知的，但是联合亨利 – 薛瑞德态在测量之后不可避免地坍缩到一个纠缠态。这完全是违反直觉的。亨利与薛瑞德一开始并没有发生纠缠，随后的测量导致亨利和薛瑞德发生了纠缠！通过这一测量，纠缠已从量子纠缠通道（这里是薛瑞德 + 伊芙）立即转移到发送者 + 辅助通道（这里是薛瑞德 + 亨利）。

在测量之后，由于结果的随机性，亨利 – 薛瑞德纠缠态事先是未知的，因此，亨利进行了一次量子自拍来测量他与薛瑞德的纠缠态。测量结果是通过移动电话传输到伊芙的量子服的经典信息，该信息使伊芙能够进行简单的局域量子运算，从而将她转变成亨利。四个可能的测量结果中的每一个都需要伊芙进行不同的局域量子操作。因此，值得注意的是，如果将测量结果从发送者以通信方式传送给接收者，并且接收者执行由该测量结果确定的一个适当操作，那么量子力学就可以确保纠缠转移必定将发送者的状态转移到接收者（此处为亨利→伊芙）。

如果协议已得到完美执行，那么接收者的状态就与发送者的状态完全相同。由于系统的属性仅由量子态决定，因此隐形传态实际上就将接收者变成了发送者。在我们的情况下，伊芙的量子服接收到亨利的量子自拍照，从而可以进行改变接收者（伊芙的原子和分子）的量子态的操作，用发送者的量子态（这里是亨利的原子和分子）来取代接收者。被隐形传态的不是物质（即存在于隐形传态链接收端的基质），而是发送者的量子态所体现的信息。

14.2 量子隐形传态和密码学

两个具有里程碑意义的实验证明了纠缠的光子对表现出特殊的非局域相关性。也就是说，无论源与接收者之间的距离有多远，这些相关性都持续存在。其中第一个实验来自 J. 克劳泽（美国，1972 年），第二个实验来自 A. 阿斯佩（法国，1982 年）。这样的相关性对于经典变量而言是不存在的，仅对于量子纠缠系统的联合、非对易变量存在。对于光子对，这些相关性就是由两个远程观察者对这个联合光子对的偏振的每个正交（x、y 或 z）成分进行测量的结果之间的相关性，这些成分类似于两个电子的联合自旋的那些成分（见图 14.1）。

在很大程度上，克劳泽和阿斯佩的那些实验结束了以下争论：量子力学是否考虑到两个粒子的联合可观测量的非局域关联，这与此类可观测量的经典描述是相反的。英国的 J. 贝尔在 1964 年量化了对两个相距遥远且纠缠的粒子或光子进行量子测量的结果之间的相应区别，量子力

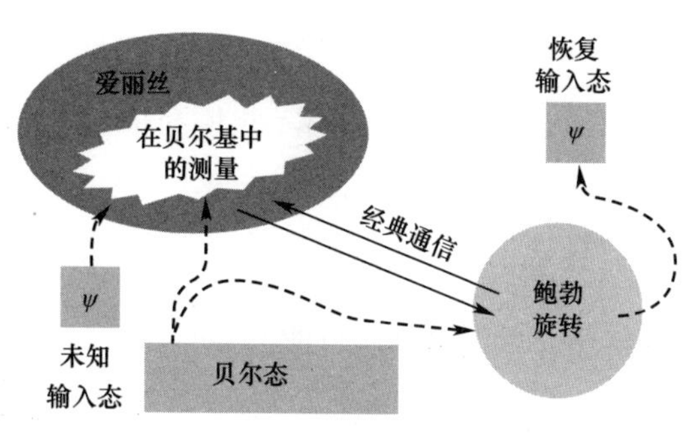

图 14.1　量子隐形传态协议。爱丽丝具有一个处于未知态的量子位。爱丽丝和鲍勃共享一对处于特殊纠缠贝尔态的纠缠量子位。爱丽丝进行一次两个量子位的贝尔测量，并将她的（经典）结果发送给鲍勃。鲍勃根据该结果旋转他的量子位，获得了爱丽丝的初始输入态。

学预言了它们的相关性，而对应的经典理论则预言它们是不相关的。实际上，就像爱因斯坦一样（见第 7 章），贝尔并不相信这样的区别确实存在。前述实验证明这些“量子怀疑论者”错了。奇怪的是，克劳泽的动机来自相反的信念。他与某些嬉皮士具有同样的印度教或佛教信仰，认为世界是一个不可分割的实体，并着手在量子力学中寻求这种不可分割性的体现。

如果不是出现了两篇开创性的理论论文，那么这场辩论的解答就可能一直停留在学术领域。第一篇是美国的 C. 贝内特和加拿大的 G. 布拉萨德在 1984 年发表的（BB84 协议），第二篇是英国的 A. 埃克特在 1991 年发表的，这两篇论文提出了利用远距离观察者对纠缠光子的测量来实现观察者之间的密钥分发的可能性，此后这成为了量子密码学的基础，下文将对此进行介绍。

美国的 C. 贝内特、R. 乔萨和 W. K. 伍特斯，加拿大的 G. 布拉萨德和 C. 克雷波以及以色列的 A. 佩雷斯于 1993 年合作发表了一篇论文，提出了使用双光子纠缠进行远距离量子隐形传态。这一概念乍看之下似乎与科幻小说中瞬间穿越宇宙距离的那些想法有异曲同工之处，但实际上并没有任何此类暗示，下文将对此做出解释。

事后看来，这些论文的共同影响是革命性的，因为它们确定了一种全新的视角：因量子纠缠而成为可能的那些独特的技术应用。接下来，我们将详细阐述这些论文表达的每一种想法，以及它们这些年来的发展。

1. 量子密码学

埃克特的量子密码协议需要一个偏振纠缠的光子对源（由查理操作），这个源将每个光子对中的一个光子通过一个偏振片发送给一位观察者（爱丽丝），将另一个光子发送给另一位观察者（鲍勃），后者也通过一个偏振片探测它们（见图 14.2）。加密过程基于发送者设置的偏振片的方向以及每位观察者通过偏振片读出的方向。

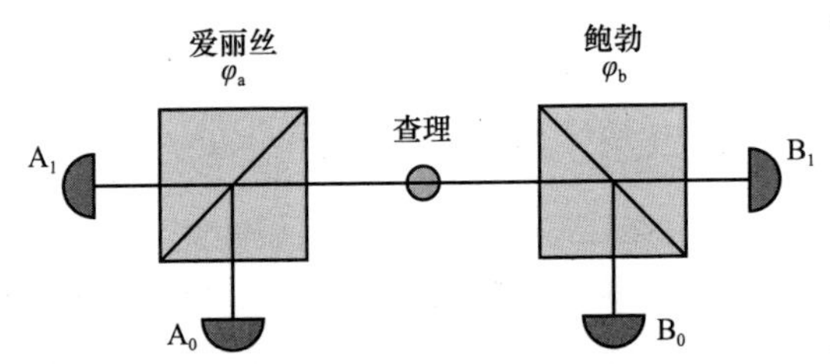

图 14.2　一种用于密钥分发的协议，其中发送者（查理）将一个光子发送给爱丽丝，将另一个光子发送给鲍勃，从而使两个接收者共享一个偏振纠缠的光子对。其中每一个光子都通过旋转偏振分束器来选择一个偏振测量基，从而调整在他们的探测器（爱丽丝的 A_0 和 A_1、鲍勃的 B_0 和 B_1）中探测到他们各自的光子的概率。最后，他们比较各自的光子偏振结果，并丢弃偏振片设置（旋转角度）不一致的事件。这里，爱丽丝和鲍勃的旋转角度不同。对于具有互补旋转角的各种测量，密钥由 0s（爱丽丝的 A_0 和鲍勃的 B_0 的一声嘀嗒）和 1s（爱丽丝的 A_1 和鲍勃的 B_1 的一声嘀嗒）组成。

与阿斯佩的实验一样，每对光子的发送者和接收者都可以将其偏振片设置为彼此相差 45° 的三个取向之一，以便将偏振分量用作加密密钥的元。查理按照一系列偏振片的取向来编码他的密钥。在爱丽丝和鲍勃（他们将偏振片随机设置为三个允许的取向之一）共享了多对纠缠光子之后，现在该轮到他们通过一条开放（公共）通道来比较他们的结果了。如果他们的偏振是平行的，就认为结果正确，并使用测量结果（0 或 1）作为密钥；否则他们就认为结果是错误的，并将其丢弃（见图 14.2）。在完全纠缠光子以及爱丽丝和鲍勃进行无错误光子探测的理想情况下，沿着三个可能方向测量的正确结果的那一部分揭示了密钥的一些元素，并确认了光子对纠缠。但是，如果伊芙试图窃取密码而拦截了那一部分光子，然后释放这些光子给爱丽丝和鲍勃探测，那么这些光子就会退纠缠。因此，这两位观察者的错误结果所占的那一部分将比预期的要大，从而提醒他们警惕有窃听者存在。这使量子密码学成为一种强大的防窃听方法，但仅在理想情况下，而不是在实践中。

在现实中，光子对因退相干或探测器效率低于 100%（总是如此）而发生部分退纠缠，由此产生的误差与窃听产生的误差是无法区分的。后来，有人提出了其他量子密码协议，并进行了实验演示。所有这些协议都受到退相干和探测器效率的限制，但是仍然取得了巨大的成功。奥地利的一个团队实现了超过 420 千米的光纤密钥分发以及超过 300 千米的自由空间（加那利群岛的两个岛之间）密钥分发。中国的一个团队实现了从地球到太空中的一颗卫星（超过 1400 千米）的密钥分发（见图 14.3）。这些是迄今为止最辉煌的成就。

2. 量子隐形传态

贝内特及其同事提出的量子隐形传态基本协议如下。爱丽丝和鲍勃

地球与卫星

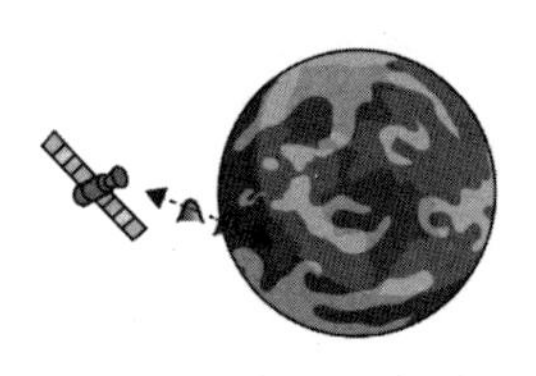

图 14.3　用纠缠光子对（彩色波包）进行的量子隐形传态和加密链接已得到了实验验证。

共享一对纠缠光子。爱丽丝将她的光子与一个未知光子（一个偏振量子位，就像她的另一个光子一样）进行联合测量，并将结果（通过经典链接，比如电话）以通信方式发送给鲍勃。鲍勃基于她的结果执行一个幺正操作，将他的光子旋转到那个未知光子的状态，从而在鲍勃的位置重建这个未知状态。这意味着当（a）爱丽丝与鲍勃之间共享纠缠的粒子 2 和 3，（b）爱丽丝联合测量粒子 1 和 2，并且（c）用测量结果将粒子 1 的未知状态强加于粒子 3 时，粒子 1 的未知状态就被隐形传态给了粒子 3。

由于测量结果是以光速进行通信的，因此量子隐形传态中并没有发生超光速信号传递，这让科幻小说迷深感沮丧。尽管存在着这种物理上的限制，但量子隐形传态的独特之处在于，它用通信代替运输。也就是说，它不需要移动一个物体，而是在一个遥远的平台上重建这个物体。迄今为止，大多数量子隐形传态协议都是在两个相距遥远的地点之间转移光子或原子的状态。捷克的 T. 奥帕特尔尼和以色列的 G. 库里茨基在 2001 年提出的一种量子隐形传态协议表明，一个分子的状态也可以被隐形传态给一个遥远的分子。希腊的 D. 佩特罗希安和以色列的 G. 库里茨基在 2003 年将这一协议推广为通过一系列测量来实现复杂分子状态的量子隐形传态，这些测量的结果包含大量信息。

鉴于量子隐形传态所提供的各种吸引人的可能性，事实可能证明它会是正在到来的量子信息时代的重大突破（见第 15 章），但是我们必须调低期望值。为了保留由量子隐形传态协议所分享的量子信息，就必须先征服退相干，否则量子隐形传态将不会超越我们到目前为止所掌握的简单的单量子位的那些演示。

14.3 量子隐形传态和嬗变

C. 贝内特等人构想的量子隐形传态这个有趣的概念源于著名电视连续剧《星际迷航》（*Star Trek*），剧中反复出现的一句台词是“把我传送上去，斯科蒂”。但是，量子隐形传态一定会让《星际迷航》的爱好者感到失望，因为如果没有在发送者 / 隐形传态者与接收者之间以光速共享经典信息（测量结果），就无法进行量子隐形传态。相比之下，这种协议的《星际迷航》版本是瞬间发生的，不管发送者与接收者之间的距离有多远，因此违反了爱因斯坦关于超光速信号传递的禁律。

这两种协议的另一个区别是，在《星际迷航》中，被隐形传态的物体在发送节点消失得无影无踪，在接收节点从无影无踪中成形。现实的协议会将被隐形传态的宇航员在发送节点转换成一堆无生命物质，而在接收节点呈现该宇航员（被隐形传态的人）的形状，并在接收到无线电传输提供的测量结果后使其复活。这些测量结果是完全表征这个被隐形传态的人所必需的。

尽管存在这些差异，但量子隐形传态仍然有一种未来主义的意味，因为它仅通过传输包含在物体量子态中的信息，就可以远距离运送物体。我们可能需要很长时间才能学会如何隐形传态一个分子，更不用说一个人了。尽管如此，在遥远的未来，太空旅行可能会被物体（甚至人类）从地球到遥远行星的大尺度隐形传态所取代，在那些行星上预先安装的接收器可能会利用当地的土壤作为重建这些物体的平台或基质。隐形传态通道将包括首先是纠缠光子的光学传输，随后是从地球到接收器的测量数据。那时太空移民可能会彻底改观！

量子隐形传态除了具有实际的发展前景之外，还具有有趣的哲学含义。它将物体的本质（其量子态）与不那么本质的物质实体分离开来。这种分离引发了亚里士多德对物体的形式和物质之间的区分，或者柏拉图对物体的观念与其在现实的现象世界中的体现之间的分离。亚里士多德和柏拉图都认为形式或观念是永恒的，而与它们对应的物质则是转瞬即逝的。因此，我们可以推测，如果这些哲学家发现量子隐形传态能够将一个物体的形式 / 观念从一个物质基质传递到另一个物质基质，他们就会有深刻的印象，但并不会感到震惊。

如果我们冒险进入这个神秘世界，那么我们就可能注意到，不同物质之间的隐形传态会令人联想到灵魂的转变。这是许多宗教（尤其是印度教和佛教）共有的一个古老观念，轮回转世是这些宗教中的重要思想。

即使不深入这个神秘世界，我们也可以思考量子隐形传态和密码学更深层的意义。如果大量观察者（可能是全人类）能够通过一个庞大的通信网络共享量子信息和经典信息，那么信息容量就可能得到惊人的扩大，还会产生一种集体思维或集体意识，以我们这些经典的个体还不理解的种种方式看待这个世界（见第 15 章）。

去往那些神秘的地方

我们被无法穿越的无垠空间

分隔和幽禁。

只愿我们能找到

通往宇宙的各个尽头的一条条道路！

也许我们会找到！隐形传态

可以将我们与偏远的朋友交换，

把我们带到一个目的地，

它在偏远的、未知的土地上。

附录：量子隐形传态协议

量子隐形传态协议包括输入系统 A、输出系统 C 和辅助系统 B。A 具有一个任意（未知）量子态，C 应该接收这个任意态。在亨利的情况下，亨利是 A（发送者），伊芙是 C（接收者），薛瑞德是 B（辅助系统）。

在这里，我们介绍一种涉及一些量子位（而不是人和猫）的量子隐形传态协议。我们用 $|0\rangle_S$ 和 $|1\rangle_S$ 来表示所有系统的状态。让我们将协议的初始设置（系统 A 的一个任意量子态）描述如下：

$$|1\rangle_A$$

我们现在逐步考虑这个协议的细节。

首先创建一个纠缠通道，其中包括接收者 C 的量子位和辅助系统 B 的量子位。任意完全纠缠的状态就足够了，因此我们做如下选择：

$$|\Phi\rangle_{BC}=\frac{1}{\sqrt{2}}\left(|0\rangle_B|0\rangle_C+|1\rangle_B|1\rangle_C\right)$$

该协议要求 B 和 C 完全纠缠，且 B 位于 A 附近。后者是协议的第二阶段所要求的。

A 和 B 的联合测量是在它们完全纠缠的基（也称为贝尔基）上进行的，这个基由下列等式给出。

$$|\Phi_+\rangle = \frac{1}{\sqrt{2}}\left(|00\rangle + |11\rangle\right)$$

$$|\Phi_-\rangle = \frac{1}{\sqrt{2}}\left(|00\rangle - |11\rangle\right)$$

$$|\psi_+\rangle = \frac{1}{\sqrt{2}}\left(|01\rangle + |10\rangle\right)$$

$$|\psi_-\rangle = \frac{1}{\sqrt{2}}\left(|01\rangle - |10\rangle\right)$$

这些贝尔态张成了整个二量子位空间，因此可以用作测量的基。为了说明整个协议背后的逻辑依据，我们在 A & B 的贝尔态空间中重写 A & B & C 的三量子位状态。

$$\begin{aligned}|\psi\rangle_{\mathrm{A}}|\Phi\rangle_{\mathrm{BC}} &= \frac{1}{\sqrt{2}}\left(\alpha|0\rangle + \beta|1\rangle\right)_{\mathrm{A}}\left(|0\rangle|0\rangle + |1\rangle|1\rangle\right)_{\mathrm{BC}} \\ &= \frac{1}{2}|\Phi_+\rangle_{\mathrm{AB}}\left(\alpha|0\rangle + \beta|1\rangle\right)_{\mathrm{C}} + \\ &\quad \frac{1}{2}|\Phi_-\rangle_{\mathrm{AB}}\left(\alpha|0\rangle - \beta|1\rangle\right)_{\mathrm{C}} + \\ &\quad \frac{1}{2}|\psi_+\rangle_{\mathrm{AB}}\left(\beta|0\rangle + \alpha|1\rangle\right)_{\mathrm{C}} + \\ &\quad \frac{1}{2}|\psi_-\rangle_{\mathrm{AB}}\left(\beta|0\rangle - \alpha|1\rangle\right)_{\mathrm{C}}\end{aligned}$$

在原来的表述中，B 和 C 是纠缠的，而 A 处于它的任意状态。在这种新的表述中，我们已将同样的三量子位状态在 A 和 B 的一个纠缠量子位基中展开。这种重新阐述将对 α、β 的依赖性转移到了 C。重要的是，上面的等式只是同一个状态在不同基准中的两个表达式之间的一种恒等关系，无需任何物理操作。

与任何非平凡测量一样，贝尔基中的A和B联合测量具有未知的、随机的结果，其概率由波函数决定。这种测量使这个三量子位波函数坍缩为一个单态。如果测量结果为$|\psi_+\rangle_{AB}$，那么此三量子位状态将坍缩：$|\psi_+\rangle_{AB}\left(\beta|0\rangle+\alpha|1\rangle\right)_C$。比如，量子位A和B的每个贝尔态$\left(|\Phi_+\rangle_{AB},|\Phi_-\rangle_{AB},|\Psi_+\rangle_{AB},|\Psi_-\rangle_{AB}\right)$都有25%的机会测得。

这个阶段是隐形传态协议的核心，其本质如下。尽管在测量之前C和B在通道中纠缠，但在贝尔基的A和B联合测量之后，无论结果如何，C与B都不再纠缠了，而A和B开始纠缠。换言之，存在从纠缠的B–C到纠缠的A–B的纠缠转移。同时，以α、β的振幅编码的信息从A转移到C。

可以看出，对于所有的贝尔基结果，测量后C的状态与原始输入状态A并不完全相同。如果测得的结果为$|\Phi_+\rangle_{AB}$，那么它们就是完全相同的，但是其他测量结果都是旋转过的。因此，量子隐形传态协议的最后阶段是一个依赖测量的旋转。

$$
\begin{aligned}
|\Phi_+\rangle_{AB} &\to I_C\left(\alpha|0\rangle+\beta|1\rangle\right)_C=\left(\alpha|0\rangle+\beta|1\rangle\right)_C\\
|\Phi_-\rangle_{AB} &\to \boldsymbol{\sigma}_z\left(\alpha|0\rangle+\beta|1\rangle\right)_C=\left(\alpha|0\rangle+\beta|1\rangle\right)_C\\
|\psi_+\rangle_{AB} &\to \boldsymbol{\sigma}_x\left(\beta|0\rangle+\alpha|1\rangle\right)_C=\left(\alpha|0\rangle+\beta|1\rangle\right)_C\\
|\psi_-\rangle_{AB} &\to \boldsymbol{\sigma}_z\boldsymbol{\sigma}_x\left(\beta|0\rangle+\alpha|1\rangle\right)_C=\left(\alpha|0\rangle+\beta|1\rangle\right)_C
\end{aligned}
$$

其中，I_C是恒等运算符，而$\boldsymbol{\sigma}_x$和$\boldsymbol{\sigma}_z$分别是以下量子位旋转矩阵。

$$
\boldsymbol{\sigma}_x=\begin{pmatrix}0 & 1\\ 1 & 0\end{pmatrix},\quad \boldsymbol{\sigma}_z=\begin{pmatrix}1 & 0\\ 0 & -1\end{pmatrix}
$$

量子隐形传态的“奇迹”缘于纠缠的非局域性。接收者C可能远离发送者A与辅助系统B。不过，正如第7章所讨论的，当两个纠缠系统之一被测量时，另一个系统（尽管没有被测量）也立即坍缩。这里的情况也是一样的。但是，为了使量子隐形传态协议发挥作用，系统 C 就必须根据 A 和 B 的测量结果进行一次旋转。为此，必须将测量结果（告诉我们四个贝尔态中的哪一个被测量了）从测量位置发送到 C 所在的位置。只有当此（经典）信息到达 C 的位置时，才能执行适当的旋转，以复原（未被测量的）发送者的状态。如果没有测量结果信息，那么我们就只能进行非选择性测量（见第 7 章），因此 C 的状态必须对所有可能的（未知的）结果求迹。这一过程使 C 的状态完全混合。也就是说，它不包含有关初始发送者状态的任何信息。因此，为了使量子隐形传态成功，在发送者与接收者的各节点之间进行经典信息传递是强制性的。这样的经典信息的传递需要的时间延迟至少等于节点之间的距离除以光速。在此信息到达之前，接收者的状态（C_-）无法与发送者的状态（A_-）产生有意义的关联。

量子反革命
既然我们可以实现人的隐形传态了，那么我们肯定可以造出一台量子计算机，亲爱的。
好主意，伊芙！我们现在已经得到了所需要的一切！让我们动手干吧!
量子计算机可以破解世界上所有的密码，它将为我们赢得诺贝尔奖!
诺贝尔奖获得者

为第一台量子计算机干杯！
为量子革命干杯！
我们的资源是无限的！让我们拯救世界吧！
冲吧，伙计们，让我们开始量子革命吧！
……我们不都是在为人类的利益而努力吗？
……你和伊英一直只是我的意志的工具……我现在是指挥官QT（量子特斯拉）。
人类将转变为一个纠缠的量子态……全人类将拥有一个集体思维！
我们会在他自己的游戏中击败他！
来吧，我们必须挫败他的邪恶计划……他忘了退相干是一把双刃剑……

世界上的人们，
纠缠吧！
除了经典的、痛苦的自
我，你们别无所失！
集体状态是天赐之福！
人们正在通过手机和
个人计算机发生纠缠。

我正在尝试攻击反芝诺机制，以更快地使他的量子通道退相干!
世界又变回经典状态。
我的伊芙，是时候让我们经典地纠缠在一起了。
亲爱的，爱是最好的纠缠剂!
LICE

芝诺!
纯净的心灵将获得量子世界!
刚刚纠缠
剧终

第 15 章　量子信息的曙光

15.1　量子计算机：前景与威胁

超级量子透镜在亨利和伊芙的手中已经成为了一个令人生畏的技术规则变革者，它在基于高度复杂系统的量子技术领域中为他们创造了新的、迄今无法想象的各种可能性。亨利和伊芙在估量了这些可能性之后，决定利用他们的所有资源制造一台技术成熟的大型量子计算机。

辉煌的一天到来了，他们终于极为成功地测试了他们的量子计算机！现在，他们的内心充满了喜悦，但也产生了一种庄严的感觉。这是人类的重要一天，量子计算的曙光已经初显。

为了认识到他们的成就之巨大，让我们回想一下，当今的“经典”计算机处理的是可以取值为 0 或 1 的逻辑位。正如我们已经知道的，量子力学允许一个系统同时处于多个状态。最简单的例子是一个二能级系统充当一个量子位，它可以同时具有 0 和 1 这两个值。基于量子力学原理的一台计算机可以同时处理一个量子位的 $|0\rangle$ 和 $|1\rangle$ 这两个状态。因此，

用经典方式需要 2 秒的计算（1 秒计算 0，1 秒计算 1）在量子计算机上仅需 1 秒（一次并行计算 0 和 1）。这一增速看起来也许不能给人留下什么深刻的印象，但是考虑一下当量子计算机具有 1000 个量子位时会发生什么。所有量子位的叠加态会有 2^{1000} 个可能的状态，而一台量子计算机仅需一步就可以处理完。因此，量子计算机的计算速度是按量子位的个数呈指数规律增速的。

只有消除一个巨大的障碍，才能实现量子计算机这一神奇的愿景。迄今为止人们所构想的所有量子算法（打算在量子计算机上运行的计算）都需要多量子位纠缠作为一种量子信息处理手段。如果这看起来不是一个无法克服的障碍，那么我们就应该回想一下亨利在矿井中的冒险经历（见第 9 章）。在那里，由于他的量子态与散乱物体的相互作用，环境产生了不利的影响，导致亨利发生退相干。正如我们从那次冒险中学到的，每当一个量子系统退相干时，它所有的量子优势就会消失。对于一台量子计算机来说也是如此，此时必须保持其多量子位相干或纠缠，否则这台计算机的潜力所允许达到的惊人计算增速就会丢失。不幸的是，一个纠缠的多量子位状态的退相干速率随着量子位的增加而呈指数式增大，与计算机执行量子算法的速度一样快（甚至更快）。因此，要在整个量子计算中保持 1000 个量子位的相干或纠缠就不可能了，除非采取措施抵消或校正退相干。原则上，尽管这项任务看来可望而不可即，但并非全无可能。幸运的是，在这一段经历中，补救措施找到了。亨利和伊芙一方面完善了对多量子位系统中的退相干的控制（见第 12 章），另一方面通过使用他们的超级量子透镜掌握了极快速纠缠的操作方法（这仍然是未来的事情）。最终的结果是，他们有能力实现量子信息界数十年来一直渴望的突破！

亨利和伊芙即使在欢庆之中也不得不去认真思考要用他们的新发明做些什么。他们希望将他们的量子计算机应用于比对复杂过程的建模，设计专门用于治疗目前无法治愈的疾病的化学反应，预测和控制长期气候变化趋势，对大脑中的各种过程进行模拟以理解意识。看起来量子计算机给人类带来的好处是无限的！

亨利和伊芙都意识到，如果量子计算机落入坏人之手，将会给我们的社会带来重大威胁，因为这种机器能够迅速破译现有的所有密码。这些密码之所以安全，就是由于它们需要过长（指数式）的解密时间。既然现在量子计算机的巨大提速已经实现，那么金融机构、商业机构和政府部门持有的安全数据将不受控制地被盗取！噩梦般的场景不胜枚举！

当他们正在思考量子计算机时代社会的未来时，他们的门在一声巨响中被撞得粉碎。一个令人讨厌的家伙在他们亲爱的朋友强尼的带领下冲了进来。仅在几秒钟内，完全震惊的亨利被击倒。他们辛辛苦苦造出来的设备（超级量子透镜、量子计算机和量子传送器）被强尼他们“为量子革命而征用”。亨利试图与他理论，说道：“看在量子的份儿上，强尼，为什么要实施这样的暴行？我们不都是在为人类的利益而努力吗？”强尼轻蔑地回答道：“哈！亲爱的、天真的亨利！你对人类的幸福意味着什么根本一无所知！你和伊芙一直只是我的意志的工具，而我的意志比所有凡人的意志都要优越无数倍！你们一直在辛辛苦苦地执行我的计划，还一直误认为是你们自己的！别再叫我强尼了。我现在是指挥官 QT（量子特斯拉）。”

亨利惊呼道：“但是制造这场闹剧是为了什么呢？”指挥官 QT 严肃地回答道：“要有礼貌，亨利。你即将目睹人类的新曙光，人类将转变为一个纠缠的量子态。就像特斯拉[1]梦想给予人类无限的能源一样，我，指挥官 QT，将驾驭你们开发的量子信息资源，将一个集体量子态强加于全人类。再也没有思想的个体性，那是我们所有不幸和苦难的根源！崇高的圣贤，佛陀、柏罗丁、斯宾诺莎，他们的梦想终于要实现了！从现在起，全人类将拥有一个集体思维，比任何一个人的思维都要智慧和理性无数倍。”

亨利愤怒地大喊道：“你的邪恶计划与那些圣贤的梦想毫无关系！即使从技术上来说，这听起来也像是白日梦！”

指挥官 QT 爆发出傲慢的笑声，他说：“不要低估我的创造力，亨利！既然量子计算机可以突破所有网络防御，那么社交媒体和手机就会成为我操纵人类的通道。人类正在绝望地等待着救赎，我必须赶紧行动！”他匆匆结束谈话，带着他的打手和珍贵的战利品离开了房间。

伊芙冲过去把亨利扶起来。她惊呼道：“我一直怀疑强尼在对我们隐瞒他的真实意图。他挑拨我与你作对，很可能是试图让我们更加激烈地竞争！来吧，我们必须挫败他的邪恶计划，片刻也不要耽搁了！”亨利用困惑的语气问道：“但是，亲爱的，怎么做呢？”“亲爱的，我们已经拥有了破坏他的量子信息通道所需要的一切。他忘了退相干是一把双刃剑，我们可以通过适当的控制来开启或关闭它。”亨利激动地大喊：“你太棒了，我的伊芙！我们会在他自己的游戏中击败他！”

他们开始在房间里疯狂地跑来跑去，寻找所需的装备。在几分钟之内，他们就安装好了一个强大的激光器。这个激光器连在指挥官 QT 不

[1]　这里指的是尼古拉·特斯拉（1856—1943），塞尔维亚裔美籍发明家、物理学家、机械工程师、电气工程师。他的多项专利以及对电磁学理论的研究是现代无线通信和无线电技术的基石。他生前的梦想是为世界提供用之不竭的能源。——译注

知道的另一个超级量子透镜上，并转向指挥官 QT 正用来进行致命的全球量子信息传输的那颗通信卫星。他们不断提高激光脉冲的频率，直至达到反芝诺状态。他们期望脉冲能在该状态下加速指挥官 QT 的集体量子态的退相干和衰变（见第 10 章）。现在，他们需要立即进行反击了。他们惊恐地看着监视器屏幕上世界各地的人们正在如何变得集体纠缠。随着由这种集体量子态产生的信号不断增强，亨利问道："我们是不是太晚了？"然后，变化发生了：这种信号变得越来越不稳定，越来越嘈杂。指挥官 QT 的那张备受折磨的脸出现在屏幕上，他终于意识到他的计划出岔子了，那些被转化到集体状态的人们也恢复了各自的信号。他毕生的事业和抱负都前功尽弃了。

此后不久，当局接到亨利和伊芙的报警，在指挥官 QT 的总部逮捕了他及其同伙。看着强尼戴着手铐、佝偻着身体被迅速押到一辆警车上，亨利的心情在宽慰和怜悯之间跌宕起伏。他对着伊芙喃喃地说道："啊！那是一个多么惊人的陨落。[1] 不过，还是让我们高兴起来吧，指挥官 QT 对思维的集体专制失败了。"

那天晚些时候，亨利向伊芙求婚。"哦，亨利，亲爱的，你怎么耽搁了这么长的时间？让我们来一场世界上最盛大的量子婚礼，好吗？毕竟，这是量子时代的曙光。""是的，我的伊芙，我们会有一场这样的婚礼，然后我们将尝试用我们的量子计算机拯救世界。但是这得等到我们蜜月回来之后。""我们要从哪里开始，亲爱的？我们会忙得不可开交，不是吗？""我不确定，我的伊芙。不过我们会有主意的。"

[1] 原文为"Oh, what a fall was there"，出自莎士比亚的戏剧《恺撒大帝》（*Julius Caesar*）第三幕第二场。——译注

15.2 从量子计算到量子技术

在量子隐形传态和密码学出现之前，就已经有关于量子相干可能应用于计算的猜测。量子计算的概念最初是由以色列的P. 贝尼奥夫和苏联的Y. 马宁在1980年提出的。作为其基础的思想是，一台遵循量子力学幺正性的量子计算机能够平行地运行在两个可能的逻辑状态（0和1或自旋向上和自旋向下）的一个叠加态上，因此等效于大量在0和1的空间中同时运行的经典计算机。量子计算的先驱将叠加态视为一种资源，可以确保信息容量和处理速度的巨大增长。英国的D. 多伊奇精通埃弗里特的多世界解释（见第4章），他在1985年将量子计算视为一台经典计算机在多个世界中对信息的相关（同步）处理，每个世界都产生自己的结果。

当美国的P. 肖尔在1994年开发出将一个大数分解为素数的量子算法时，我们对量子计算的重要性的认识取得了突破。该算法表明，量子计算的必要资源是许多量子位的纠缠。可按如下方法建立这一资源：每次纠缠一对量子位（称为双量子位或受控非门操作），然后使这两个量子位中的每一个与另外两个伙伴纠缠，以此类推，直至所有量子位都相互纠缠，从而像一个大规模纠缠的寄存器那样运行（见图15.1）。巨大的预期收益是，与经典算法相比，因式分解算法随量子位数 N 呈现指数式加速。经典算法最多只能将因式分解的时间以 N 的有限次幂缩短。肖尔的算法的重大实际意义在于其能够大大加快破解通过将大数分解为素数来加密的密码的速度。将大数分解为素数是一项非常耗时的计算，这是迄今为止金融交易中的标准保护措施。肖尔的算法的这种可能应用没

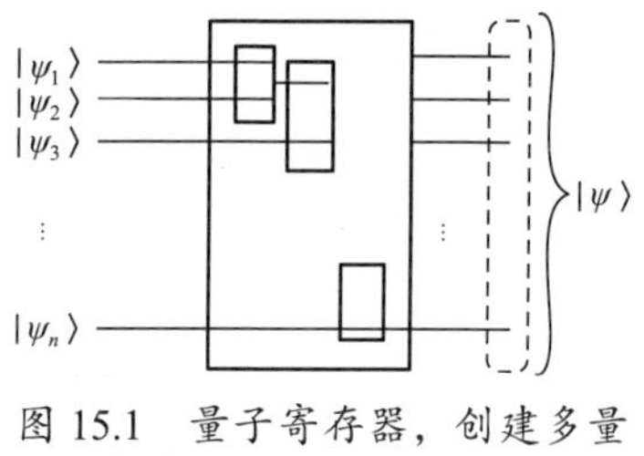

图 15.1　量子寄存器，创建多量子位纠缠。

有逃脱有既得利益的政府部门和私人机构的注意，他们确保了对量子计算研究的慷慨支持。在过去的 20 年中，这使得人们能够进行广泛而连续的探索，以在各种各样的物理系统中实现量子计算。冷囚禁离子或原子、超导电路或固体中的杂质都被证明可以作为量子位，其量子态编码在系统的电子态或自旋态中，目的是使用它们作为量子计算机的构件。

美国的 A. 巴伦科等人在 1995 年表明，单量子位旋转器和双量子位纠缠器的组合可以构成通用量子计算门。这意味着这些元件的线性连接阵列可以成为一台通用量子计算机的构件，从而能够进行任何使用量子叠加态和纠缠态进行并行处理的计算，例如肖尔的算法。然而，要将许多这样的构件集成到一台量子计算机中，使其执行肖尔的算法，用于分解那些大到经典计算机无法进行因式分解的数，迄今为止的事实证明这项任务过于宏大，因而无法完成。巨大的挑战是通过许多纠缠步骤来实现一个大规模的巨型纠缠量子位阵列。每一步都可能受到两个量子位之间的受控相互作用的影响，奥地利的 I. 西拉克和 P. 佐勒在 1995 年首先表明了这一点，而美国的 D. 瓦恩兰在 2002 年用冷囚禁离子实现的量子位给出了实验演示。不过，最初对于将这种方法扩展到大型阵列的可行性的热情受到了打击，这是因为人们认识到多量子位纠缠有一个可怕的敌人——退相干。退相干消除量子位之间的纠缠，量子位的数量越多，消除得越快，从而导致计算误差。

已经取得了一些成功的退相干补救措施包括量子纠错码，其实质如下。

① 用多个纠缠的物理量子位对逻辑量子位进行编码，例如 $|0\rangle \to |000\rangle$，$|1\rangle \to |111\rangle$。

② 依靠这样的一种预期：如果退相干比计算慢，出现错误的概率就比较小，错误就会出现在单个物理量子位上。

③ 执行所谓的校验子测量，它检测误差，而不检测逻辑量子位的值。例如，若误差是位反转（$0 \to 1$，$1 \to 0$），则检测各物理量子位是否彼此不同，以及哪个量子位已反转。

④ 仅对已更改的物理量子位执行校正操作。

越来越清楚的是，必须采取其他措施，特别是动态控制退相干（见第 12 章），以通过抑制或防止退相干来进行误差校正。

尽管如此，大规模量子计算机的研制一直艰辛且缓慢。美国的 M. 卢金在 2017 年实现了 50 个纠缠的囚禁原子量子位，美国的 C. 门罗几乎同时实现了 53 个纠缠的囚禁离子量子位，这些新纪录都很有希望（见图 15.2）。要制造一台可靠性足够高的、有 1000 个量子位的量子计算机以超越传统（经典）的密码破解方法，可能还需要很长时间。我们还面对一种奇怪的情况：肖尔的算法只吸引潜在消费者的想象力。这就引发了一个问题：在量子计算上付出的巨大努力是否与其最佳结果（完全实施肖尔的算法）相称。

作为成熟量子计算机的“穷人的替代品”，另一种替代方案已经宣布了，那就是量子模拟器。按照费曼最初提议的精神，这种机器仅能执行一种操作（即模拟某些自然的量子过程）。这种模拟器是在 20 世纪 50 年代就已经过时的经典模拟计算机的量子对应版本。我们可以从量子模拟器中学到非常有趣的物理学知识，但是它们的整体技术潜力仍不明朗。

图 15.2　在卢金等人的装置中，一个用于多囚禁原子量子位的纠缠设备。多个电极使我们能够操纵可寻址的囚禁原子对，以使它们在彼此相遇并发生相互作用时纠缠在一起。

由于目前受限于少量可靠纠缠的量子位，因此量子信息科学家已经开始寻找其他应用，只要几个纠缠的量子位就可以满足要求。具有少量量子位的量子信息处理技术的某些应用前景广阔，其中特别吸引人的是量子传感（尤其是通过纠缠量子位探测微弱的力），可以将纠缠的量子位保持在那些允许最精确观测的量子态上，从而优化电、磁或引力的可观测性。人们希望这样的一些方法可以提高医学诊断（例如磁共振成像）、重力测量（可以帮助石油勘探）以及其他方面的性能。在这些应用中，也必须抑制退相干，以获得最佳观测。

综上所述，从量子计算、量子隐形传态、密码学到量子传感，各种量子技术发展道路上的主要障碍是退相干。如果我们对退相干采取的动态控制方法能够达到期望，也许有朝一日，我们就可以将退相干抑制到这样的程度，可以对高度复杂的物体（例如人和猫）进行叠加、纠缠和隐形传态。亨利、伊芙和薛瑞德的奇幻故事在那时可能会变成现实。

15.3　量子革命万岁

许多政治家、企业家和科学家都在热切地期待第二次量子革命——我们所介绍的量子技术的到来。让我们幻想有一天所有障碍都会被清除，第二次量子革命胜利到来。到那时，我们将能够创造许多人的大规模纠缠态——也许是一张涵盖全人类的量子网。那将是多么辉煌的一天！

但是，这场革命是否会实现人类的幸福梦想？恰恰相反，我们认为这种情况会给子孙后代带来一场可怕的噩梦，其原因在于大规模纠缠会剥夺人们的个体性，就像处于一个集体迪克态那样（见第 7 章）。这可能是所有可能状态的一个总和，其中每个状态对应于一个人被激发（警觉），而其余所有人都未被激发（休眠）。只要这样的一个大规模纠缠的集体状态保持完整，人类就会作为一个整体来思考和行动。这是强尼在他的那场被亨利和伊芙挫败的量子革命中的目标。强尼确信他将为人类强加一种完全的、永久的幸福状态。

量子人类

有朝一日，量子网络

可能会将纠缠扩展到整个世界。

于是，人类会不知不觉地

丧失其个体的一面。

我们的恐惧、怀疑、分裂、冲突、

自私等观念都将消失。

混乱将从生活中消除，

没有人会感到孤独。

于是，人类巨大的思想库也许会达到惊人的高度！

我们是幸运的，这种集体思维

仍然是一场噩梦，还不在眼前。

附录：尝一下指数式增速的味道

让我们通过介绍简单的多伊奇 – 约萨量子算法，向读者展示量子计算机的潜在能力。这是一个基本的例子，说明量子计算怎样以比经典算法快得多的方式解决问题。

我们的问题表述如下。对于一个用长度为 n 的位序列表示的数 x，给定一个函数 $f(x)$，而对于每个这样的序列，该函数要么返回 0 要么返回 1。我们被告知，这个函数要么是（i）常数，这意味着无论输入什么，它都输出 0 或 1；要么是（ii）平衡的，这意味着对于一半的输入，它输出 0，而对于另一半的输入，它输出 1，但是不知道哪些输入属于哪一半。我们的目的是要确定该函数是恒定的还是平衡的。

在传统（经典）计算机上，此算法的执行速度可能会非常慢。在最坏的情况下，能确保得到正确答案的唯一方法是检查一半以上的可能输入，因为只有在检查了大多数输入之后，我们才能确定这个函数是恒定的还是平衡的。对于一个有 n 位的序列而言，检查一半以上的输入就意味着在 $2n$ 个可能的输入中至少要检查 $2^{n-1}+1$ 个输入。这说明在最坏的情况下，计算次数与位数成指数关系。例如，在有 1000 位的情况下，我们需要进行 $2^{999}+1$ 次计算，这是一个极为巨大的数字。

量子算法能做得更好吗？让我们首先以量子形式来定义这个问题。

给定一个有 n 个量子位和另一个辅助量子位的状态，对该数的计算（用 n 个量子位表示）由辅助量子位的输出给出。

$$f|x\rangle_{(n)}|0\rangle \to |x\rangle_{(n)}|f(x)\rangle$$
$$f|x\rangle_{(n)}|1\rangle \to |x\rangle_{(n)}|1-f(x)\rangle$$

请回忆一下，$f(x)$ 可以是 0 或 1，输出的量子位使该函数的值不变。

多伊奇－约萨算法的关键是利用量子位所代表的所有可能数字的这个叠加。因此，我们准备一个复杂的输入状态：

$$|\psi\rangle = \frac{1}{\sqrt{2^{n+1}}}\sum_{x=0}^{2^n}|x\rangle\left(|0\rangle-|1\rangle\right)$$

我们将辅助量子位旋转到 $|+\rangle$ 状态并把所有可能的输入叠加在一起。将这一函数运算符应用于这一复杂状态，会得到：

$$f|\psi\rangle = \frac{1}{\sqrt{2^{n+1}}}\sum_{x=0}^{2^n}|x\rangle\left(|f(x)\rangle-1|1-f(x)\rangle\right)$$

我们记得 $f(x)$ 可以是 0 或 1。如果它是 0，则辅助状态保持不变；如果它是 1，则辅助量子位更改符号，即 $\left(|0\rangle-|1\rangle\right)\to\left(|1\rangle-|0\rangle\right)$。因此，我们可以将该状态写成：

$$f|\psi\rangle = \frac{1}{\sqrt{2^{n+1}}}\sum_{x=0}^{2^n}(-1)^{f(x)}|x\rangle\left(|0\rangle-|1\rangle\right)$$

下一步是数学上唯一比较复杂的步骤，因此让我们首先考虑最简单的情况（称为多伊奇算法），即 $n=1$ 的情况。在这种情况下，我们有：

$$f|\psi\rangle = \frac{1}{2}\left((-1)^{f(0)}|0\rangle+(-1)^{f(1)}|1\rangle\right)\left(|0\rangle-|1\rangle\right)$$

接下来，我们通过哈达玛运算旋转第一个量子位（见第 8 章）。

$$\left(|0\rangle \to \frac{1}{\sqrt{2}}(|0\rangle+|1\rangle),|1\rangle \to \frac{1}{\sqrt{2}}(|0\rangle-|1\rangle)\right):$$
$$\to \frac{1}{2}\left(\left((-1)^{f(0)}+(-1)^{f(1)}\right)|0\rangle+\left((-1)^{f(0)}-(-1)^{f(1)}\right)|0\rangle-|1\rangle\right)$$

然后，我们测量第一个量子位。若 $f(x)$ 是恒定的，则 $f(0)=f(1)$，我们以100%的确定性得到 $|0\rangle$；若 $f(x)$ 是平衡的，则 $f(0)\neq f(1)$，我们以100%的确定性得到 $|1\rangle$。因此，我们通过 $f(x)$ 对单个量子态上的一次操作就找到了问题的答案。

回到原始的 n 个量子位的定义上来，此时我们对 n 个量子位中的每一个都执行一次哈达玛旋转。这导致了相当复杂的状态：

$$\to \frac{1}{2^n}\sum_{x=0}^{2^n}(-1)^{f(x)}\sum_{y=0}^{2^n-1}(-1)^{xy}|y\rangle(|0\rangle-|1\rangle)$$
$$=\frac{1}{2^n}\sum_{x=0}^{2^n}\left[\sum_{y=0}^{2^n-1}(-1)^{f(x)}(-1)^{xy}\right]|y\rangle(|0\rangle-|1\rangle)$$

其中，由于哈达玛旋转，y 是每个数通过所有其他数之和的一个表示，而 $x\cdot y$ 是逐个量子位的乘积之和。我们测量 n 个量子位（忽略辅助位），并寻求发现状态 $y=0$ 的概率（即 n 个量子位都等于零的概率），于是得到：

$$p(y=0)=\left|\frac{1}{2^n}\sum_{y=0}^{2^{n-1}}(-1)^{f(x)}\right|^2$$

如果 $f(x)$ 是恒定的，那么我们就得到 $p(y=0)=1$，而如果 $f(x)$ 是平衡的，那么我们就得到 $p(y=0)=0$。因此，使用这种量子算法，我们仅通过对 $f(x)$ 的一次计算就可以在100%的时间里获得确切且正确的结果。

这个例子表明，对于一个精心设计的输入状态（包括 n 个量子位的一个特殊叠加），可以构造一组量子算符。与经典的计算相比，这组算符对该状态的作用可以实现指数式增速。重要的是要注意，并不是输入中的所有可能状态的任何叠加都能满足要求，因为初始状态就是所有可能状态的一种叠加。此外，我们还需要有能力实施一组运算符（旋转、二量子位门）和一组多量子位的（纠缠的）测量，就像在量子隐形传态中那样。此类工具的使用具有极大的挑战，这主要是由退相干性造成的。由于量子算法的设计实际上还处于起步阶段，因此量子软件工程也面临着类似的挑战。这些挑战确实是严峻的，但并非无法克服，而指数式计算增速的潜在收益充分证明了有理由采用多种技术和理论工具来正面应对这些挑战。